猕猴桃

优质高效栽培技术

钱东南　房经贵　主编

化学工业出版社

·北京·

内容简介

《猕猴桃优质高效栽培技术》全面介绍了猕猴桃的栽培历史、优良品种、生态环境对生长的影响及园地建设等内容，详细阐述了猕猴桃土肥水管理、花果管理、整形修剪等技术方法。此外，还针对病虫害防治与自然灾害应对提供了具体措施与案例分析。通过对猕猴桃产业现状与发展前景的分析，书中强调了科学种植、标准化管理和品牌建设的关键作用，帮助提升猕猴桃种植水平与管理效率，增强市场竞争力。该书不仅为种植者提供了操作方案，也为猕猴桃产业的可持续发展提供了理论与实践支持。

本书是猕猴桃种植者、农业科研人员和相关从业者的科学种植与管理实用指南。

图书在版编目（CIP）数据

猕猴桃优质高效栽培技术 / 钱东南，房经贵主编 . 北京 : 化学工业出版社，2025. 3. -- ISBN 978-7-122-47075-1

Ⅰ. S663.4

中国国家版本馆 CIP 数据核字第 2025TN3772 号

责任编辑：李　丽　　　文字编辑：李　雪
责任校对：王　静　　　装帧设计：韩　飞

出版发行：化学工业出版社
（北京市东城区青年湖南街 13 号　邮政编码 100011）
印　　装：北京云浩印刷有限责任公司
850mm×1168mm　1/32　印张 9½　彩插 9　字数 243 千字
2025 年 3 月北京第 1 版第 1 次印刷

购书咨询：010-64518888　　售后服务：010-64518899
网　　址：http: //www. cip. com. cn
凡购买本书，如有缺损质量问题，本社销售中心负责调换。

定　　价：49.00 元　

编写人员名单

主　　编：钱东南　房经贵

副 主 编：钱亚明　王亚宁　李小鹏

钱　程　宣旭娴

参编人员：王佳洋　付莹莹　刘嘉凝

徐梦雨　高春丽　薛　倩

刘明月　杨思玲　杨　会

王　莹　范绍校　李飞跃

陈佳丽　唐　梅

前言

PREFACE

猕猴桃是一种富含营养、广受欢迎的水果，素有“维生素 C 之王”的美誉。随着健康饮食理念的普及和人们对高品质生活的追求，猕猴桃因其独特的风味、丰富的营养价值以及广泛的市场认可度逐渐成为水果市场的重要组成部分。尤其是在中国，猕猴桃的种植面积和产量近年来迅速增长，成为许多果农增收致富的新选择。

本书旨在全面介绍猕猴桃产业的发展现状和前景，提供科学种植的指导原则和实际操作技术，内容涵盖猕猴桃的栽培历史、资源分布、优良品种介绍、猕猴桃生长发育特性和影响因素、种植园建设、土肥水管理、花果管理、主要病虫害及自然灾害防治等多个方面，着力为广大种植者、农业科研人员以及相关从业者提供系统而实用的参考资料。

随着消费者对猕猴桃的需求不断增加以及国际市场对优质猕猴桃的认可度不断提高，猕猴桃产业面临着前所未有的发展机遇。未来，猕猴桃产业将更加注重科学种植、标准化管理和品牌建设，以提升产品的国际竞争力。本书希望通过系统的知识讲解和实践操作指导，为猕猴桃种植者提供科学、实用的经验，帮助他们提升种植水平和管理效率，迎接市场挑战，实现更高的经济效益和社会价值。

本书的编写得到金华市重点科技项目“野生猕猴桃种质资源

收集及药食两用功能挖掘与利用”（计划编号：2021-2-031）基金的资助，也得到了众多农业专家、科研人员和实践者的大力支持与帮助。在此，我们谨向所有关心和支持本书编撰工作的专家、同行及广大读者表示衷心感谢。希望本书能够成为猕猴桃种植者的得力助手，推动猕猴桃产业的发展迈上新台阶。

由于水平有限，书中难免有疏漏或不妥之处，敬请读者与同行专家批评指正。

编者

2025 年 1 月

目录
CONTENTS

第三章 猕猴桃生长发育特性 48

第一章

猕猴桃产业概况

第一节　栽培历史与资源分布

猕猴桃，学名中华猕猴桃（*Actinidia chinensis*），属于猕猴桃科（Actinidiaceae）猕猴桃属（*Actinidia*），是一种营养价值丰富、口感独特的浆果类水果，在全球范围内都有着广泛的消费市场。猕猴桃在中国野生状态下的存在有着悠久历史，据考古学家发现，猕猴桃的野生祖先可能在中国中部的山区生长了数千年，其名字来源于野生状态下的主要消费者——猕猴。据传说，中国古代的山民观察到猕猴喜欢吃这种果实，因此将其命名为“猕猴桃”，而由于猕猴桃在当时并不是主要的栽培作物，因此关于它的记载相对较少。

关于猕猴桃的详细记载虽然出现较晚，但在唐代的本草文献中已有对猕猴桃的描述，明代李时珍在《本草纲目》中有对猕猴桃的记载，称其具有药用价值。猕猴桃资源分布广泛，不仅在中国有着悠久的栽培历史，在亚洲其他地区以及欧洲、北美洲等地也得到了广泛种植。

猕猴桃属植物的染色体数量表现出一定的多样性。在不同的种和变种中，猕猴桃的染色体数目有所差异。例如，有一些研究表明，葛枣猕猴桃、四萼猕猴桃、异色猕猴桃和红茎猕猴桃是二倍体，其染色体数目为 $2n=2x=58$，而大籽猕猴桃则是四倍体，其染色体数目为 $2n=4x=116$，这些研究进一步证实了猕猴桃属植物染色体数目的基数为 29。猕猴桃的倍性变异在其种内和种间都十分显著，已知的倍性包括二倍体、四倍体、六倍体、七倍体和八倍体等，这种丰富的倍性变异为猕猴桃的遗传育种提供了丰富的资源。自 2013 年发布第一个猕猴桃参考基因组序列以来，研究者们已经积累了大量猕猴桃品种的基因组和转录组数据，这些数据为猕猴桃品质改良和遗传育种提供了坚实的基础，并成为研究的重要资源库。猕猴桃的基因组信息被收录在猕猴桃基因组数据库（Kiwifruit Genome Database，KGD）中，该数据库是一个综合性的资源库，包含了猕猴桃属植物的基因组、转录组等多组学数据。

KGD 数据库提供了用户友好的查询界面、分析工具和可视化模块，以促进猕猴桃的转化和应用研究，该数据库基于 Tripal 系统开发，具有高度集成、检索、比较和智能分析的功能。中华猕猴桃（*Actinidia chinensis*）的基因组大小为 653Mb，该数据是基于 PacBio 长读长和 Hi-C 数据组装得到的，代表了该物种的染色体水平参考基因组（v3.0）。软枣猕猴桃（*Actinidia arguta*）是一种四倍体猕猴桃，其基因组大小为 2.77Gb，这个基因组是由 PacBio Revio 和 Hi-C 等测序技术组装得到的，其中约 2.61Gb（94.21%）挂载至 116 条染色单体。中国科学院武汉植物园猕猴桃研究团队在软枣猕猴桃多倍体基因组解析、适应性进化和性状定位等方面取得了新进展，其构建了高质量的软枣猕猴桃四倍体雄株基因组，并确定了其为同源四倍体以及四倍体形成的时间，此外，他们还定位了软枣猕猴桃 Y 染色体（性别决定区）位置——3 号染色体，并鉴定了参与性别建成的候选基因及相关网络。安徽农业大学和深圳农业基因组所研究团队对猕猴桃的性染色体进行了研究，发现中华猕猴桃和毛花猕猴桃的性别决定区域位于不同的染色体上，表明这些基因在不同物种分化之前就已形成，这项研究提供了关于猕猴桃性别决定机制的起源和进化的新见解。

一、栽培历史

猕猴桃在中国的栽培历史可以追溯到公元1000年前。据史料记载，早在公元1000年前，猕猴桃在我国秦岭以南及横断山以东等地就已经有种植。在唐代，猕猴桃被列为贡品，受到皇室的青睐。到了宋代，猕猴桃的栽培技术得到了提高，种植区域不断扩大。明清时期，猕猴桃的种植技术有了进一步的发展，产量逐年增加，并逐渐成为南方山区的特色水果之一。在长期的栽培实践中，人们逐渐掌握了猕猴桃的栽培技术，使其成为中国南方地区的特色水果之一。

猕猴桃在国外的栽培历史相对较短。日本大约在19世纪末进行猕猴桃试种。韩国猕猴桃栽培始于20世纪初，主要集中在南部地区。新西兰猕猴桃始于1904年女教师伊莎贝尔·弗雷瑟（Isabel Fraser）从湖北宜昌带走的一小袋猕猴桃种子，并于1930年在新西兰建立第一个猕猴桃人工栽培果园，经过多年发展，新西兰猕猴桃产业迅速崛起，成为世界最大的猕猴桃出口国之一。意大利的猕猴桃栽培始于20世纪初，主要集中在北部地区，由于其地理位置优越，意大利的猕猴桃品质优良，深受消费者喜爱。美国的猕猴桃栽培始于20世纪40年代，主要集中在加利福尼亚州。随着时间的推移，美国逐渐成为世界上重要的猕猴桃生产国之一。澳大利亚的猕猴桃栽培始于20世纪60年代，主要集中在东南部地区，由于其气候温和，澳大利亚的猕猴桃产量稳定，品质上乘。除了上述国家外，欧洲的其他国家如法国等也有猕猴桃栽培，但规模相对较小。

二、资源分布

猕猴桃（也称奇异果）起源于中国，是中国特有的水果资源之一，现已在全球范围内广泛栽培。全球猕猴桃种质资源的分布情况反映了其生长对气候、土壤等自然条件的要求，以及各地对其栽培技术和管理模式的优化程度。

（一）中国猕猴桃种质资源分布

中国具有丰富的猕猴桃种质资源，分布于全国多地的山坡、沟谷和溪边湿润地区。这些地区拥有适宜的气候和土壤条件，使得猕猴桃在中国的分布范围非常广泛。具体来说，猕猴桃在陕西、河南、甘肃、四川、贵州、云南、湖北、湖南、广西、广东、福建、江西、浙江、江苏等地均有分布。

猕猴桃供鲜食与加工的主要有5个种：中华猕猴桃、美味猕猴桃、毛花猕猴桃、软枣猕猴桃、阔叶猕猴桃。

(1) 中华猕猴桃　分布最广，主要集中于秦岭和淮河流域以南的河南、江西、浙江、湖南、湖北、福建、安徽、贵州、四川、广东、广西等地。

(2) 美味猕猴桃　目前为我国栽培面积最大、产量最高的种类。主要分布于黄河以南的四川、云南、贵州、湖南、湖北、河南、陕西、甘肃等地，有偏西分布的倾向。

(3) 毛花猕猴桃　分布于长江以南各地，主要分布在福建、浙江、江西、湖南、广东、广西、云南、贵州等地。

(4) 软枣猕猴桃　中国从最北的黑龙江岸至南方广西境内的五岭山地都有分布，主要分布于辽宁、吉林、河北、天津、北京、河南、陕西、黑龙江等地，其他地区也有零星分布。

(5) 阔叶猕猴桃　主要分布于广西、广东、云南、贵州、湖南、四川、湖北、江西、浙江、安徽、台湾等地。

猕猴桃五大主要产区：在中国，猕猴桃的种植主要集中在陕西、四川、贵州、江西和湖南五个省份，这些省份的猕猴桃栽培面积占全国总面积的82%以上，产量占全国总产量的90.3%。其中，陕西省是中国最大的猕猴桃种植和生产基地。2022年，陕西猕猴桃的产量为138.85万吨，产量占全国的37.06%，体现了其在全国猕猴桃产业中的重要地位。

（二）全球猕猴桃种质资源分布

猕猴桃的栽培范围已从其原产地中国扩展到世界各地，现已成为全球多种气候和生态环境下广泛种植的果树之一。各主要猕猴桃生产国因其独特的气候条件和栽培技术，在猕猴桃种植方面形成了各自的特色。

1. 亚洲地区

日本：猕猴桃资源主要分布在九州岛和四国岛等地区。这些地区具有温暖湿润的气候，非常适宜猕猴桃的生长。日本的猕猴桃种植主要依靠进口品种改良和本土栽培技术的发展，市场主要集中在国内，强调产品的高质量和品牌化。

韩国：猕猴桃资源主要分布在南部的全罗南道和庆尚南道等地。韩国的猕猴桃种植面积相对较小，但其特色在于采用现代化的栽培管理技术，如温室栽培和设施农业，以提高果实质量和市场竞争力。

2. 大洋洲地区

新西兰：作为全球最大的猕猴桃出口国之一，新西兰的猕猴桃资源主要分布在北岛和南岛的温暖地区，如奥克兰、丰盛湾等地。新西兰以培育优良品种与其高效的种植技术闻名，尤其是‘阳光金果’等品种在国际市场上享有盛誉。新西兰猕猴桃种植面积在近20年持续增长，成为其农业出口的重要组成部分。

澳大利亚：猕猴桃资源主要分布在东南部沿海地区，如维多利亚州和塔斯马尼亚州。这些地区气候温和湿润，适合猕猴桃的生长。澳大利亚猕猴桃生产主要集中在国内，但近年来也在积极开拓国际市场。

3. 欧洲地区

意大利：猕猴桃资源主要分布在亚平宁半岛的南部和中部地区，如拉齐奥、艾米利亚-罗马涅和皮埃蒙特等地。意大利是欧洲最大的猕猴桃生产国，其产品以高品质和多样化在国际市场上占有重要地位。猕猴桃种植在意大利的农业产业中占有重要地位，是其出口农产品的主要品类之一。

希腊：猕猴桃在希腊主要种植于北部的马其顿和西部的伊庇鲁斯地区。近年来，希腊猕猴桃种植面积和产量稳步增长，并逐渐成为欧洲重要的猕猴桃生产和出口国。

4. 美洲地区

美国：猕猴桃种植主要集中在加利福尼亚州的中央谷地和其他西部温暖地区，如俄勒冈州。美国的猕猴桃生产主要面向国内市场，同时也有少量出口。随着人们对猕猴桃营养价值的认识不断提高，美国猕猴桃的种植面积和产量呈现上升趋势。

智利：智利是南美洲猕猴桃的主要生产国之一，主要种植在中部地区，如马乌莱大区和瓦尔帕莱索大区。智利得益于其得天独厚的地理和气候条件，是南半球的重要猕猴桃出口国，其主要市场为北半球国家。

5. 中东地区

伊朗：伊朗的猕猴桃种植主要集中在北部的马赞达兰省和吉兰省。猕猴桃生产受益于其温暖的气候条件，产品主要供应国内市场，同时也有部分出口到中东其他国家。

联合国粮农组织（FAO）数据统计显示，近20年全球猕猴桃种植面积和总产量都呈现出缓慢增加趋势。2000年全球猕猴桃种植面积达$1.27\times10^5hm^2$，总产量达1.89×10^6t；2010年全球猕猴桃种植面积达$1.72\times10^5hm^2$，总产量达2.84×10^6t；2019年全球猕猴桃种植面积达$2.69\times10^5hm^2$，总产量为4.35×10^6t。猕猴桃主产国主要有中国、新西兰、意大利、智利、希腊以及伊朗等国家，在2000年、2010年和2019年，这些主产国的总种植面积分别占全球的89.2%、92.0%和94.2%（图1-1），总产量分别占全球的89.3%、92.1%、94.0%（图1-2）。

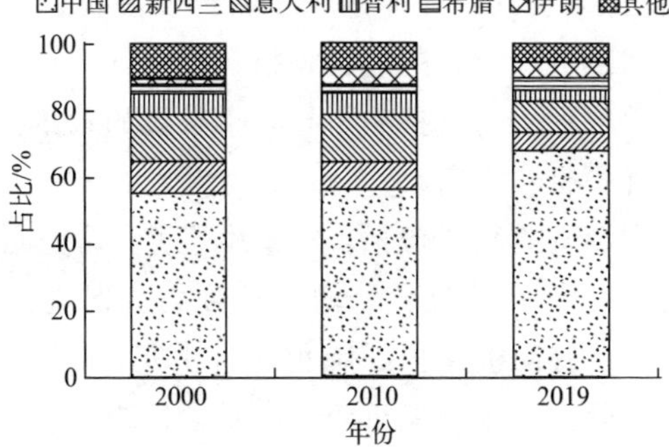

图 1-1　不同年份各国猕猴桃种植面积占全球的百分比

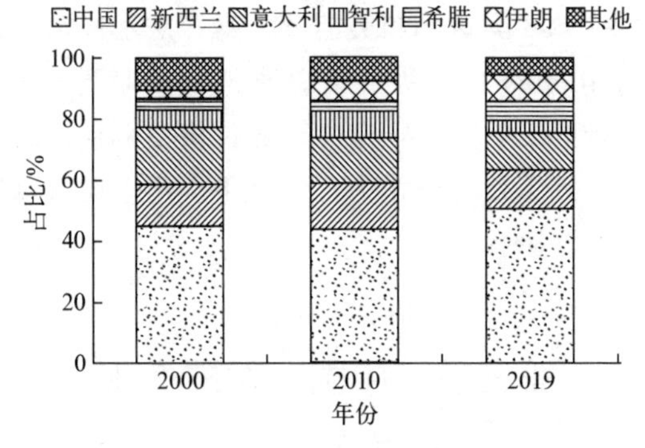

图 1-2　不同年份各国猕猴桃产量占全球的百分比

第二节　猕猴桃产业的兴起

20 世纪 70 年代，科研人员开始对猕猴桃进行系统的研究和选育工作，培育出了多个优良品种，如‘红阳’‘金艳’等，这些新品种具有口感好、营养价值高等优点，迅速在市场上推广开来。随着市场需求的增长，猕猴桃的栽培面积不断扩大。到 20 世纪 80 年代，中国已成为世界上较大的猕猴桃生产国。然而，由于缺乏有效的品牌建设和市场推广策略，猕猴桃在国际市场上的竞争力并不强。进入21世纪，猕猴桃产业迎来了新的发展机遇，随着人们生活水平的提高和对健康饮食的追求，猕猴桃因其丰富的营养价值备受青睐，加之政府的大力支持和引导，猕猴桃的栽培技术和品质不断提升，产品种类日益丰富。

猕猴桃的主要营养物质包括：①维生素C。含量远超过同等重量的橙子和柠檬，具有抗氧化、增强免疫力、促进铁的吸收等作用；②维生素E。有助于保护细胞免受自由基损害；③维生素K。对于血液凝固和骨骼健康至关重要；④膳食纤维。有助于控制血糖和胆固醇，对糖尿病和心血管疾病的预防和治疗有重要的作用，又分可溶性和不可溶性纤维；⑤钾。维持正常血压和心脏功能，是重要的矿物质之一；⑥类黄酮和类胡萝卜素等次生代谢产物；⑦猕猴桃蛋白酶（actinidin）。有助于蛋白质消化的特殊酶；⑧钙、镁、铁和锌等一定量的矿物质。丰富的营养价值使猕猴桃成为健康饮食中的优质选择，其不仅可以作为日常水果食用，还可以用于制作果汁、沙拉和其他健康食品。

第三节　中国猕猴桃产业

一、中国猕猴桃产业发展历程

中国猕猴桃产业的发展历程可以追溯到20世纪80年代，经过多年的发展，国内猕猴桃种植规模和产量持续增长并连续多年稳居全球第一，目前已经成了全球最大的猕猴桃生产国和消费国之一。中国猕猴桃产业的发展阶段分为三个，分别为起步阶段、快速发展阶段与规模化生产阶段。

1. 起步阶段（1980—1990年）

中国猕猴桃产业起步于20世纪70年代末，1980年左右各地开始引种并进行试种。1984年，四川省成都市蒲江县正式开始了猕猴桃的商业化种植。这一时期猕猴桃种植主要集中在四川、陕西等西部省份，种植面积和产量都相对较小。

2. 快速发展阶段（1990—2000 年）

随着消费者对健康饮食的追求增加，猕猴桃因其营养价值高而受到欢迎，市场需求不断扩大。同时，政府加大了对猕猴桃产业的扶持力度，提供了良种繁育、技术培训等方面的支持。种植区域逐渐扩展到全国多个省份，如河南、湖南、江西等地，猕猴桃产量和品质都有显著提升，开始出口到国外市场。

3. 规模化生产阶段（2000 年至今）

2000 年后，中国猕猴桃产业进入了一个快速发展的时期。越来越多的农民和企业参与到猕猴桃种植中来，形成了大规模的生产基地。为了提高产品的竞争力和品牌知名度，一些企业开始注重产品质量管理和品牌建设。同时，政府也加强了行业监管，确保猕猴桃的安全和质量。

二、猕猴桃产业发展现状

截至 2023 年，中国猕猴桃产业的发展表现出以下几个关键特征。

1. 种植面积和产量稳步增长，国内生产效益低于国外发达国家

近年来，中国猕猴桃的种植面积和产量均呈现稳步增长态势。截至 2018 年底，全国猕猴桃种植面积 $2.4\times10^5 hm^2$，挂果面积 $1.58\times10^5 hm^2$，总产量 $2.55\times10^6 t$，占全球猕猴桃总规模的 72%，占全球猕猴桃总产量的 55%，种植规模是意大利的 6.8 倍、新西兰的 13.9 倍。截至 2023 年底，中国猕猴桃的收获面积已达到约 $2\times10^5 hm^2$，年产量超过 $3\times10^6 t$，分别较 5 年前增长了 20%和 30%左右。在连续多年的政策扶持及效益驱动下，国内猕猴桃种植面积连续多年持续快速增长，猕猴桃供应已经略显供过于求，主产区猕猴桃产地收购价格近年来大幅下降。据不完全统计，2019 年，绿心、黄心、红心猕猴桃田间收购价分别为 3.2 元/kg、3.8 元/kg、

6.4元/kg，较2014年分别下降40.7%、55.6%、50.6%，而猕猴桃市场批发价也呈现波动型重心下移，2019年10月，全国批发市场猕猴桃批发均价为7.47元/kg，较2018年、2017年同期分别下降8%和12%，猕猴桃种植户在生产成本和市场价格双重挤压状态下，成本收益也在逐年降低。2012～2018年，猕猴桃单产收入从14.58万元/hm^2下降到10.08万元/hm^2，利润空间压缩了6.75万元/hm^2。国外猕猴桃收益相对较高和稳定，近5年来，新西兰佳沛集团猕猴桃绿果平均收益为27万元/hm^2，‘阳光金果’（SunGold）的平均收益为49.5万元/hm^2；法国猕猴桃平均收益为24万元/hm^2；意大利猕猴桃平均收益为22.5万元/hm^2。

猕猴桃适宜区范围较大，但猕猴桃对产地环境要求相对严苛，对早春晚霜冻害、夏季高温灼伤、秋季早霜冻害、冬季冻害等气候条件异常敏感，幼树受到的影响更大，在叠加气象灾害风险分析后，猕猴桃高适宜区栽培范围有限。随着中国猕猴桃种植区域的不断扩大，由于缺乏科学合理的生产区划与发展规划，种植户在非优生区盲目种植及对局地种植适宜性的考虑不足，造成建园成活率低、病虫害发生严重、产品质量低等问题。目前，国内猕猴桃平均单产为12～15t/hm^2，而国际平均单产为15.795t/hm^2，新西兰、意大利平均单产分别高达21.45t/hm^2、18.45t/hm^2。中国具有国际竞争力的‘红阳’猕猴桃，近年来也因溃疡病的影响大幅减产。

2. 中国猕猴桃进出口存在明显差异，进口量大于出口量

近年来，中国猕猴桃进口量快速增长，2019年进口总量达到1.23×10^5t，进口额达到4.36亿美元，新西兰、智利、意大利、希腊、法国等是我国猕猴桃主要进口国，占中国进口总量的99%以上（表1-1）。国内猕猴桃进口口岸主要分布在华东地区（上海、山东、安徽、浙江）、华南地区（广东、福建）、华北地区（北京、天津）及东北地区（辽宁），进口量排名前两位的地区为上海和广东，上海的进口量占总进口量的一半以上。

表 1-1 2019 年中国猕猴桃主要进口国及进口量

主要进口国	进口量/t	占进口总量比例/%
新西兰	95207.9	77.4
智利	21194.9	17.2
意大利	4252.2	3.5
希腊	1929.7	1.6
法国	352.7	0.3

资料来源：联合国粮食及农业组织数据。

我国猕猴桃出口量相对较少，但总体上稳步增长，2019 年出口量达到 8800t，出口额达到 1330 万美元，出口国以俄罗斯、印度尼西亚、蒙古国、马来西亚等为主，占中国出口总量的 84.2%（表 1-2）。中国猕猴桃出口地区主要分布在华北地区（内蒙古）、华东地区（山东、福建）、西北地区（陕西、新疆）、东北地区（黑龙江、辽宁）、西南地区（四川）。

表 1-2 2019 年中国猕猴桃主要出口国及出口量

主要出口国	出口量/t	占出口总量比例/%
俄罗斯	5533.7	62.9
印度尼西亚	694.2	7.9
蒙古国	446.0	5.1
马来西亚	402.3	4.6

资料来源：联合国粮食及农业组织数据。

尽管中国是猕猴桃种植大国，猕猴桃总产量位居世界第一，但猕猴桃进口量远超出口量。根据数据显示，2016 年我国猕猴桃出口量迅速增长，较 2009 年增长了 5 倍以上，但 2019 年出口量只有 8.9×10^3t；出口金额较 2009 年增长 6 倍，但只有 1330.65 万美元，进口量却高达 1.29×10^5t。当前，我国猕猴桃出口量和出口金额虽然实现了快速增长，但与进口量相比还存在较大的逆差，这种国际贸易逆差说明我国猕猴桃竞争力还相对较弱，在国际贸易中处于不利地位。究其原因，一方面是由于国内猕猴桃高端优质果品比例较小，果品质量整齐度差，与国外70%～80%的优质果率相差较远，加之冷链物流设施不完善，采后入库保管不当，损失较大，销售终端与消费者的“最后一公里”没有解决好；另一方面，尽管近年来全国涌现出“佳沃”“悠然”“阳光味道”等众多猕猴桃品牌，但缺乏国际影响力的大品牌，相比较新西兰“佳沛”品牌影响力相差甚远。同时，线上销售的猕猴桃品牌中，排名前十的品牌每年都在变化，消费者对品牌的忠实度不高，影响了国内猕猴桃的国际市场竞争力。

3. 猕猴桃产业已形成种植、采摘、加工、销售等完整的产业链体系

目前，我国猕猴桃产业已基本形成种植、采摘、加工、销售等完整的产业链体系。种植环节采用先进的种植技术和管理模式，确保猕猴桃的品质和产量；加工环节则利用先进的加工设备和工艺，开发出多种猕猴桃产品以满足市场需求；销售环节则通过线上线下多种渠道拓展市场，产品的知名度和美誉度不断提高。

4. 科技创新水平不断提升，品种选育向精准设计方向发展

随着科技的发展进步，猕猴桃研发水平和科技创新能力得到不断提升，国产猕猴桃逐步进入精准设计育种时代，如中科院武汉植物园研究团队与北京大学现代农业研究院合作，在猕猴桃高维生素C、糖酸及抗性性状方面开展深入研究，为猕猴桃精准设计育种打下基础。

5. 品牌建设与市场竞争增强

中国猕猴桃市场竞争激烈，各大产区和企业纷纷加强品牌建设、市场营销等手段提高产品的竞争力。同时，随着健康饮食理念的普及，消费者对猕猴桃的品质和口感要求也越来越高。

6. 消费产品多样化

消费者对猕猴桃的消费呈现出多样化的趋势，除了传统的直接食用外，猕猴桃还被广泛应用于食品加工领域，如罐头、果

酱、果汁等，市场上也涌现出多种猕猴桃相关的保健品和营养品。猕猴桃不耐储存，因而近年来成为深加工产品开发的热点，目前已开发出果酒、果脯、果糕、果籽饼干、果酱、果醋、果干等系列精加工产品。随着猕猴桃产品研发力度的不断加大，我国猕猴桃精深加工量也在逐年增加，已由2014年的4.3×10^4t增加到2018年的1.17×10^5t。

近年来，消费者开始追求低度健康的酒类产品，而用猕猴桃制成发酵型果酒成为相关产品研发的主要方向，其制作流程大致如下：猕猴桃鲜果挑选→清洗、称量→去皮、切碎、制浆处理→酶解→调制→发酵→固液分离→后发酵→低温静置→澄清、过滤→调配→成品，通过发酵，多种氨基酸、矿物质以及有机酸等大部分营养成分都将转化到果酒中。对营养成分分析发现，经酵母发酵处理得到的猕猴桃果酒在风味、口感、营养成分等方面均保持了猕猴桃的原有特征，且风味和营养成分再次大幅度提高，维生素、必需氨基酸、多酚、微量元素含量丰富，且高于其他发酵果酒，这种营养价值高、酒精度低、口感丰富的果酒一经推出就迎合了大众健康饮酒的新兴观念。

7. 得到政府大力支持

政府对猕猴桃产业的支持力度在不断加大，各级政府纷纷出台政策鼓励猕猴桃产业的发展，包括制定一系列政策措施如税收优惠、财政补贴、信贷支持等，为猕猴桃产业的发展提供有力保障，这些政策的实施有助于降低企业成本，提高生产效率，促进产业升级。

三、猕猴桃产业发展趋势

1. 产业规模不断扩大

随着消费者对健康饮食的追求和对猕猴桃营养价值认识的提高，全球猕猴桃市场需求不断增长。与此同时，种植技术的进步和优良品种的推广使得产量逐年增加，猕猴桃种植效益不断提升，产

业规模也在不断扩大。预计未来几年，全球猕猴桃产业将继续保持稳定增长态势，这主要得益于：一是科技创新服务平台越来越健全，从事猕猴桃科研的高等院校、科研院所以及相关企业、专业合作组织的服务能力不断提升，将会依托中国-新西兰猕猴桃联合实验室建设，整合国内外资源，以产业链延伸为重点，开展抗性优质品种培育、新产品研发，健全产业技术体系；二是不易感溃疡病的猕猴桃新品种、红肉型品种、超高抗坏血酸（AsA）型品育、多倍体型和矮化型品种、两性花型新品种的选育和推广不断加强，将会注重栽培制度转型的持续性、连贯性和稳定性，围绕多抗逆性的鲜食品种或砧木品种，建立适宜的栽培管理技术和储藏加工技术；三是溃疡病、软腐病、黑斑病等病害防治技术研究与应用得到加强，统防统治与绿色防控技术融合、高效水肥一体化、雌雄配比及授粉等配套技术得到进一步优化集成应用；四是猕猴桃采后冰温储藏、气调储藏和化学储藏技术研究与应用不断加强。

2. 产品结构优化升级，多措并举支持猕猴桃产业发展

在满足基本消费需求的基础上，消费者对猕猴桃产品的品质、口感和功能性提出了更高要求。为了适应这一发展趋势，猕猴桃生产商正在积极进行产品结构优化升级，开发出更多高品质、多样化的产品，如有机猕猴桃、富硒猕猴桃等，以满足不同消费者的需求。国内猕猴桃种植面积和产量增长较快，供需结构性矛盾突出，应对现有栽培品种和新选育的品种加强系统区域试验及适种区评价，确定最佳适宜区，不盲目扩大生产范围；加快开展猕猴桃产业区域发展规划编制工作，在区分优生区、适生区、次生区的基础上注重整合，优化配置支持猕猴桃产业发展的科技政策、财政政策、信贷政策、保险政策，引导技术、资本、人才等先进要素向优势区聚集，突出地方优势和特色，形成差异化发展路径，避免同质化竞争；支持区域冷链物流体系、产地冷库、冷藏车等冷链设施装备，保障猕猴桃鲜果周年供应；重点支持猕猴桃优势产区和果品集散地标准化基地、良繁基地、冷链物流、批发市场、电商平台等基础设

施建设；支持企业开展有机认证、CGAP/GGAP认证、出口备案基地建设。

3. 品牌建设不断加强

品牌是市场核心竞争力之一，越来越多的猕猴桃生产商意识到品牌建设的重要性，纷纷加大投入力度，在提升产品质量的同时，加强市场营销，打造具有竞争力的品牌。未来几年，拥有知名品牌的猕猴桃产品将在市场上更具竞争力。随着一些老产区、大产区电商、微商异军突起，产品质量和安全以及由于不正当使用保鲜剂导致僵尸果等问题层出不穷，严重影响了区域品牌的信誉度，建议围绕新的销售模式，加强网销猕猴桃标准化及品牌化建设：①猕猴桃作为线上销售占比高的农产品，可率先启动研究实施财政资金支持的“猕猴桃标准化”，联合大型电商平台企业共同推进猕猴桃电子商务标准化进程。②加快研究实施“网销猕猴桃品牌化示范”，积极推进农产品区域公用品牌建设，鼓励采用创办“母子商标”的方式，为规模较小、竞争力较弱的企业提供进入市场的保障。同时，政府对使用区域公共品牌的农产品质量要进行严格监督，明确各社会组织、市场机构的职责，加强对农产品区域公共品牌的管理和运营。③引导农村网商积极应对不断上升的网销成本，合理配置县域内网商和生产者资源，避免网店同质化竞争。

4. 产业链条不断完善

为了实现可持续发展，猕猴桃产业正在逐步完善产业链条，包括种植、加工、销售、物流等环节。通过整合资源，形成完整的产业链条，不仅可以提高产业效率，还可以促进产业升级，增强抵御风险的能力。以四川省为例，猕猴桃种植产业已成为四川省扶贫特色产业之一，并成为四川多地的特色优势主导产业，在猕猴桃产业的带动下，2011～2015年四川省脱贫成效显著。未来，随着猕猴桃产业的不断成熟和壮大，特色猕猴桃产业的发展必将为产业振兴和乡村振兴注入新的动力。

5. 科技创新驱动发展

科技创新是推动猕猴桃产业发展的动力源泉。近年来，科研人员致力于研究新的栽培技术、病虫害防治方法以及产品加工工艺，取得了丰硕的成果。目前，国内外猕猴桃加工技术开发的猕猴桃果汁、果酒、果脯等大多集中于对果肉的开发，国内研究早已开启了对猕猴桃果皮（渣）、脆片、保健果醋以及猕猴桃籽保健油的开发；国外研究侧重于提高猕猴桃产量、营养物质含量以及采摘后、加工后如何保持新鲜的状态，同时对营养成分方面也投入了大量的研究，建立了能源投入与产量关系模型，为猕猴桃生产种植提供经济效益估算和猕猴桃成本投入提供保障。随着国内外猕猴桃生产种植面积的扩大及产量的提高，对其深加工和开发利用的研究将逐渐加强。

6. 国际化进程加速

随着我国对外开放程度的加深和国际贸易往来日益频繁，猕猴桃产业的国际化进程也在加速。我国猕猴桃企业正积极拓展海外市场，提高国际市场份额。同时，国外的优质猕猴桃产品也进入中国市场，为消费者提供了更多的选择。为了迎合国际化发展进程，应主动融入“一带一路”，借助“蓉欧＋”平台，结合跨境电商交易平台建设，积极拓展俄罗斯、东南亚及欧洲市场；深化与京东、阿里、苏宁易购等电商平台合作，完善电商服务及仓储包装物流等配套建设，持续扩大猕猴桃电商交易功能平台建设；完善主产区社会化专业服务体系、数字化监督管理体系、国际化市场营销体系、智能化农业信息体系等建设，鼓励各类新型经营主体开拓国内外市场；支持培育与农户联结紧密的合作经济组织，借鉴新西兰猕猴桃的成功经验，构建“公司＋科研机构＋协会＋农户”的产业化组织模式，鼓励其充分利用国内外市场资源和信息，促进产业的国内外衔接。

7. 环境保护意识增强

在追求经济效益的同时，猕猴桃产业也越来越注重环境保护。

可采用有机肥、生物农药等环保措施，减少对环境的污染和破坏。同时，加强废弃物处理和循环利用，实现产业的可持续发展。

8. 营销模式创新

随着互联网技术的普及，猕猴桃产业正在积极探索新的营销模式：通过电商平台、社交媒体等渠道，扩大销售范围，提高知名度。同时，开展线上线下相结合的营销活动，加强与消费者的互动，提升品牌形象。利用先进的互联网技术，搭建猕猴桃果园智能感知系统，实现“天空地”一体化的全程跟踪与反馈。建立猕猴桃园作物生长模型智能分析平台和大数据中心，实现土壤温湿度、土壤养分、猕猴桃长势、病虫害等实时检测与全程溯源追踪，打造集猕猴桃生产、休闲观光和科普教育为一体的现代猕猴桃产业园。

9. 质量安全监管严格

质量安全是猕猴桃产业的生命线。政府相关部门正加强对猕猴桃生产的监管力度，确保产品质量安全。生产商也更加注重质量管理，从源头上保障产品的品质和安全。

10. 从业人员素质提升

猕猴桃产业的发展离不开高素质从业人员的支撑。近年来，越来越多的农业院校开设了猕猴桃相关专业，培养了一批具备较高理论水平和实践能力的专业人才。同时，行业协会和组织也发挥了重要作用，为广大从业人员提供了培训和学习机会。

第二章 猕猴桃优良品种

根据猕猴桃属植物分类学最新修订，全世界猕猴桃属植物有54个种和21个变种，共75个分类群，其中，原产于我国的猕猴桃属植物有52个种，目前认为具有较高经济价值的有中华猕猴桃、美味猕猴桃、毛花猕猴桃、软枣猕猴桃、狗枣猕猴桃、葛枣猕猴桃、多花猕猴桃、京梨猕猴桃、阔叶猕猴桃、革叶猕猴桃、对萼猕猴桃等。

品种是猕猴桃生产者在建园时首先要考虑的问题，生产中有了优良品种，在相同的条件下就可获得高产优质的产品，实现效益的最大化，提高产品在市场上的竞争力。用于商业化栽培的绝大多数优良品种多由中华猕猴桃和美味猕猴桃两个种的野生单株选育而来，本章主要介绍中华猕猴桃和美味猕猴桃等主要的优良品种。

第一节　中华猕猴桃

中华猕猴桃属中华猕猴桃原变种，又名羊桃、藤梨、光阳桃等，以原产于中国而得名，是我国分布较广、资源多、经济价值高且人们积极栽培的一个种，自然分布在陕西南部、河南、湖北、湖南、江西、安徽、浙江、江苏、福建、四川、云南、贵州、广西和广东北部，植株染色体倍性有二倍体和四倍体。

植株生长势由弱到强，且随着染色体倍性增加而有所增强。新梢绿色，密被灰白色茸毛，枝条木质化之后而脱落。一年生枝灰褐色，无毛或稀被粉毛且易脱落；皮孔较大，稀疏，圆形或长圆形，淡黄褐色。二年生枝深褐色，无毛；皮孔明显，圆形或长圆形，黄褐色；茎髓片层状，绿色。冬芽芽座较小，被茸毛，鳞片将冬芽半包埋于其内。叶厚、纸质，阔卵圆形或近圆形，间或阔倒卵形；基部心形、尖端圆形、微钝尖或浅凹；叶面暗绿色，无毛；叶基部全缘无锯齿，中上部具尖刺状齿，主脉和侧脉无毛；叶背灰绿色，密被白色星状毛，主脉和侧脉白绿色，密被白色极短茸毛；叶柄浅红绿色，无毛被覆盖。

雌花多为单花或聚伞花序，雄花聚伞花序，每花序 2～3 朵，均甚香；花梗绿色、密被褐色茸毛；花萼 4～6 片，萼片椭圆形或卵圆形、密被褐色茸毛；花冠直径 1.9～6.0cm、白色，花开 1d 后变为淡黄色，花瓣近圆形，以 6～7 片居多，表面具放射状条纹；花丝白色至浅绿色，通常为 25～80 枚；花药黄色，多为箭头状，雌花花药无花粉或花粉无活力；花柱白色，通常为 20～50 枚，柱头稍膨大，雌花子房扁圆球形，密被白色茸毛；雄花子房退化，密被褐色茸毛。

果实有椭圆形、卵圆形、圆柱形或近球形等多种形状；果皮绿色、绿褐色、黄色、黄褐色至褐色，密被褐色短茸毛，果实成熟后易脱落，果面近乎光滑无毛，萼片宿存；果梗绿色或绿褐色，稀被浅黄色茸毛；平均果重 20～150g。果肉黄色、黄绿色或绿色，果心小、圆形、白色，部分类型果实的种子分布区呈现艳红色；风味酸至浓甜、多汁、质细。种子椭圆形，数量多，红褐色或褐色，种皮表面具凹陷龟纹；果实营养丰富，维生素 C 含量 50～420mg/100g，可溶性固形物含量 7%～25%，可滴定酸含量 0.8%～2.4%；果实适于鲜食及加工；在我国果实成熟期大多为 9～10 月份。果实较耐储藏，果实采后常温后熟为 5～25d，大多数为 9～15d。

一、红阳

四川省自然资源科学研究院和苍溪县农业农村局从中华猕猴桃自然实生后代中选育出的果肉为红色的优良品种。

果实圆柱形兼倒卵形，果顶、果基凹；果皮绿褐色，光滑无毛；果实中等大，平均单果重81.3g，果肉黄绿色，沿果心呈放射状红色条纹，似一轮红太阳光芒四射；果皮薄，果肉细嫩、汁多、味甜可口（图2-1）。总糖含量13.45%，总酸含量0.49%，糖酸比27.45%；可溶性固形物含量19.6%～21.3%，维生素C含量135.7～256mg/100g，品质优。植株生长旺盛，一年生枝黄褐色，多年生枝红褐色；五年后主干基部开始纵裂；枝干皮孔长椭圆形，灰白色；叶色浓绿，叶缘锯齿浅，无芒；花乳白色，花瓣6枚，雌花柱头呈匙形，花柱有30～35枚，花丝有130～150枚；萼片呈三角形，共5片。

图2-1 ‘红阳’猕猴桃（彩图）

在四川苍溪地区，芽萌动期3月上旬，开花期4月下旬，果实成熟期9月上旬，落叶期11月上旬。

该品种的突出优点是果肉红黄鲜艳，风味香甜，属名特优新品种，但不抗高温干旱，特别是果肉颜色易受夏季温度和湿度的影响，果肉红色减退或消失，在高温和高湿条件下易感病，溃疡病严重，适合在海拔500m以下的中、低海拔区域种植。树势中庸、投产早、丰产，但抗病性较弱，宜采用避雨栽培。

二、金桃

中国科学院武汉植物园从中华猕猴桃野生优良单株“武植81-1”单系中选出的芽变黄肉猕猴桃新品种，2005年12月通过国家林业局林木品种审定委员会审定。

果实长圆柱形，果形端正美观，平均单果重82g，最大重120g。果皮黄褐色，果面茸毛少，光洁。果肉金黄色，质脆，风味浓，酸甜适中；软熟后肉质细嫩、多汁，具清香，被誉为是“国产金桃奇异果”（图2-2）。果实可溶性固形物含量18%～21.5%，总糖含量9.1%～11.1%、有机酸含量2.1%，维生素C含量147～197mg/100g。耐储藏，室温下可储藏1个月，4℃条件下可冷藏4个月。以中、短果枝结果为主，单花结果占80%以上。幼苗定植后第2年始果，进入盛产期早。丰产稳产，一般管理条件下，产量在4.5t/hm^2左右。

图2-2 ‘金桃’猕猴桃（彩图）

在武汉地区，3月上旬萌芽，4月底至5月上旬开花，果实9月底至10月上旬成熟，12月落叶。

该品种长势较强，早果、丰产、稳产，极耐储藏。

三、黄金果

果实倒圆锥形，果面有细茸毛，顶部有一个“鸟嘴”，酷似新西兰的国鸟几维鸟，号称是新西兰的国宝品种，果实中大，单果重90～140g（图2-3）；果心小而软，果肉金黄色，切下一片果肉细看，犹如阳光形成的光环，人们生动地称它为“阳光之吻”；果肉细而多汁、味甜可口、香气浓郁，并混有哈密瓜、水蜜桃等多种水果的风味；维生素C含量120～150mg/100g；可溶性固形物含量15.6%～18.5%；耐储藏，品质优。

图2-3 ‘黄金果’猕猴桃（彩图）

在浙江省一般3月上旬萌芽，4月上旬开花，果实9月下旬至10月上、中旬成熟。适合在600m以下的中、低海拔区域种植。

该品种树势强健，投产早、丰产，抗病性较强。

四、金艳

中国科学院武汉植物园以毛花猕猴桃作母本、中华猕猴桃作父本进行杂交选育的新品种，2010年通过国家林木品种审定委员会审定。

果实长圆柱形，果顶微凹，果蒂平，果大而均匀，美观整齐，平均单果重101g，最大果重175g。果皮黄褐色，茸毛少，果肉金黄色，多汁，味香甜（图2-4）。总酸含量0.86%，总糖含量8.55%，可溶性固形物含量14.2%～16.0%，维生素C含量105.5mg/100g。果实硬度大，耐储藏，常温下果实后熟需要42d，软熟后的货架期长，常温下可放15～20d，低温下（0～2℃）储藏4～5个月，果实的综合商品性能佳，丰产性突出。枝梢粗壮，萌芽率53%～67%，成枝率95%以上，结果早，嫁接苗定植第2年开始结果，高标准园第4年进入盛果期，亩产量可达2500kg。

图2-4　‘金艳’猕猴桃（彩图）

在武汉地区，2月下旬进入伤流期，3月上旬萌芽，3月底至4月初新梢开始生长，始花期为4月26日左右，终花期为5月上旬，10月底至11月上旬果实成熟，果实发育期200d左右，比一般品种长2个月。

该品种树势强，果肉黄色，丰产稳产，耐储藏，优于黄肉品种‘Hort 16A’和‘金桃’。

五、华优

陕西省西安市周至县马召镇群兴村村民1996年从自然的野生猕猴桃果实种子中发现的优良单株，属于中华猕猴桃和美味猕

猴桃自然杂交后代，2007 年通过陕西省果树品种审定委员会审定。

果实椭圆形，较整齐，商品性好，单果重 80～120g，果面棕褐色或绿褐色，茸毛稀少，果皮厚、难剥离（图 2-5）。未成熟果果肉绿色，成熟后果肉黄色或绿黄色，果肉质细汁多，香气浓郁，果心中轴胎座乳白色、可食。含可溶性固形物含量 17.36%、总酸含量 1.06%、总糖含量 3.24%，维生素 C 含量 161.8mg/100g，富含黄色素。常温下，后熟期 15～20d，货架期 30d，在 0℃下可储藏 5 个月左右。当年生枝条绿白色，多年生枝黑褐色。

图 2-5 ‘华优’猕猴桃（彩图）

在湖北武汉 3 月中旬萌芽，4 月中上旬现蕾，4 月下旬至 5 月上旬开花，花期 7～10d，9 月中旬果实成熟，11 月上旬落叶。以中、长果枝结果为主。

该品种长势强健、抗性强、优质丰产、果肉黄色，可在一定范围发展，为猕猴桃产业增色。

六、魁蜜

江西省农业科学院园艺研究所 1979 年选自江西省奉新县澡溪乡荒田窝的优良单株，原代号“F. Y. 79-1”，母株所在地海拔

900m，1980年采枝条嫁接繁殖进行观察鉴定和区域试验，1985年鉴定命名为‘魁蜜’，后经进一步的选育和区试，于1992年通过江西省级品种审定，更名为‘赣猕2号’。

果实扁圆形，平均单果重92.2～106.2g，最大果重183.3g。果肉黄色或绿黄色，质细多汁，酸甜或甜，风味清香（图2-6）。可溶性固形物含量12.4%～16.7%，总糖含量6.09%～12.08%，有机酸含量0.77%～1.49%，维生素C含量1195～1478mg/kg，品质优。果实耐贮性较差，货架期短。

图2-6 ‘魁蜜’猕猴桃（彩图）

一般3月中旬萌芽，4月下旬开花，10月上、中旬果实成熟。植株生长势中等，萌芽率40.0%～65.4%，成枝率82.5%～100.0%，花多单生，着生在果枝的第1～9节，多数为第1～4节，结果枝率53.0%～98.9%，以短果枝和短缩果枝结果为主，平均每果枝坐果3.63个，坐果率95%以上，栽后2～3年开始结果，丰产稳产，4年生单产达9t/hm^{2}或以上。

该品种果个大，风味甜，坐果率高，早果、丰产、稳产、抗风、耐高温，是以鲜食为主的优良中熟品种，适于我国中南部地区栽培，可作为浓缩汁加工基地的主栽品种。

七、东红

由中国科学院武汉植物园从‘红阳’实生后代中选育而成，

2012年通过国家林木品种审定（国S-SV-AC-031-2012）。果实呈长圆柱形，平均单果重65～75g，最大果重112g，果顶圆平，果面绿褐色，光滑无毛，整齐美观。果皮较厚，果点稀少。果肉为金黄色，果心四周红色鲜艳，质地细嫩，风味浓甜，香气浓郁（图2-7）。可溶性固形物含量15%～21%，总糖含量10%～14%，有机酸含量1.0%～1.5%，维生素C含量100～153mg/100g鲜重。

该品种树势较旺，丰产性和早果性好，抗溃疡病比‘红阳’好，较耐储藏，常温下可放30～40d。

在浙江金华地区，3月上旬发芽，4月上中旬开花，花期4～5d，9月上旬成熟，11月下旬落叶。

图2-7 ‘东红’猕猴桃（彩图）

八、翠玉

由湖南省园艺研究所从中华猕猴桃野生资源中选出的优质耐贮品种，2001年通过湖南省农作物品种审定委员会审定（图2-8）。果实圆锥形或扁圆锥形，果喙扁平似鸭嘴状，平均果重85～95g，最大果重129g，果面光滑无毛，果肉翠绿色，肉质致密、细腻，汁液多，味酸甜适口，可溶性固形物含量14.5%～17.3%，维生素C含量930～1430mg/100g鲜重。该品种储藏性极好，具有结果早、丰产稳产、抗逆性强、储藏性极好等优良特性，常温下（20℃）可储藏30d左右。

在湖南长沙地区果实10月上旬成熟，在浙江泰顺地区10月上、中旬成熟。

图2-8 ‘翠玉’猕猴桃（彩图）

九、金丽

由浙江省农科院和丽水市农科院从自然杂交实生选育获得的四倍体猕猴桃品种（图2-9）。果实圆柱形，单果重100～110g，最大可达235g。果皮黄绿色有浅褐色点状凸起，成熟时果面无毛，果喙微凸，果肩较平，外观漂亮；果肉黄色至金黄色，肉质细嫩，多汁，味香甜，可溶性固形物15.8%～23.8%；该品种丰产性好，抗病能力较强，果实较耐储藏，常温下可储藏1～2个月，软熟果货架期较长，常温下15～20d，低温下1～2个月。

在浙江金华产区10月上旬果实成熟。

图2-9 ‘金丽’猕猴桃（彩图）

第二节 美味猕猴桃

美味猕猴桃属中华猕猴桃变种，又名毛杨桃、毛梨子、藤鹅梨、木杨桃等。美味猕猴桃是目前最主要的商业栽培类型，在国内和国外分别占超过60%和80%的种植面积，自然分布在陕西、河南、湖北、湖南、安徽、四川、云南、贵州、广西、甘肃等地区，植株染色体倍性大多为六倍体，少数为四倍体，野外存在极少数八倍体个体。

植株生长势强。新梢绿色，先端部分密被红褐色长毛。一年生枝红褐色，被短的灰褐色糙毛。二年生枝灰褐色、无毛；皮孔稀，点状或椭圆形，白色；茎髓片层状、褐色。冬芽芽座大，密被硬毛，鳞片常将冬芽包埋其中，仅留小孔。叶纸质至厚纸质，常为阔卵形至倒阔卵形，先端圆形、微钝尖或浅凹，基部浅心形或近平截；叶面深绿色、无毛，叶缘近全缘，小尖刺外伸，绿色；叶背浅绿色，密被浅黄色星状毛和茸毛，主脉和侧脉黄绿色，被浅黄色茸毛；叶柄稀被褐色短茸毛。

雌花多单生，雄花多序生，均甚香；花萼5～6片，萼片椭圆形或卵圆形，密被浅褐色茸毛；花冠直径4～7cm，雌花比雄花略大；花瓣6～12片，7～8片居多，白色，花开1d后变为黄色至杏黄色，倒卵形，宽约2cm，表面具纵条纹；花丝白色，140～350枚；花药黄色，多为箭头状：花柱白色，通常28～50枚，柱头稍膨大；雌花子房短圆柱形，被白色及浅褐色柔毛；雄花子房退化，呈小锥体状，被浅褐色茸毛。

果实有圆柱形、椭圆形、卵圆形、圆锥形、近球形等多种形状，幼果皮绿色，近成熟时变黄褐色或褐色，皮较易剥离，密被黄褐色长硬毛，不易脱落；果点淡褐绿色、椭圆形；果梗深褐色，密被不甚明显的黄斑点；平均果重30～200g。果肉大多绿色，少部分为黄绿色或黄色，也有果实的内果皮显艳红色；种子椭圆形，数量多，红褐色或褐色，种皮表面具凹陷龟纹。果肉质地多样，大多较粗，少量细嫩；风味从酸到浓甜，多汁，营养丰富，100g鲜果含维生素C30～160mg，含钾100～240mg，可溶性固形物8%～25%，总酸1.6%；果实适于鲜食及加工，其储藏性较强，果实采后常温（20℃左右）后熟天数9～49d，大多数15～30d。在我国果实成熟期通常为10～11月份。

一、海沃德

1904年，新西兰人从我国湖北省宜昌带走的美味猕猴桃果实进行实生选育而成的品种。在新西兰选育的5个品种中果实相对最大，故又名“巨果”。

果实多为椭圆形，平均纵径6.4cm、横径5.3cm、侧径4.9cm，平均单果重90g左右，最大单果重120g。果皮绿褐色或淡绿色，密生褐色硬毛，果肉绿色或翠绿色（图2-10）。肉质细嫩，酸甜可口，香气浓郁，可溶性固形物含量15%左右，维生素C含量 50～100mg/100g。果实后熟期长，极耐储藏运输，货架期亦长，果实硬时能食，鲜食品质极佳。

陕西关中地区 5 月上中旬开花，10 月下旬成熟。

该品种品质好，耐储藏，我国许多地区把其作为主栽品种重点发展。该品种进入结果期晚，味道偏酸，而且果面易形成棱状突起，被称为“海沃德痕迹”。

图 2-10 ‘海沃德’猕猴桃幼果（彩图）

二、翠香

西安市猕猴桃研究所和周至县农技试验站选育，原名‘西猕 9 号’，2008 年 3 月通过陕西省果树品种审定委员会审定。

果实卵形，横径 3.5～4.0cm，纵径 7.0～7.5cm，最大单果重 130g，平均单果重 82g，单株 70％的单果重可达 100g，商品率 90％。果肉深绿色，味香甜，品质佳，适口性好（图 2-11）。硬果可溶性固形物含量 11.57％，软果可溶性固形物含量可达 17％，总糖含量 5.5％，总酸含量 1.3％，维生素 C 含量 185mg/100g。采后室温下可存放 20～23d，0～1℃可储藏四个半月，较耐储藏运输，货架期长。嫩枝棕红色，密生柔毛，叶片大，多为椭圆形，多年生枝深褐色、无毛。

在浙江省一般3月中旬萌芽，4月下旬开花，花期7d，5月上旬落花，果实8月下旬成熟。每一结果枝上着生雌花1～5朵，副花少。4年生树平均亩产31kg，平均亩产2250kg。

该品种结果早，丰产，最大特点是维生素C含量高，营养丰富。果皮绿褐色，果皮薄，易剥离，食用方便，是鲜食优良品种。

图2-11　‘翠香’猕猴桃（彩图）

三、秦美

陕西省果树研究所与陕西省中华猕猴桃科技开发公司周至试验站协作选出。

果实椭圆形，平均纵径7.2cm、横径6.0cm，平均单果重106g，最大单果重160g。果皮褐绿色，质地细，汁多，酸甜可口，香气浓郁（图2-12）。总糖含量11.18%，有机酸含量1.69%，维生素C含量190.0～354.6mg/100g，可溶性固形物含量10.2%～17.0%。果实发育期150～160d，耐储藏，室内10℃以下储藏期可达100d。

嫩枝红褐色，密生红棕色柔毛，并有明显斑点。多年生枝深褐色，二年生枝条萌芽率60%～70%，成枝率20%，其中长果枝占21.1%，中果枝占36.8%，短果枝占42.1%。

在陕西周至地区，伤流期2月下旬至3月上旬，芽萌动期4月上旬，展叶期4月中旬，始花期5月中旬，终花期5月下旬，果实成熟期10月下旬至11月上旬，落叶期11月下旬，结果早，丰产，4年生树平均株产6.7kg，最高株产50kg，平均亩产368.5kg。

该品种果实大，产量高，始果早，耐储藏，适应范围广，陕西省作为主导品种已大面积发展。

图2-12 ‘秦美’猕猴桃（彩图）

四、哑特

中国科学院西北植物研究所在周至县哑柏镇选出，1998年通过省级品种审定。

果实圆柱形，果面深褐色，果毛较硬，果个大，平均单果重90g，最大单果重127g。果肉翠绿色，果心小，质软，十分香甜（图2-13）。可溶性固形物含量为15%～18%，维生素C含量为150～290mg/100g。果实较耐储藏，常温下可放置1～2个月，货架期20d左右。

植株生长健壮，以中、短果枝结果为主。早果性较差但进入结果期后丰产。嫁接苗栽后第5年平均单株产量为22kg。

图 2-13 ‘哑特’猕猴桃（彩图）

该品种抗逆性强，耐旱，耐高温，耐寒，耐北方干燥气候，适宜在北方半干旱地区推广。

五、米良 1 号

湖南省吉首大学从高海拔野生猕猴桃资源中选出。

果实长圆柱形，果实较大，纵径 7.5～7.8cm，横径 4.6～4.8cm，侧径 4.1～4.6cm，平均单果重 86.1g，最大果重 170.5g。果皮棕褐色，果肉黄绿色（图 2-14）。可溶性固形物含量 16%～18%、总糖含量 11.2%、总酸含量 1.16%，维生素 C 含量 188～207mg/100g，汁液较多，酸甜可口，具芳香味，品质上等。

在湖南省吉首市，伤流期 3 月上旬，展叶期 3 月 29 日～4 月 3 日，现蕾期 4 月上旬，初花期 5 月上旬，终花期 5 月中旬，果实成熟期 10 月上旬，落叶期 12 月中旬，营养生长期 240～250d。丰产性好，4 年生嫁接苗平均株产 21kg，最高株产 42.3kg。

该品种树势健壮、抗病、丰产、果形美观、果实大、风味好，耐贮性好，抗旱性强，果实抗日灼病，很少发生生理落果，为湖南省重点发展的优良品种。

图 2-14 ‘米良 1 号’猕猴桃（彩图）

六、华美 2 号

河南省西峡猕猴桃研究所从西峡县米坪镇石门村野生群体中选出，原代号“86-5-1”，2000 年通过河南省林木良种审定委员会审定，命名为‘豫猕猴桃 2 号’，2002 年国家林业局审定为林木良种，命名为‘华美 2 号’。

果实长圆锥形，黄褐色，密被黄棕色柔毛，果肉黄绿色（图 2-15）。平均单果重 112g，最大果重 205g，果心小，汁液多，酸甜可口，富有芳香。可溶性固形物含量 14.6%、总糖含量 8.88%、总酸含量 1.76%，维生素 C 含量 152mg/100g。植株生长势强，枝条粗壮，叶大质厚，芽饱满，嫁接第 2 年始花结果，以中长果枝结果为主，结果部位在第 1～3 节，每结果枝一般坐果 2～6 个，结果母枝芽萌发成枝率高，丰产稳产。

在西峡田关地区，3 月上旬树液开始流动，3 月下旬萌芽，4 月上旬展叶，5 月上中旬开花，果实生长期 5 月中下旬至 8 月中上旬，成熟早，成熟期 9 月上中旬，落叶期 11 月底至 12 月初。

该品种早熟、果个大，早实、丰产、品质优、耐储藏，对环境

图 2-15　‘华美 2 号’猕猴桃（彩图）

适应性广，抗逆性强，已作为优良品种大面积推广，目前是西峡的主栽品种，其弱点是果实近成熟时如遇干旱或管理不善，有早落果现象。

七、布鲁诺

由新西兰人 Bruno 在 20 世纪 20 年代从实生苗中选育出，1930 年开始推广。

果实长圆形，单果重 90～100g，果皮褐色，密被褐色硬毛，容易脱落（图 2-16）。果肉翠绿色，维生素 C 含量为 166mg/100g，软熟后含可溶性固形物含量 14.5%～19.0%，味甜酸，果实耐储藏，货架期长。该品种适于做切片。

武汉地区 4 月底～5 月上旬开花，10 月下旬成熟。树势旺，丰产性强，适应性广，栽培容易。

八、农大猕香

由西北农林科技大学选育，2015 年通过陕西省果树品种审定委员会审定。

图 2-16 ‘布鲁诺’猕猴桃（彩图）

果实为长圆柱形，平均纵径 7.35cm，横径 4.49cm，平均单果重 95.8g，最大单果重为 156g，果皮褐色，果面被有茸毛，较短（图 2-17）。软熟后果肉为黄绿色，果心较小，质细，风味香甜爽口。可溶性固形物含量 13.9%～18.9%，总糖含量 12.5%，总酸含量 1.67%，维生素 C 含量 243.92mg/100g。

在陕西关中地区 4 月 25 日左右为盛花期，开花期比‘徐香’早 5d，比‘海沃德’早 10d。10 月 20 日左右采收，果实发育期为 175d。室内常温下存放 40d 左右，在（1±0.5)℃储藏条件下可存放 150d 左右。

该品种树势强健，结果性状稳定，丰产性好，果个大，果实整齐，果形美观，品质优良，较耐储藏，抗逆性强，适宜在陕西关中及类似生态区域推广。

九、贵长

原代号是“黔紫 82-3”，是 1982 年贵州省果树研究所在贵州紫云县野生资源调查时发现的优株，因果实细长而得名。

果实长圆柱形，果皮褐色，有灰褐色较长的糙毛，果实纵径

图 2-17　‘农大猕香’猕猴桃（彩图）

8.3cm，横径约 5.0cm，侧径约 4.1cm，平均单果重 84.9g，最大单果重 120g，果喙端圆形凸起，果柄长 2.6cm（图 2-18）。果肉淡绿色，肉质细、脆，汁液较多，甜酸适度，清香可口，可溶性固形物含量 12.4%～16.0%，总酸含量 1.45%，维生素 C 含量 113.4mg/100g，品质优，是鲜食与加工兼用品种（图 2-18）。

图 2-18　‘贵长’猕猴桃（彩图）

在黔北地区，3月中旬萌芽，4月下旬至5月上旬开花，9月下旬至10月上旬果实成熟（果实可溶性固形物含量达12.0%为标准）。

该品种营养丰富，含有超氧化物歧化酶（SOD）、蛋白质、氨基酸、β-胡萝卜素、泛酸、叶酸等多种营养物质和有益元素硒等，是营养密度极高的水果，风味集果香、花香、清香等为一体。

十、徐香

由江苏省徐州市果园从北京植物园引入实生苗中选出，1990年通过省级鉴定。果实圆柱形，平均纵径5.7cm，横径5.0cm，果皮黄绿色，有硬毛，单果重70～100g，果肉绿色，肉质细嫩，具果香味，维生素C含量122mg/100g，软熟后维生素C含量30.5mg/100g，软熟果可溶性固形物含量17%，酸甜适口，室内常温下可存放30d左右（图2-19）。

图2-19 ‘徐香’猕猴桃（彩图）

该品种生长势长，适应性广，其早果性、丰产性均优于‘海沃德’，储藏性和货架期好但不及‘海沃德’，抗溃疡病比‘红阳’好。其最大优点是口感香甜，深得消费者青睐。

在浙江金华市，3月上中旬发芽，4月中下旬开花，花期8～10天，9月中下旬～10月初成熟，11月下旬落叶。

第三节　软枣猕猴桃

软枣猕猴桃又名软枣子、圆枣子和藤枣等，包括紫果猕猴桃、陕西猕猴桃等变型或变种。自然分布在黑龙江、辽宁、吉林、北京、山东、山西、河北、河南、陕西、甘肃、四川、湖北、湖南、云南、贵州、安徽、浙江、江西、福建、广西等地区。

植株树势强旺，新梢绿色无毛或偶尔散生柔软茸毛。一年生枝灰色、淡灰色或红褐色，无毛；皮孔明显，长梭形，色浅。二年生枝灰褐色、无毛；茎髓片层状、白色；叶纸质，卵形、长圆形，间或阔卵圆形，先端急短尖或短尾尖，基部圆形或阔楔形，叶面暗绿色、无毛，叶背浅绿色，其侧脉脉间有灰白色或黄色簇毛，叶柄绿色或浅红色。

花为聚伞花序，每序花1～3朵；花梗长7～15mm；花冠直径12～20mm，白色至淡绿色，花萼5～6片，萼片卵圆形，长约6mm；花瓣4～6片，卵形至长圆形，长7～10mm，宽4～7mm；花丝白色，约44枚：花药暗紫色、黑褐色或紫黑色，多为箭头状；花柱通常为18～22枚，长约4mm；雌花子房瓶状，洁净无毛，长6～7mm，雄花子房退化。

果实卵圆形、长椭圆形或近圆形，无毛、无斑点，平均单果重5～30g，近成熟果实果皮绿色、黄绿色、浅红色、紫红色、紫色等多种，果皮可食用、皮味较酸或酸甜，果肉绿色、紫色或紫红色等，花柱宿存；味甜略酸、多汁，100g鲜果含维生素C 81～430mg，可溶性固形物含量14%～25%，总酸含量0.9%～1.3%，果实适于鲜食及加工。在我国果实成熟期为7～9月份。常温后熟时间极短，通常3～7d。

软枣猕猴桃抗寒性极强，在－39℃条件下也能正常生长发育，主要分布在我国东北地区及其他省份的高海拔寒冷地区，适应性强。近5年该种类在我国人工栽培发展较快，特别是北方地区。

一、魁绿

中国农业科学院特产研究所从吉林省集安市复兴林场的野生植株中选出的软枣猕猴桃新品种，1993年通过吉林省农作物品种审定委员会审定，

果实扁卵圆形，平均单果重18g，最大果重32g。果皮绿色、光滑，果肉绿色、多汁，含可溶性固形物含量15%左右、总糖含量8.8%、有机酸含量1.5%、维生素C含量430mg/100g。生长势强，以中、短果枝结果为主，结果部位在第5～10节（图2-20）。

图2-20 ‘魁绿’猕猴桃（彩图）

在吉林左家地区，6月中旬开花，9月初果实成熟。该品种抗逆性强，耐－38℃的极寒气候，无冻害和严重病虫害，是优良的加工品种，适宜我国北方寒冷地区栽培。

二、丰绿

中国农业科学院特产研究所从吉林省集安市复兴林场的野生植株中选出的软枣猕猴桃新品种，1993年通过吉林省农作物品种审定委员会审定。

果实圆形，果皮绿色、光滑，平均单果重 8.5g，最大单果重 15g。果肉绿色，多汁，酸甜适度。可溶性固形物含量 16.0%，含糖量 6.3%，维生素 C 含量 254.6mg/100g，还含有优良的膳食纤维和丰富的抗氧化物质，如谷胱甘肽，其有利于抑制诱发癌症基因的突变，对多种癌细胞病变有一定的抑制作用。树势中庸，多短、中枝结果，8 年生树平均亩产 824.2kg。在吉林市，4 月中下旬萌芽，6 月中旬开花，9 月上旬果实成熟（图 2-21）。

图 2-21　‘丰绿’猕猴桃（彩图）

三、桓优 1 号

桓仁满族自治县三道河村村民 2005 年从野生软枣猕猴桃资源中选育的优良品种，经 3 年试栽和驯化后，由桓仁县林业局推广，2007 年通过辽宁省非主要农作物品种审定委员会审定。

果个大，平均单果重 22g，最大果重 36g：果实扁圆形，果皮青绿色，果肉中厚、绿色，总糖含量 9.2%，总酸含量 0.18%，可溶性固形物含量 22.0%，维生素 C 含量 379.1mg/100g（图 2-22）。

该品种树势强健，产量高，丰产稳定，栽植第 3 年开始结果，4 年生树结果株率达 100%，盛果期株产 24.16kg。在桓仁县，9 月中下旬浆果成熟，属中晚熟品种，成熟后果实不易掉落。

图 2-22 ‘桓优 1 号’猕猴桃（彩图）

四、长江 1 号

沈阳农业大学于 2006 年从野生种中选育出来的鲜食软枣猕猴桃早熟品系，果实长圆柱形，鲜绿色，外观好。果实较大，平均单果重 16g，最大果重 23g。果皮光滑无毛，无侧棱，果肉绿色。鲜果酸甜适口，风味浓郁。可溶性固形物含量 16.0%，总酸含量 1.19%，维生素 C 含量 359mg/100g，品质上等，耐贮性好，自然条件下可储藏 7～10d（图 2-23）。

图 2-23 ‘长江 1 号’猕猴桃（彩图）

该品种生长势强，枝蔓粗壮，节间短，以中、长果枝结果为主，易形成花芽，具备连续结果能力，丰产、稳产性好。

五、8134

中国农业科学院特产研究所选育的优良品系。果实圆形，果实大，平均单果重17g，最大果重23g，果皮绿色，极光滑，果肉深绿色，多汁，酸甜适度，总糖含量6.3%、总酸含量0.68%，维生素C含量76mg/100g。一年生枝灰褐色，坐果率95.5%，萌芽率55.5%，结果枝率60.2%。伤流期4月上旬，萌芽期4月中下旬，5月份展叶，6月中旬开花，9月上旬果实成熟。

该品种抗病虫性较强，人工栽培基本无病虫害。抗寒性强，在−38℃的地区栽培枝蔓均无冻害。果实鲜食性较好，也可加工成果酱及饮料。

六、9701

中国农业科学院特产研究所选育的优良品系。果实圆锥形，平均单果重17g，最大果重21g。果皮绿色，较光滑，果肉深绿色，多汁，总糖含量6.174%、总酸含量0.807%，维生素C含量84.8mg/100g。主蔓和一年生枝灰褐色，嫩梢浅褐色，坐果率95%，萌芽率54%，结果枝率52.5%。伤流期4月上旬，萌芽期4月中下旬，5月份展叶，6月中旬开花，9月上旬果实成熟，10月上旬落叶。

该品种抗病虫性和抗寒性较强，在绝对低温−38℃的地区栽培无冻害和严重病虫害。果实鲜食性较好，也可加工成果酱及饮料。

第四节　毛花猕猴桃

一、华特

由浙江省农科院和泰顺县果农彭尚进从野生猕猴桃中实生选育

而成，2011 年通过浙江省非主要农作物品种审定委员会审定。果实长圆柱形，果面密布白色长茸毛，果皮极易剥，单果重 80～94g，最大果重 132.2g；果肉绿色；可溶性固形物含量 14.7%，可滴定酸含量 1.24%，维生素 C 含量 628.37mg/100g，酸甜可口，风味浓郁（图 2-24）。

图 2-24 ‘华特’猕猴桃（彩图）

该品种生长势强，适应性广，抗逆性强，耐高温、耐涝、耐旱和耐土壤酸碱度的能力均比中华猕猴桃强；结果性能好，各类枝蔓甚至老蔓都可萌发结果枝；丰产稳产，嫁接后第三年株产 4.9kg，第四年和第五年株产分别达 16.0kg 和 30.5kg。

在浙江省南部地区 10 月中下旬成熟，比‘布鲁诺’晚熟 15d，也可在树上软熟后直接食用。可食期长，储藏性好，常温下贮放 1 月，冷藏可达 3 个月以上。

二、玉玲珑

由浙江省农科院从毛花猕猴桃野生群体中选出的新品种，2014 年通过省级审定（浙 R-SC-AE-003-2014）。果实短圆柱形，平均单果重量 30.1g，果肉绿色，果皮绿褐色，白色长茸毛均匀分布在果皮表面。果实风味浓，可溶性固形物含量 14.5%～18.2%，总糖含量10.5%～13.1%，总酸含量1.06%～1.18%，维生素C含量6.16～6.59mg/g。在浙江南部地区10月下旬成熟，抗逆性强，丰产性好（图2-25）。

图2-25 ‘玉玲珑’猕猴桃（彩图）

第五节　猕猴桃雄性品种

一、磨山4号

中科院武汉植物园培育，2014年通过国家林木品种审定（国S-SV-AC-014-2014）。每个花序常有5朵花，最多达8朵，以短花枝蔓着花为主。5年生树每株约有5000朵花，花粉量大（每朵花约有300万粒花粉），花蕾期为35d，花期20d左右。作‘武植3号’的授粉树有较强的花粉直感效应，可增大果个，提高果实维生素C含量，使果色美观，种子数减少而千粒重增加。该品系花期长，可作为早、中期乃至晚期中华猕猴桃和美味猕猴桃的授粉品系，目前是国内选出的最好的雄性品种之一（图2-26）。

二、马图阿

马图阿（matua，又译为马吐阿）由新西兰引入。花期较早，

图 2-26 ‘磨山 4 号’猕猴桃开花状（彩图）

为早、中花期美味猕猴桃和中华猕猴桃雌性品种的授粉品种，树势较弱。花期长达 15～20d，花粉量大，每个花序多为 3 朵花。可用作‘艾伯特’‘阿利森’‘蒙蒂’‘徐冠’‘徐香’‘青城 1 号’‘郑州 90-4’‘魁蜜’‘早鲜’‘怡香’‘通山 5 号’‘武植 3 号’‘武植 2 号’和‘93-01’，等品种的授粉品种（图 2-27）。

图 2-27 ‘马图阿’猕猴桃开花状（彩图）

三、陶木里

陶木里（Tomuri，又译为图马里、唐木里等）由新西兰引入。花期较晚，为晚花型美味猕猴桃和中华猕猴桃雌性品种的授粉品种。花期为5～10d，花粉量大，每个花序为3～5朵花。可用作‘海沃德’‘秦美’‘秦翠’‘东山峰79-09’‘东山峰78-16’‘川猕1号’‘川猕3号’‘庐山香’和‘郑州90-1’等品种的授粉品种（图2-28）。

图2-28　‘陶木里’猕猴桃开花状（彩图）

第三章 猕猴桃生长发育特性

第一节 猕猴桃树体结构

在猕猴桃整形修剪之前，首先要了解猕猴桃各类枝蔓的种类、特征特性和理想的树体结构，才能有目的、正确地进行整形和修剪，达到高产、稳产和延长树体寿命的目的。猕猴桃的枝条又称为蔓。根据其着生部位和性质不同又可分为主干、主蔓、侧蔓、结果母蔓、结果枝、营养枝等。

1. 主干

从地面到架下分枝处的干称为主干，主要是起着支撑架上各类枝蔓以及对水分、养分的输送作用。

2. 主蔓

从主干上分生出来的大枝蔓称为主蔓，主要作用是支撑侧蔓、结果母蔓、结果枝、营养枝等骨干枝。

3. 侧蔓

从主蔓上分生出来的蔓，是树体结构的重要组成部位，侧蔓上抽生结果母蔓和营养枝。

4. 结果母蔓

又称结果母枝，其上着生结果枝和营养枝。结果母蔓依长势可分为：徒长性结果母蔓，粗 1.5cm 以上，长 150cm 以上；长结果母蔓，粗 1.0cm 以上，长 100cm 以上；中结果母蔓，粗 0.8cm 以上，长度大于 50cm；短结果母蔓，粗 0.6cm 以上，长 30cm 以上；短缩结果母蔓，长 30cm 以内。

5. 结果枝

当年春天抽生在结果母枝上、能开花结果的枝，主要着生在结果母枝基部 3～6 芽以上的部位。结果母枝有强中弱之分，强果枝粗大于 1.0cm，中结果枝粗大于 0.8cm，弱果枝粗小于 0.8cm。

6. 营养枝

指当年生长发育、未结果的枝蔓。强营养枝长度大于 150cm、粗大于 1.5cm；中营养枝长度大于 100cm，粗大于 1.0cm；弱营养枝长度大于 50cm，粗小于 0.6cm。营养枝中，部分枝蔓组织充实，芽体饱满的可变为良好的结果母枝，而较直立、枝粗大于 1.0cm 且芽弱的多为徒长枝。

由春天抽发的新梢叫“春梢”，一般春天抽生的梢主要是结果枝和少量的营养枝，春梢抽发量大，约占全年抽发量的 80%，抽发整齐、健壮，多为良好的结果母枝。由夏天抽发的新梢称为“夏梢”，夏梢抽发量约占全年抽发量的 15%，陆续抽发，不整齐，较健壮，夏天抽发的徒长枝较多。由秋天抽发的新梢称为“秋梢”，抽发量约占全年抽发量的 5%，部分枝蔓健壮，芽体饱满的早秋梢也能开花。

第二节 根系

一、根系的作用

根系是猕猴桃的重要地下器官，其主要功能有以下几点。

1. 固地作用

庞大的根系将植株固定于土壤之中，这是一系列生长发育活动过程顺利进行的前提。良好的固地作用可以使植株地上部分在空间上分布合理，各器官生长发育协调。

2. 吸收和运输作用

根系从土壤吸收植株所需要的绝大部分水分与矿质营养，还有部分有机物和二氧化碳等。

3. 储藏作用

休眠期许多营养物质贮于根中，尤其细根是储藏碳素营养的重要场所。

4. 合成作用

根系所吸收的许多无机养分，需要在其中被合成为有机物后方可上运至地上部分并加以利用，如将无机氮转化为氨基酸和蛋白质，将磷转化为核蛋白，把从土壤中吸收的二氧化碳和碳酸盐与从叶下移的光合产物——糖结合，形成各种有机酸，并且将其转化产物送入地上部参加光合作用过程。根还能合成某些激素，如生长素、细胞分裂素、赤霉素等，其能对地上部生长起调节作用。

5. 分泌作用

根系在代谢过程中分泌酸性物质，能溶解土壤养分，使其转变成易溶解的化合物。根系的分泌物还能将土壤微生物引到根系分布区，并通过微生物的活动将氨及其他元素的复杂有机化合物转变为根系易于吸收的类型。土壤养分缺乏，往往导致根系分泌物增加。

6. 土壤水分亏缺的传感作用

根系对水分亏缺的敏感性远高于地上部，这使得植株能在大量失水前就先行关闭气孔，防止过度蒸腾。因此，根系也是土壤水分亏缺的传感器。

二、根系的结构及分布特点

（一）根系类型和结构

猕猴桃实生根系是由种子发育而成，通常由主根、侧根和须根构成。主根由种子胚根形成，在其上产生的各级较粗大的分枝，统称侧根，侧根上较细的根为须根。扦插、组培、压条等无性繁殖的植株没有主根，只有侧根。粗大的主根和各级侧根可构成根系主要骨架，称为骨干根和半骨干根。须根是根系中最活跃的部分，又分为生长根及输导根、吸收根和根毛。

生长根为初生结构的根，白色，具有较大的分生区，有吸收能力，其功能是促进根系向新土层推进，延长和扩大根系范围及形成侧分枝——吸收根。生长根生长迅速，较粗而长，粗为吸收根的2～3倍，没有菌根，生长期较长，可达3～4周。生长根经过一定时间后，颜色由白转黄，进而变褐，皮层脱落，变为过渡根，内部形成次生结构，成为输导根。这一过程称为木栓化，木栓化后的生长根具次生结构，并随年龄加大而逐年加粗，成为骨干或半骨干根，它的机能是输导水分和营养物质，并起固地作用，同时还具有吸收能力。

吸收根为白色新根，长度小于2cm，粗0.2～1.0mm，结构与生长根相同，但不能木栓化和次生加粗，寿命短，一般只有15～20d，更新较快。吸收根的主要功能是从土壤中吸收水分和矿质养分，并将其转化为有机物。吸收根具有高度的生理活性，也是激素的重要合成部位，与地上部的生长发育和器官分化关系密切。

中华猕猴桃和美味猕猴桃的根为肉质根，初为乳白色，后变浅褐色，老根外皮呈灰褐色、黄褐色或黑褐色，内层肉红色。一年生根的含水量高达84%～89%，含有淀粉。成年树根的外皮层厚，常呈龟裂状剥落，根皮率30%～50%，幼苗的根皮率70%左右(图3-1)。钟彩虹等研究不同猕猴桃硬枝扦插生根结果表明，葛枣猕猴桃、对萼猕猴桃、大籽猕猴桃和梅叶猕猴桃的生根率为96.0%～100.0%；京梨猕猴桃、柱果猕猴桃、阔叶猕猴桃、黄毛猕猴桃、革叶猕猴桃和桂林猕猴桃极难生根，生根率在12.5%以内；中华猕猴桃和美味猕猴桃的生根率分别为28.3%和52.5%(图3-2)。

图 3-1　中华猕猴桃实生苗根系（彩图）

图 3-2　猕猴桃不同物种硬枝扦插（彩图）

（二）根系分布

根系的分布是根系功能的一种反映，分布深度和广度受土壤质地、土壤水分、砧穗组合、栽培技术等多方面影响。在质地疏松、土层深厚、表层土壤较贫瘠且轻度缺水的土壤环境中根系分布深广，而在质地黏重、表层土壤肥沃、熟土层浅及水分充足的环境中，根系分布范围小、入土浅。范崇辉等对陕西省7年生和10年生的两处‘秦美’猕猴桃果园的根系分布进行研究后认为，根系水平分布最远在95～110cm，距主干20～70cm范围是根系水平分布密集区，约占统计总根量的86.5%；0～60cm是根系垂直密集分布区，根系占总根量的90.6%～92.0%，其中0～20cm范围内根系分布密度最大，60～100cm范围内根系分布极少。王建等研究发现，猕猴桃整株树根系按粗细分，粗度大于10cm的主根和侧根占总根数的60.23%，其中91.33%分布在0～40cm土层内；粗度0.2～1.0cm的侧根占总根数的32.34%，主要分布在20～40cm土层，占51.79%；粗度小于0.2cm的须根占总根数的7.43%，在各个深度土层中都有，最深达80cm。

在栽培过程中，如果将肥料施到比根系主要分布区更深的范围内，可诱根深入，增加深层次土壤的根系量，有利于提高树体的抗性。栽培密度过大的情况下，植物根系分布表现出相互竞争和抑制，当根系相邻时，它们尽量避免相互接触，或改变方向或向下延伸，所以根系分布较深。根系产生相互抑制的主要原因是：①根系对水分和养分的竞争，特别是对矿质元素氮和磷的竞争；②根系可以释放出萜烯物质或其他根际分泌物；③根系腐烂产生的有毒物质，如根皮苷等。

砧穗组合对植株根系的深度也有重要的影响，起主导作用的是砧木。不同砧木的须根数量和分布深度均有不同，美味猕猴桃比中华猕猴桃分布更广。接穗品种对砧木根系的深度同样有影响，同一种砧木嫁接生长势不同的品种，根系分布深度亦有差异，抗性强的品种（系）会促进砧木根系的生长。

三、影响根系生长的因素

（一）地上部有机养分

根系的生长、水分和营养物质的吸收以及有机物质的合成都依赖于地上部有机营养的供应。在新梢生长期间，新梢下部叶片制造的光合产物主要运输到根系，结果过多或叶片受到损害时，有机营养供应不足，则抑制根系生长，在这种情况下，单纯地加强地下管理如施肥并不能在短时期内改善根系生长状况，而如果同时采取疏花、疏果、喷施叶面肥、防治病虫害等减少消耗和增强叶片机能的措施，则能明显促进根系的生长发育。因此，地上部有机养分的供应影响根系生长。

（二）土壤温度

猕猴桃根系的活动与温度有密切关系，但种类不同对温度要求也不同。一般北方原产的种类要求较低，而南方种类要求较高。因此，原生于北方或寒冷地区的软枣猕猴桃、狗枣猕猴桃等种类适宜的生长温度较低，而原生于长江中下游各省的中华猕猴桃和美味猕猴桃，对土壤温度要求相对提高，最适温度一般为20～25℃。

（三）土壤的水分和通气状况

水分影响根系生长，通常土壤含水量为田间持水量的60%～80%时适宜猕猴桃根系的生长，接近这个值的上限则强旺生长根多，接近下限时则弱势生长根多。当土壤含水量降低到某一限度时，即使温度、通气及其他因子都适合，根也停止生长。遇干旱时根木栓化加重，生长与吸收停止，直至死亡。土壤含水量过多也会导致土壤通气不良，影响根系的生长。

土壤含氧不足时，根和根际环境中的有害还原物质如硫化氢、甲烷、乳酸等增加，细胞分裂素合成下降。果树根系至少要求9%

以上的氧才能正常生长，需氧多的树种如猕猴桃要求含氧在15%以上。同样，土壤中二氧化碳浓度过高，也会影响根系的生长，当浓度在5%以上，根的生长就会受到抑制。张玉星等研究认为，二氧化碳的浓度常与根系呼吸、土壤微生物及有机物含量有关，猕猴桃根系过密或果园间作物以及杂草的根系过密，可造成土壤中二氧化碳浓度过高，常导致根系死亡。

土壤的孔隙率也会影响根系生长，当孔隙率低时，土壤气体交换恶化。一般土壤的孔隙率在7%以下时植物根系生长不良，在1%以下时根几乎不能生长。猕猴桃正常生长要求土壤的孔隙率在10%以上。

（四）土壤养分

土壤的营养不像水分、温度和通气条件那样成为限制根系生长甚至导致根系死亡的因子，但它会影响根系的分布与密度，因为根总是向肥力水平高的地方延伸。在肥沃的土壤中根系发育良好，吸收根多，功能强，持续活动时间长。相反，在瘠薄的土壤中，根系生长弱，吸收根少，生长时间较短。充足的有机肥有利于吸收根的发生。氮和磷可刺激根系生长，不同的氮素形态对根系影响不同，或细长而广布，或短粗而丛生。缺钾对根的抑制比枝条严重，钙、镁的缺少也会使根系生长不良。土壤pH值大小会影响根系生长，猕猴桃要求的最适pH值是5.5～6.5，呈微酸性至中性，而土壤中的矿质元素含量高低会影响pH值的变化，pH值超过7或低于5的土壤均不利于猕猴桃根系生长，且易出现营养失调症。

四、根系在生命周期和年周期的变化

（一）根系在生命周期中的变化

根系的生命周期变化与地上部有相似的特点，经历着发生、发展、衰老、更新与死亡的过程。猕猴桃定植当年，首先在伤口及小根上发生新根，当新梢进入旺长期，会有生长迅速的强旺新根发生，这些根主要表现出补偿生长特性，是起苗过程中伤根的再建造。2～3年生猕猴桃树在根颈部位及老的根段上发生强旺的生长根，尤其根颈部位发生的新根长势强、生长快、加粗快，是将来骨干根的重要组成。到5年生时，发生的强旺根已奠定了骨干根的基础，之后不再发生或很少发生大的骨干根，而是以水平伸展为主，同时在水平骨干根上再发生垂直根和斜生根，根系占有空间呈波浪式扩大。在结果盛期，根系占有空间达到最大，在各级分根上能产生长势较弱的生长根及吸收根，并分生大量吸收根，这时根系功能强而稳定、骨干根加粗迅速。之后，随着时间的增加，根系局部自疏（自疏是指根系在生长过程中，由于某些原因导致部分根系的死亡或衰退，从而使得整个根系的分布和功能发生变化）与更新贯穿于整个生命周期。吸收根发生后经过一段时间，逐渐减弱其吸收功能，后期变褐死亡，吸收根母根也逐渐木栓化，有的转变为起输导作用的输导根，有的在母根上继续分生新的吸收根，代替死去的吸收根。

须根的形成与衰亡过程同样有一定的规律，定植后的前2年须根增长较快，2年半或3年时达到最大体积，须根上出现初生结构的吸收根和生长根，吸收根迅速死亡，而生长根继续生长并又布满新吸收根。树龄越长，各级骨干根越会发生更新。从结果后期起，小的骨干根开始死亡，尤其多年加粗较慢、多分枝的较细骨干根，更新更明显，之后较粗骨干根死亡。随着年龄的增长，根系更新呈向心方向进行，根系占有的空间也呈波浪式缩小，直至大量骨干根死亡。随着较大骨干根的死亡，会发生部分根蘖（发生根是树势转弱和衰老的表现），地上部表现为发生徒长枝。这两类新器官的再生都表现出向基性，对于延缓树体衰老有一定积极意义，若将其根蘖切除，整个根系会很快丧失生活力，而保留根可使根系保持活力。

（二）根系在年周期内的生长动态

只要土壤条件合适，根系活动全年都能进行，根系全年都可生长，吸收根也随时发生，但由于受植株地上部的影响，环境条件的变化，以及种类、品种、树龄、负荷、病虫危害和栽培措施差异等因素影响，在一年中根系生长表现出周期性的变化，这些因素在实际生长过程中可能导致根系有几次生长高峰。

猕猴桃根系全年生长一般有双峰曲线或三峰曲线 2 种类型。双峰曲线指根系生长速率在 1 年中有 2 次生长高峰，而三峰曲线指一年中有 3 次生长高峰。王建等对陕西 10 年生的‘秦美’猕猴桃根系研究表明，根系出现 2 次生长高峰，从萌芽开始至坐果期和坐果后 50～70d 生长缓慢，而从坐果期至坐果后约 50d 和坐果后 70d 至 11 月初根系生长相对较快，11 月以后停止生长。在春季气温回升早和入冬晚的南方，如广东、广西、湖南南部、江西南部、云贵高原等地区，猕猴桃根系开始活动期会比陕西提前，根系生长速率也可能会出现 3 次高峰。在年周期中，根系开始生长与地上部萌动生长的先后顺序不一致，主要与枝、芽生长要求的温度不同有关，萌芽前后气温和土温回升速度不同对其也有影响。在气温回升快，土温回升相对较慢的地区，可能是先萌芽后发根，而在气温和土温均回升较快的南方地区，则可能是萌芽与发根同时进行或先发根后萌芽。

不同深度土层中，根系生长有交替进行的现象，这与温度、湿度和通气性变化有关。土壤表层温度、湿度变化很大，土层越深温湿度变化越小、越稳定，越有利于根系生长，所以果园应深施有机肥，改善 30～50cm 土层中的微环境，增加这部分区域的吸收根数量，有利于猕猴桃树体对营养物质的吸收，从而增强其抗逆性。

根系昼夜不停地进行着物质的吸收、运输、合成、储藏和转化。根系吸收的硝酸根离子（NO_3^-）与叶片合成并下运至根系中的糖合成转化为氨基酸、细胞分裂素和生长素等，白天大量送至地上部生长点如幼叶中合成蛋白质形成新细胞，夜晚营养物质主要用于根系的生长，根系生长发育的能量来源主要是光合产物。

根系中营养物质含量也呈规律性动态变化，其中糖类随新梢生长消耗而急剧下降，停长后开始积累。吸收根中的糖含量始终高于生长根，春、秋两季更为明显。根中的氨基酸在一年中变化较大，生长根在春、秋梢停长后氨基酸含量各有1个高峰，吸收根除春季氨基酸含量较高外，整个生长季节都较低。生长根中的氨基酸含量是吸收根的2～3倍，两类初生根NO_3^--N含量除早春外，一直都比较低，但生长根高于吸收根，这可能与生长根还原能力较低有关。

第三节　芽、枝、叶的生长与发育

一、芽的生长发育

（一）芽的种类

芽是由枝、叶、花的原始体，以及生长点、过渡叶、苞片、鳞片构成。猕猴桃的芽苞有3～5层黄褐色毛状鳞片。芽与种子在功能上有一定的相似点，在一定条件下可以形成一个新植株。

根据芽的性质和构造，芽可分为叶芽和花芽。叶芽仅包含叶原基，叶芽体较小，萌芽后只抽枝长叶。猕猴桃的花芽是混合芽，芽中除包括花原基外，还含有叶原基和腋芽原基。猕猴桃芽体肥大饱满，先端圆钝，芽鳞较紧，萌发后先形成新梢，新梢中、下部的叶间形成花蕾，开花结果，开花或结果部位叶腋间的芽不再萌发而成为盲芽。不同种或品种冬芽的大小和形状均有差异，如美味猕猴桃的芽垫较中华猕猴桃的大，但芽的萌发口较小，这也是休眠期区别两者枝条或苗木的重要特征（图3-3）。

根据着生的部位，芽可分为顶芽和侧芽。枝条顶端的芽为顶芽，枝条侧边叶中的芽为侧芽，又叫腋芽。通常1个叶腋间有1～3个芽，中间较大的芽为主芽，两侧为副芽，呈潜伏状。主芽易萌发，副芽在通常情况下不萌发，当主芽受损或枝条遭遇重剪时副芽

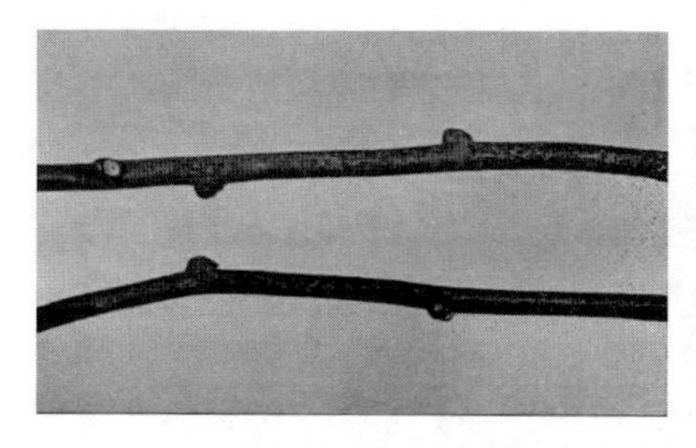
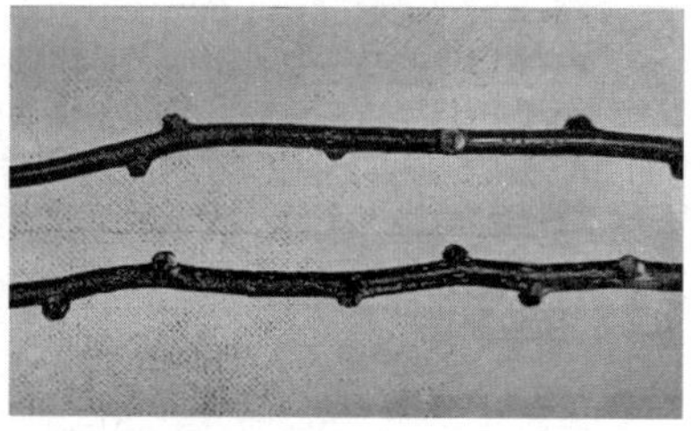

图 3-3 美味猕猴桃的芽（左）和中华猕猴桃的芽（右）

萌发生长，有时主芽和副芽也同时萌发，即在同一节位上萌发 2～3 个新芽，长成新梢。一般副芽均是叶芽，而主芽既有叶芽又有花芽。猕猴桃的部分新梢顶芽易自枯，因为其顶部大多是假顶芽，实际为腋芽。

猕猴桃是藤本植物，枝条生长有直立、斜向、水平和下垂等多个方向，在水平或斜向生长的枝条上，朝上生长的称上位芽，朝下生长的称下位芽，朝侧向水平生长的称平生芽，斜向上生长的称斜生芽。同一品种的芽因生长部位不同而萌发率有差异。据湖南农学院林太宏等对美味猕猴桃品系‘东山峰 78-16’和‘东山峰 79-09’的嫁接树观察发现，上位芽萌发率分别达 77.8%和 71.0%，而下位芽均很低，分别是 17.2%和 20.0%，斜生芽（包括平生芽）分别为 81.7%和 51.0%。对国家猕猴桃种质资源圃内 44 个品种（系）不同部位芽的萌发率进行调查，结果表明，上位芽的萌发率相对最高，达 69.41%±17.29%；下位芽的萌发率相对最低，达 43.99%±17.76%；侧位芽（包括平生芽和斜生芽）的萌发率居中，达 53.71%±20.72%。对 11 个主栽品种及配套雄性品种的萌芽率比较发现（表 3-1），有的猕猴桃品种侧位芽和下位芽的萌发率相互间差异不大，特别是丰产性好的品种二者之间没有差异；有的品种下位芽的萌发率略高于侧位芽的萌发率，如‘红阳’‘金艳’‘徐香’等品种。

表 3-1　11 个主栽品种及配套雄性品种的芽萌发率比较

品种名称	总萌芽率/%	上位芽萌发率/%	下位芽萌发率/%	侧位芽萌发率/%
‘东红’	70.87±6.59	73.97±15.40	39.21±13.83	84.93±7.97
‘红阳’	59.88±18.90	73.75±26.22	56.34±6.25	48.99±30.62
‘金桃	44.35±8.76	58.69±3.67	33.70±14.92	41.42±19.03
‘金艳’	57.93±17.42	75.27±10.79	51.18±17.57	46.91±24.96
‘金圆’	57.51±3.72	81.21±14.38	27.58±4.44	60.12±3.28
‘金梅’	53.33±8.47	70.78±2.34	33.19±4.01	59.00±15.98
‘徐香’	72.43±25.90	88.04±15.90	72.28±32.28	54.07±40.58
‘金魁’	56.08±7.06	69.69±5.89	42.54±15.25	55.67±20.89
‘秦美’	56.56±9.06	59.65±23.60	51.85±3.21	54.44±23.65
‘海沃德’	46.12±12.70	49.17±12.96	50.57±18.48	41.07±22.73
‘布鲁诺’	56.90±15.20	65.00±21.21	56.96±22.90	55.77±8.16
‘磨山雄 1 号’	75.00±10.63	86.32±3.70	48.08±2.72	80.02±8.48
‘磨山雄 2 号’	57.88±18.33	67.33±23.24	33.96±27.50	69.45±21.36
‘磨山雄 3 号’	51.12±5.96	71.67±15.04	17.17±3.66	61.57±9.37
‘磨山 4 号’	77.14±13.48	89.88±6.57	62.99±20.95	78.47±13.87

（二）芽的特性

1. 芽的异质性

一个枝条不同部位的芽体由于其营养状况、激素供应及外界环境条件不同，造成了它们在质量上的差异，称为芽的异质性。猕猴桃多为腋芽，其质量主要取决于该节叶片的大小和提供养分的能力，因为芽形成所需的养分和能量主要来自该节的叶片。一般枝条的基部和上部芽质量较差，中部芽质量高，而徒长枝因组织不充分，节间长，芽大多细小、空瘪、质量差（图 3-4）。高质量的芽在相同条件下萌发较早，抽生的新梢健壮，花大，生长势强。徒长枝，枝粗大，但芽眼小，节间长；中庸健壮枝，芽饱满，节间短。

图 3-4 健壮枝与徒长枝上芽的差异

2. 芽的早熟性

猕猴桃的冬芽春季萌发后形成新梢，当新梢摘心或短剪、新梢尾部下垂时，剪口附近的芽或新梢的上位芽当年又能萌发形成二次梢，同样，二次梢上的芽受到刺激时，可再次萌发，这种特性称为芽的早熟性。气候温暖的南方地区，芽一年能发 3 次以上，而北方天气寒冷，芽一年萌发次数少，大多有 1～2 次。因此，在合适的气候条件下，猕猴桃生长成形快，进入结果期早，如定植嫁接苗，在加强肥水管理和树体管理的情况下，当年可培养新梢上架，形成“一干两蔓多侧蔓”的基本树形，第二年就可开花结果。

3. 萌发力与成枝力

枝条上的芽萌动抽生枝叶的能力称为萌发力，以芽的萌发数占总数的百分率表示。萌芽后形成枝条的能力称为成枝力，萌发生长达到 5cm 长及以上称为枝条，以枝条数占总萌芽数的百分率表示成枝力。

芽的萌发力与成枝力因猕猴桃种类、品种倍性而异，通过调查 34 个不同倍性的中华猕猴桃品种的萌发力发现，一般二倍体中华猕猴桃的萌发力高于四倍体和六倍体美味猕猴桃，而四倍体中华猕猴桃和六倍体美味猕猴桃的萌发力相差不大。四倍体中华猕猴桃和六倍体美味猕猴桃的成枝力要高于二倍体中华猕猴桃，而四倍体中华猕猴桃和六倍体美味猕猴桃的成枝力相互间差异较小。

4．芽的潜伏力

猕猴桃在每个新梢基部有许多新月形构成的芽鳞痕，称为外年轮或假年轮。每个芽鳞痕和过渡性叶的腋间都含有一个分化弱的芽原基，从枝条外部看不到它的形态，称为潜伏芽（隐芽）。此外，在秋梢和春梢基部1～3节的叶中有隐芽，称为盲节。在植株衰老及回缩、重短截修剪等强刺激作用下潜伏芽也能萌发，这种在衰老和强刺激作用下由潜伏芽发生新梢的能力称为潜伏力。猕猴桃的潜伏芽寿命和萌发力均比较强，易于更新复壮，在生产中可利用这一特性恢复树势。

（三）芽萌发与气温的关系

猕猴桃萌芽与气温有关，当春季气温上升到10℃左右时开始萌动。武汉地区多在2月底至3月上中旬萌芽；金华市3月上中旬萌芽；南京、杭州等地多在3月中下旬萌芽；眉县猕猴桃在3月中下旬，全株有5%的芽鳞片裂开，微露绿色。

二、枝的生长发育

（一）枝的类型

猕猴桃的枝按年龄可分为新梢、一年生枝、二年生枝和多年生枝。当年抽生、带有叶或花，并能明显区分出节或节间的枝条，秋季落叶前均称为新梢，秋季落叶后称为一年生枝。着生一年生枝的枝条为二年生枝，依次类推。不易分辨节间的枝称为短缩枝或丛生枝。猕猴桃新梢颜色以黄绿色或褐色为主，少数红褐色或紫红色，多具灰棕色或锈褐色表皮毛，其形态、长短、稀密、软硬和颜色等是识别品种的重要特征。新梢的髓呈片层状，黄绿、褐绿或棕褐色。多年生枝呈黑褐色，茸毛多已脱落，木质部有木射线，皮呈块状翘裂，易剥落。随着枝的老熟，髓部变大，多呈圆形，髓片褐色，木质部组织疏松，导管大而多，韧皮部皮层薄。枝的横切面均有许多小孔，年轮不易辨认。

猕猴桃的枝按性质可分为营养枝和结果枝（或开花枝）。营养枝指只有叶片而没有花的新梢，结果枝指着生果实（或花）的枝条。结果枝根据生长势强弱可分为徒长性结果枝（枝条长度150cm以上）、长果枝（长度60～150cm）、中果枝（长度30～60cm）、短果枝（长度5～30cm）和短缩果枝（长度5cm以下）。不同猕猴桃种类或品种，其结果枝的类型不一样，据调查，有的品种（系）以短缩果枝结果和短果枝结果为主，一般可占全部结果枝的50%～70%，而有的品种（系）以长果枝结果为主，长果枝占全部结果枝的50%以上。

根据生长势强弱可将猕猴桃的新梢分为发育枝、徒长枝、衰弱枝。发育枝芽体饱满、生长健壮、节间适中，是构成树冠和下年抽生结果枝的主要枝条；徒长枝多由休眠芽或大剪口附近的不定芽萌发而成，生长直立，长而粗，节间变长，芽体瘦小；衰弱枝节间极短，叶序排列呈丛状，腋芽不明显，多数是从树冠内部或下位芽萌发而来，易自行枯死。

（二）枝的特性

1. 背地性

枝具有面向天空、背离地面生长的特性，叫背地性。背向地面生长的枝条旺盛，容易徒长。与地面平行或近平行生长的枝条中庸，组织充实，是下年结果母枝的主要来源。面向地面生长的枝条较衰弱，芽苞小。

2. 缠绕性

在北半球，猕猴桃枝条具有逆时针旋转的缠绕性，即当枝条生长到一定长度，因先端组织幼嫩不能直立，而需缠绕在其他物体上。枝条靠其先端的缠绕能力，与其他物体或枝条间互相缠绕在一起。

3. 自枯现象

部分枝条生长后期顶端会自行枯死，称自枯现象，也叫“自剪现象”。枝梢自枯期的早晚与枝梢生长状况密切相关，生长势弱的枝条自枯早，生长势强的枝条直到生长停止时才出现自枯。猕猴桃枝条自然更新能力很强，在树冠内部或营养不良部位生长的枝，一般 3～4 年就会自行枯死，并被其下方提前抽出的强势枝逐步取代，如此不断继续下去，实现自然更新。

（三）枝条年生长量

猕猴桃新梢的年生长量与温度、湿度有关。在武汉地区，新梢全年生长期约为 170d，分为 3 个时期：从展叶至谢花约 40d，为新梢生长前期，主要消耗上年树体积累的营养，加之气温较低，造成生长缓慢，生长量占全年生长量的 16%；随着温度的升高，叶面积增加，光合作用加强，枝梢生长速度逐渐加快，从果实开始膨大至 8 月上旬约 70d 为枝梢的旺盛生长期，此期气温适宜，雨量较大，生长量约为全年总量的 70%；8 月中旬至 10 月中旬的 60d，新梢生长缓慢，甚至基本停止生长，生长量约为全年总量的 14%。枝条加粗生长主要集中于前期，5 月上中旬至下旬加粗生长形成第一次高峰期，至 7 月上旬又出现小的高峰期，之后便趋于缓慢增粗，直至停止。

三、叶的生长发育

（一）叶片结构

猕猴桃的叶为单叶互生，叶片大而薄，膜质、纸质、厚纸质。2019 年 5 月，中科院武汉植物园对几个中华猕猴桃和美味猕猴桃品种的叶片解剖结构进行显微观测（图 3-5～图 3-7）发现，不论哪个品种，其叶片都有上下表皮、茸毛、栅栏组织和海绵组织，上表皮细胞排列紧密，形状不规则，栅栏组织细胞整齐排列，叶肉海绵组织为薄壁细胞，细胞间隙小，下表皮具有不规则的气孔；猕猴

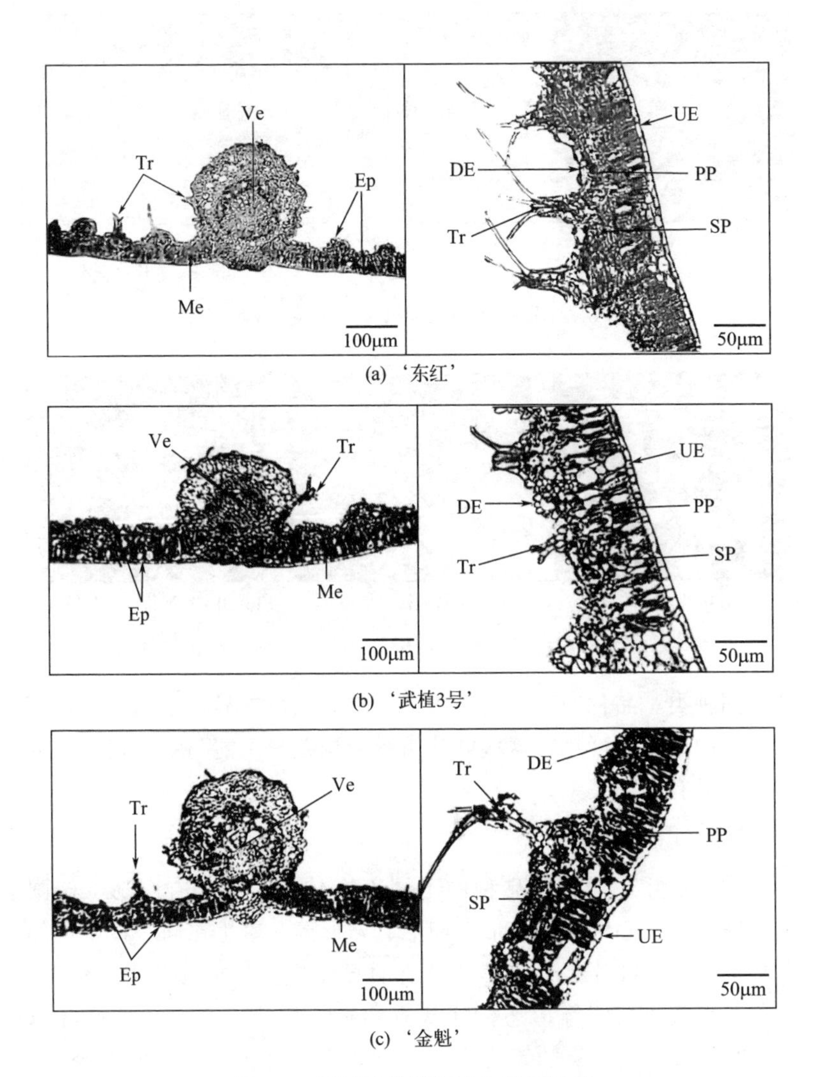

(a) ‘东红’

(b) ‘武植3号’

(c) ‘金魁’

图 3-5 不同种类猕猴桃显微观测图

Ep—表皮；UE—上表皮；DE—下表皮；Tr—茸毛；Me—叶肉；

Ve—叶脉；PP—栅栏组织；SP—海绵组织

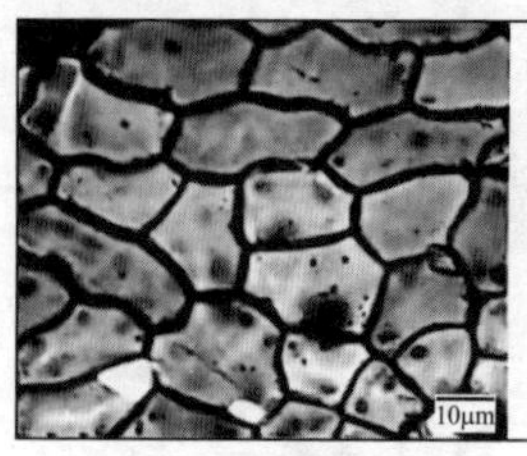

(a) 中华猕猴桃

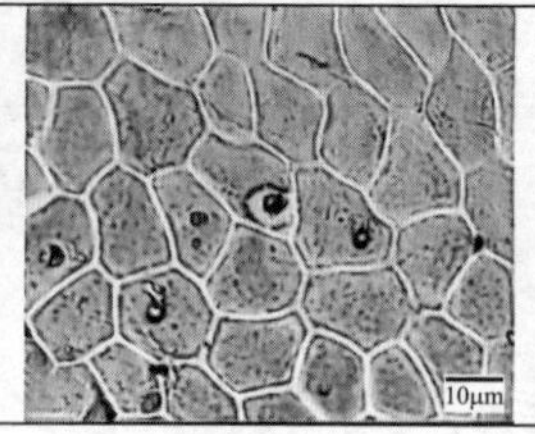

(b) 毛花猕猴桃

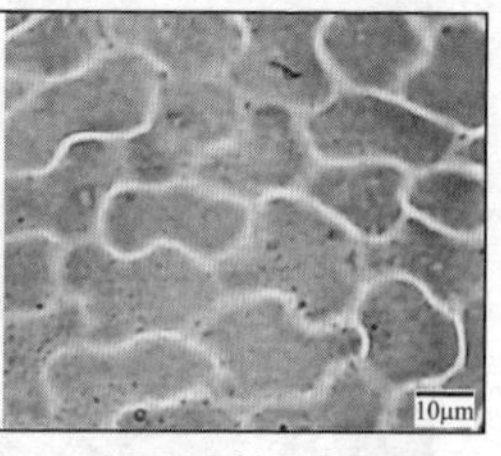

(c) 毛花猕猴桃与中华猕猴桃杂交二代‘金梅’

图 3-6　不同种类猕猴桃叶片上表皮结构示意图

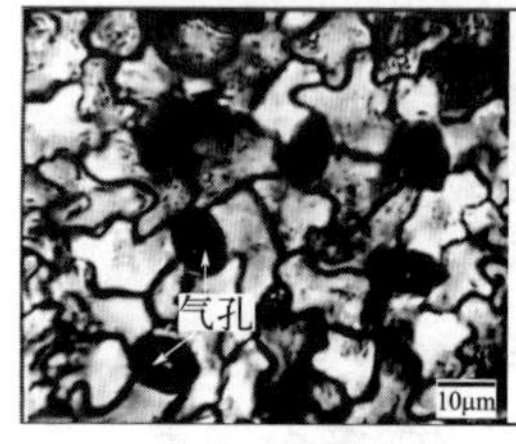

(a) 山梨猕猴桃

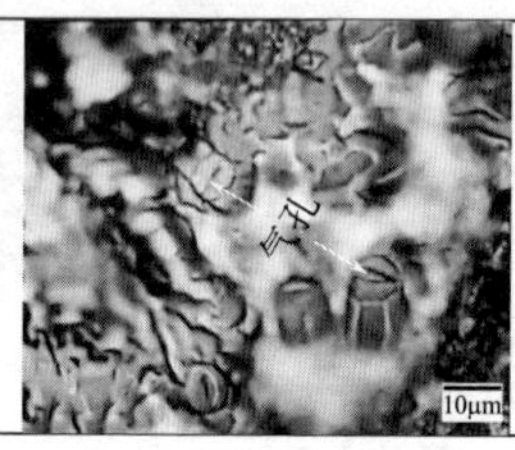

(b) 中华猕猴桃‘桂海4号’

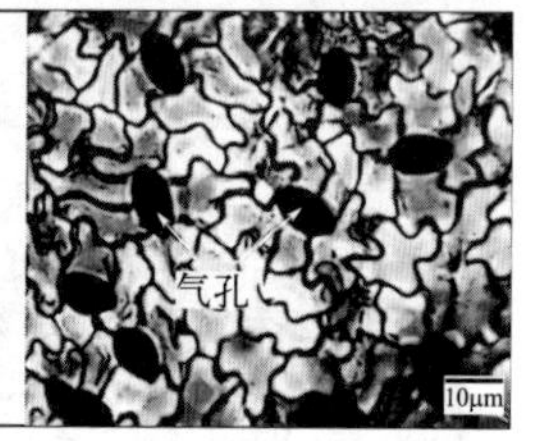

(c) 山梨猕猴桃×中华猕猴桃

图 3-7　不同种类猕猴桃叶片下表皮结构及气孔分布图

桃不同种类、品种间叶片的组织结构均有细微差异，有的气孔密度大，有的气孔密度小，这些叶片组织结构差异可能与它们对外界的抗性差异有密切关系。

（二）叶片特征

猕猴桃叶片形状因品种的不同而有较大差异，有圆形、椭圆形、扁圆形、心形、倒卵形、卵形、扇形等。着生在同一枝条中部和基部节位的叶片大小和形状也有明显差异。叶端有急尖、渐尖、浑圆、平截或微凹等形态，叶基有圆形、楔形、心形、耳形等形态。叶缘多锯齿，有的锯齿大小相间，有的几近全缘。叶脉羽状，多数叶脉有明显横脉，小脉网状。叶柄有长有短，呈绿色、紫红色或棕色，托叶常缺失。叶面为黄绿色、绿色或深绿色，幼叶有时呈紫红色，表面光滑或有毛被。叶背颜色较浅，表面光滑或有茸毛、粉毛、糙毛或硬毛等（图 3-8）。

图 3-8　猕猴桃叶片（彩图）

（三）叶片生长发育

叶片从展叶至停止生长大概需要 20～50d，单片叶的叶面积开始增长很慢，之后迅速增大，当达到一定值后又逐渐变慢。新梢基部和上部叶片停止生长早，叶面积小；中部叶片生长期长，叶面积大。上部叶片主要受环境如低温影响，基部叶片受储藏养分影响较大。在武汉地区，中华猕猴桃‘早鲜’‘通山 5 号’‘庐山香’和美味猕猴桃‘海沃德’这 4 个品种的叶片从展叶到基本定形需 35～40d，在展叶后的 10～25d 为迅速生长期，展叶后的 10d 内及 25d 后叶面积相对增长率均较小。同一品种叶片的大小取决于叶片在迅速生长期内生长速率的大小，生长速率大则叶片大，否则就小。为了使叶面积加大，在叶片迅速生长期给予合理施肥、灌溉是必要的。叶片展开后即能进行光合作用，但因呼吸速率高而使其净光合速率往往为负值。此后，随叶片增长，净光合速率也逐渐加强，当叶面积达到最大时，净光合速率最大，并能维持一段时间。后随着叶片的衰老和温度下降，净光合速率也逐渐下降，直至落叶休眠。

第四节　花芽分化及其调控

一、猕猴桃的花芽分化

（一）花芽分化的概念

由叶芽的生理和组织状态转化为花芽的生理和组织状态，称为花芽分化。芽内花器官的出现称为形态分化。在出现形态分化之前，生长点内部由叶芽的生理状态转向形成花芽的生理状态的过程称为生理分化。部分或全部花器官的分化完成称为花芽形成。外部或内部一些条件对花芽分化的促进作用称为花诱导，主要是以成花基因的启动为特点的变化过程。花芽生理分化完成的现象称为花孕育，成花基因启动后引起一系列有丝分裂等特殊发育活动，继而生长点内分化出花器原始体，完成花孕育。

猕猴桃花芽的生理分化在越冬前就已完成，而形态分化一般在春季，与越冬芽的萌动同步，自萌发前10d开始至开花前完成形态分化，形成大、小孢子。朱北平等对美味猕猴桃‘东山峰78-16’雌花芽形态分化各个时期的研究表明，其雌花芽形态分化始于萌芽前约10d，终于开花前2d。猕猴桃结果母枝的冬芽内形成花芽的分化过程，通常是下部节位的原基首先分化出花序原基，然后再进一步分化出顶花及侧花的花原基。当花原基形成后各部分便按照向心顺序，先外后内依次分化。

（二）花芽分化过程

猕猴桃的雌雄花芽分化过程是一个复杂而精细的生理过程，涉及多个阶段的形态和生理变化。

猕猴桃雌雄花的特性如下。

性别表现型：猕猴桃具有多种性别表现型，包括完全两性株、雌株、不完全雌株、可结果雄株、雄株和中性株。然而，雌雄同株或两性花只是偶然现象，并无稳定表现。

花器形态：猕猴桃的花器从形态上看是完全花，但花器发育不健全。实际上的雄花由于雌蕊子房退化而花朵明显小于雌花，这在实践中易于辨认。

性别决定与差异：在花芽分化过程中，猕猴桃的性别特征逐渐显现。由于雌蕊或雄蕊的退化，形成实际的雌花或雄花。雄花的花朵明显小于雌花，且实际生产中易于区分。

时间差异：在相同环境下，雄株的花芽分化一般比雌株早5～7d。这种时间差异对于猕猴桃的授粉和产量形成具有重要影响。

雌雄花芽分化过程分为以下几种。

1. 未分化期

猕猴桃未分化期的芽为叶芽，在显微切片解剖图上可看到中央有一短的芽轴，其顶端为生长点，四周为叶原基。幼叶即由叶原基发育而成，幼叶的叶腋间产生腋芽原基，在适宜的条件下腋芽原基即分化成花。此期主要是花芽的生理分化过程，经历时间长。

2. 花序原基分化期

首先腋芽原基的分生细胞不断分裂，腋芽原基膨大呈弧状突；然后腋芽原基进一步向上突起呈半球形；最后半球形突起伸长、增大，顶端由圆变为较平，形成花序原基。

3. 花原基分化期

随着花序原基的伸长，形成明显的轴，顶端的半球状突起分化为顶花原基，其下分化出一对苞片，在苞片的腋部出现侧花的花原基突起。

4. 花萼原基分化期

花萼原基分化期是由营养生长向生殖生长转化的关键阶段，这一过程涉及多种生理和遗传机制的复杂交互作用，花萼原基分化的成功与否直接影响到后续花朵的开放和授粉受精，进而影响其繁殖成功率。在侧花原基形成的同时，顶花原基增大，并首先分化出1轮（5～7个）花原基突起，每一突起发育成1个萼片。

5. 花瓣原基分化期

当花萼原基伸长开始向心弯曲时，其内侧分化出与花萼原基互生的1轮（6～9个）花瓣原基突起，每一突起发育成1个花瓣。

（1）雄蕊原基分化期　在花萼原基向上伸长、向心弯曲覆盖花瓣原基时，花瓣原基内侧分化出两轮突起，每一突起为1个雄蕊原基。此时为混合芽露绿后约4d。

（2）雌蕊原基分化期　当花萼原基向心弯曲伸长至两萼相交时，雄蕊原基内侧分化出许多突起，每一突起为1个心皮原基。此时混合芽即将展叶。

6. 花粉母细胞减数分裂及花粉粒的形成期

春季冬芽萌动露绿后22d左右，雄花药中的花粉母细胞开始减数分裂，随后形成花粉粒。大约两周后，花粉粒成熟，成熟后的花粉粒具有3条槽，上有发芽孔。

7. 雌花的形态分化

雌蕊群出现之后，雌花中的雌蕊发育极为迅速，柱头和花柱的下面形成一个膨大的子房，子房为数十枚心皮合生，呈辐射状排列，为典型的中轴胎座。花柱及子房壁上簇生许多纤细的茸毛。雄蕊的发育较缓慢，虽然也能形成花药，并且有花粉粒，但无发芽能力。

8. 雄花的形态分化

在前期与雌花极为相似，直到雌蕊群出现，两者的形态发育才逐渐出现明显的差异。雄花中也分化出雌蕊群，但发育缓慢，结构也不完全，花柱及柱头不发育，生白色茸毛，子房室内无胚珠，而雄蕊群却极为发达，发育很快，雄蕊上的花药几乎完全覆盖了退化的雌蕊群。中华猕猴桃雄花为二歧聚伞花序，包括顶生花和侧生花，侧生花的形态发育与顶生花相似，仅分化时间稍迟，当顶生花的雄蕊原基出现时，其侧生花开始萼片原基分化。

（三）花芽分化临界期和花芽分化期

花芽分化临界期也称为生理分化期。猕猴桃花芽分化临界期生长点的生理生化状态极不稳定，此期如果条件适宜，即可分化成花芽，否则即转化为叶芽。猕猴桃果实采收前后是花芽生理分化的临界期，也是调控花芽分化的关键时期。

花芽分化期花芽开始形态分化，其分化速度随品种和外界条件而异。朱北平等对美味猕猴桃‘东山峰 78-16’雌花芽形态分化的各个时期进行研究，结果表明，结果母枝中的氨基酸总量、蛋白质、可溶性糖和氮、磷、钾等矿质元素含量以及碳氮比，在花芽形态分化前均不断升高，而进入分化盛期时则迅速下降。

二、花芽分化与其他器官的关系

影响猕猴桃不同器官与花芽分化的动态关系的直接因素是营养物质的积累水平，而营养物质的累积首先取决于新梢生长状态和新梢内源激素间的平衡关系所引起的代谢方向的转变。一般来说，在新梢内部，生长素与赤霉素处于高水平时，促进生长，抑制花芽分化，反之生长素与赤霉素处于较低水平，脱落酸增多，乙烯和细胞分裂素处于较高水平，此时有利于花芽分化。花及果实对花芽分化的抑制作用表现在营养和激素两个方面，而根系对花芽分化的影响主要是通过水分、无机养分和细胞分裂素来起作用。

（一）枝叶生长

健壮的枝条是花芽形成的基础。在猕猴桃年生长周期中，花芽的形成依赖于前期健壮的营养生长，前期良好的枝叶生长促进成花。但也不是营养生长越旺越好，还必须有适宜的生长节奏，枝梢过旺生长常会抑制花芽分化。

适宜的生长节奏是指枝叶在前期旺盛生长的基础上能够及时减缓或停止，枝叶由消耗占优势转向积累占优势。新梢顶端是生长素的主要合成部位，高水平的生长素刺激生长点继续不断地分化出幼叶，并通过加强呼吸作用，提高吸收能力，造成顶端优势，调动营养物质向新梢顶端运转，不利于花芽的形成。新梢停止生长或通过人为摘心，可以降低生长素的含量，促进营养物质累积，从而有利于花芽形成。

叶片在成花过程中有突出作用，其既影响糖分的供应，也影响激素平衡，其中包括叶片本身合成的激素和通过蒸腾从根部运上来的细胞分裂素等。幼叶是赤霉素的主要合成部位之一，赤霉素刺激生长素活化，防止生长素分解，两者共同促进新梢节间伸长，赤霉素同时可加速淀粉水解，使之消耗用于新梢生长。因此，摘除嫩叶，有利于降低赤霉素含量，抑制新梢生长。新梢中下部成熟叶中抑制生长物质增多，如脱落酸和根皮素含量增高而生长素和赤霉素水平降低。脱落酸抑制淀粉酶发生，促进淀粉的合成和累积，有利于枝梢充实、根系生长和花芽分化。

新梢和老枝的不同开张角度影响其代谢方向，直立枝顶端生长素含量高，而斜生枝、水平枝和下垂枝依次降低，直立枝内乙烯含量差异很小；枝条开张角度越大，乙烯含量越高。乙烯与生长素表现出明显拮抗，乙烯抑制生长素产生与转移，削弱顶端优势和新梢生长量，从而有利于营养物质积累、根系生长和花芽形成。

（二）开花和结果

开花特别是盛花期，会消耗大量贮存养分，造成根系生长低峰并限制新梢生长，开花多会间接影响新梢生长和花芽分化的质量。果实发育前期，由于种胚生长阶段产生大量赤霉素和生长素，使幼果具有较强吸收养分的能力，从而抑制果实附近新梢上花芽分化进程。但是，到果实采收前的一段时期，种胚停止发育，生长素和赤霉素水平降低，乙烯增多，果实竞争养分能力降低，导致花芽分化进入高峰期。

（三）根系生长

根系生长与花芽分化呈明显的正相关，主要与吸收根合成蛋白质和细胞分裂素的能力有关。另外，根系通过水分和矿质养分的吸收也会影响花芽分化，如灌溉和施用铵态氮肥（硫酸铵）既能促进根系生长，又能促进花芽分化。

三、影响花芽分化的环境因素

（一）光照

光是花芽形成的必需条件，在多种果树上都已证明遮光会导致花芽分化率降低。湖南省园艺研究所开展生长期遮阳实验，对二倍体中华猕猴桃品种‘丰悦’、四倍体中华猕猴桃品种‘翠玉’和六倍体美味猕猴桃品种‘米良 1 号’进行遮阳，遮光率为 70%。结果表明，第二年二倍体品种‘丰悦’的成花率显著降低，对照和遮阳处理的结果枝平均花蕾数分别是 4.3 个和 0.4 个；四倍体品种‘翠玉’的成花率也有所降低，对照和遮阳处理的花蕾数分别是 2.9 个和 1.7 个；六倍体美味猕猴桃品种‘米良 1 号’的成花率基本无影响，说明其比较耐阴，而中华猕猴桃‘丰悦’需要强光照。光照影响花芽分化的原因可能是光影响光合产物的合成与分配，强光下新梢内生长素的生物合成受抑制，而弱光导致根的活性降低，影响细胞分裂素的供应。同时，紫外光钝化和分解生长素能抑制新梢生长、诱发乙烯产生、促进花芽形成。

（二）温度

在北半球，猕猴桃花芽生理分化时间一般是气温较高的 6～8 月份，以 20℃左右较适宜，当高温来临早于常年时，花芽分化开始的时间也提早。但是，冬季猕猴桃也需要足够的低温积累（0～7℃）来打破休眠，如美味猕猴桃需要 900～1600h、中华猕猴桃需要 600～900h 的低温积累。在我国南方一些猕猴桃产业新发展区，因暖冬而导致猕猴桃花芽分化不整齐、花芽数减少时，花期比北方产区延长 5～10d。

（三）水分

花芽分化临界期之前短期适度控制水分，可抑制新梢生长，有利于光合产物的积累，促进花芽分化。花芽形成需要保持土壤含水量为其田间持水量的 60%～70%，在此限度内，会增加植物体内氨基酸，特别是精氨酸水平，从而有利于成花。同时，叶片中脱落酸含量增高，从而抑制赤霉素的生物合成，并抑制淀粉酶的产生，促进淀粉累积、抑制生长素合成，有利于花芽分化。水分过多时会引起细胞液浓度降低，氮素供应过量，延长新梢生长，不利于花芽分化。水分过低时，会影响根系对营养物质的吸收，同样不利于花芽分化。

四、花芽发育与花芽质量

（一）影响花芽发育的因素

1. 气象因素

气温过低可对花造成伤害，特别是开花前20d左右，如遇突然降温或长时间低温，会严重影响花芽质量，从而影响植株开花坐果；但开花前温度过高也会使花性器官发育不良。干旱胁迫或水涝等逆境可使发育中的花芽败育。光照直接影响叶片的营养积累，郁闭果园树冠内膛光照条件恶化，致使内膛很多叶片成为无效叶，营养物质积累减少，不利于花芽发育。

2. 营养水平

当年结果量过多，会消耗大量养分，不仅影响花芽形成的数量，也会使花芽质量下降。土壤肥力差也会影响有机营养的积累水平，致使花芽质量降低。花芽后期的发育状况取决于树体的储藏营养状况。秋季叶片制造的光合产物开始向树体中心部位骨干枝和根部转移，作为储藏营养供给花芽的进一步发育以及第二年春季各新生器官的建造和生长，而病虫危害或其他管理造成叶片早落，会降低树体的储藏营养水平，从而影响花芽质量。

（二）花芽质量对产量和品质的影响

花芽质量对产量和果实品质有较大的影响，优质花芽是生产优质果品的基础。质量好的花芽芽体饱满，花期整齐，花朵大，坐果率高，所结果实大且果形好。相反，质量差的花坐果后果实偏小，果实畸形且不整齐，这是由于劣质花芽的花器官发育不完善，雄蕊花粉粒少，花粉发芽率低，雌蕊的子房小，胚囊活性低，柱头短，接受花粉的能力低且时间短，因而直接影响授粉受精。

五、花芽分化的调控

果园栽培技术措施可在一定程度上调控花芽的形成和质量，但会因品种、树龄和树体状况的不同而产生不同的效果。

（一）调控时间

猕猴桃不同品种、不同个体的花芽分化时间有早有晚，持续时间较长，在地区、树龄、品种相同的情况下，对产量构成起主要作用的枝条基本上花芽分化期也大体一致。因此，调控措施应在主要新梢（次年结果母枝的前身）花芽分化期时进行，进入分化期后效果则不明显。

（二）平衡生长与结果

平衡生长与结果是调控花芽分化的主要手段之一。促进花芽形成主要有如下措施：轻剪、长放、拉枝，缓和生长势；徒长春梢重短截促发二次梢，降低长势；旺树长放少短截，控制肥水，加强生长期修剪；在猕猴桃种植中保持合理的结果量，减少树体养分的消耗，调节生长与结果的关系，保证优质花芽的形成。

（三）改善光照条件

合理的树型及修剪措施可以改善树体的光照条件，有利于花芽的分化。对于栽植密度过大、叶幕层重叠、郁闭的果园应及时疏除远离主干或主蔓的营养枝，对强旺结果枝摘心短截，保证有散射阳光照进棚架内，特别是在花芽分化的关键时期，应当及时进行夏季修剪以使保留的枝、叶光照良好。

（四）加强土肥水管理

土壤的理化性状特别是土壤通气性能影响根系的生长和吸收功能。通过土壤深翻扩穴能改善土壤的理化性状，使根系处于良好的土壤环境中，最大程度地发挥其吸收功能，也能使树体健壮，叶片功能强，进而提高花芽质量。

合理施肥有利于促进花芽分化和提高花芽质量。从成花质量看，增施有机肥料比单纯施用化肥效果好，而化肥的施用应根据不同物候期确定施肥种类。生长前期（萌芽期和幼果期）应多施氮肥，促进萌芽，加速细胞分裂，促进新梢生长和幼果膨大，迅速增加叶面积，而在花芽分化临界期（果实采收前后），除弱树外一般不需过量施氮肥，而是补充磷肥、钾肥，后期要严格控制氮肥用量，防止树体旺长，影响花芽分化和发育。花芽形成后进一步的发育需要充足的氨基酸，氨基酸是氮素营养储藏的主要成分，采果后补充氮肥可增加根茎中有机氮的储藏水平，从而满足花芽发育所需要的氨基酸。但是，秋季叶片从根系中吸收氮、磷等移动性矿质元素的能力降低，叶片容易衰老，其光合功能会突然下降，因此，通过叶面喷施氮肥可防止叶片衰老，延长叶片光合时间，提高叶片光合能力，增强根系吸收功能，对提高花芽质量十分有益。

生长前期充足的水分可保证新梢的生长和叶面积的扩大，而花芽分化期后过多的水分以及水分的剧烈变化会严重影响优质花芽的形成。生产中，应严格控制后期灌溉，保证土壤含水量为其田间持水量的60％～80％即可。生产中应尽量采取滴灌、微喷灌或喷灌等措施补水，防止忽干忽湿，以形成优质花芽。

第五节　花的结构与开花

一、花器构造与开花

猕猴桃属植物绝大多数是雌雄异株，但偶有少数是雌雄同株或两性花，存在着性别的多样性。雌雄异株猕猴桃的性别分化发生于花芽发育的后期，一般在早春，由越冬的腋芽分化出花序原基，然后依次分化出花萼原基、花瓣原基、雄蕊原基和雌蕊原基。猕猴桃雌株的雄花与雄株的雌花都属于形态上的两性花（图 3-9），生理上的单性花。猕猴桃雌花与雄花均有芳香，但不产生花蜜。

(a)—雌花正面；(b)—雌花背面；(c)—雄花正面；(d)—雄花背面

图 3-9　软枣猕猴桃雌雄花（彩图）

猕猴桃的雄花花量大，多生于枝蔓 1～9 节的叶腋间，每节位 3～7 朵花；复聚伞花序，花蕾小，子房极小，子房内生 20 多个心皮，无花柱、柱头和胚珠；雌蕊退化，花药内含大量花粉，雄花成熟的花粉粒呈麦粒状，具有 3 条槽，有萌发孔，具授粉能力。

雌花花量小，着生在结果枝 2～7 节的叶腋间，每节位 1～3 朵花，即 1 个中心花和 2 个侧花，中心花发育良好、结果大，生产上多疏除侧花。花蕾大，呈扁球形，密生白色茸毛，雌蕊发育粗壮，明显高于雄蕊；子房上位，多室，由 40 个左右的心皮合生而成，中轴胎座。花柱基部联合，放射状排列 21～48 枚白色柱头，子房内含多数发育正常的倒生胚珠，胚珠发育完全；雄蕊多数，但所形成的花粉粒干瘪，不具有活力（图 3-10～图 3-13）。

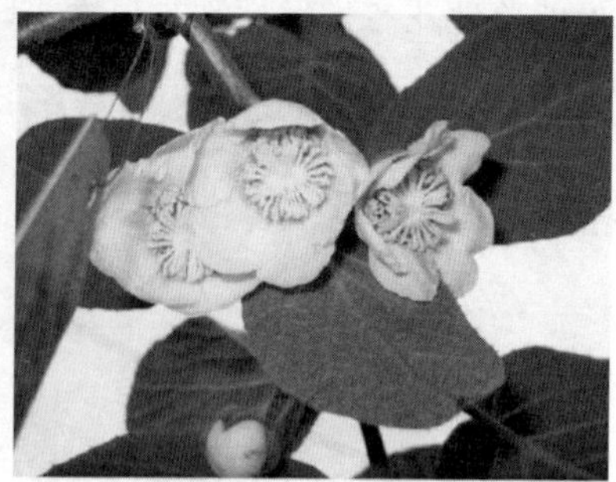

图 3-10　中华猕猴桃雌花（彩图）

图 3-11　中华猕猴桃雄花（彩图）

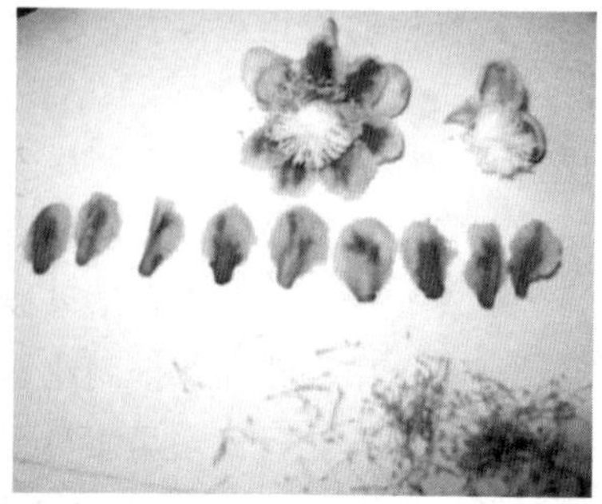

图 3-12　毛花猕猴桃雌花（彩图）

图 3-13　毛花猕猴桃雄花（彩图）

不同猕猴桃品种间及品种内的花器官在形态、大小、花瓣颜色和数目、花药数量、柱头数量以及子房颜色和大小等方面具有或多或少的差异，而开花时期也不尽相同。美味猕猴桃品种在陕西关中地区一般于 5 月上中旬开花，中华猕猴桃品种一般比美味猕猴桃开花早 5～7d。同一株树上，开花顺序大部分是先内后外、自下而上；在一个枝条上中部花先开，或先上后下；在一个花序上，顶花先开，侧花后开，全株的侧花几乎在同一天开放。花初开为白色、乳白色，后变为淡黄色至橙黄色，花谢后变为褐色，逐渐凋落。猕猴桃的花大多集中在 4:00～5:00 开放，7:00 后雌花开放较少，也有少量雄花下午开放。在晴天转多云时，全天都可有少量的雌、雄花开放。天气晴朗时花粉囊在 8:00 左右开裂，雨天则在 8:00 后开裂。一般中华猕猴桃在 8:00 后散粉，美味猕猴桃在 9:00～11:00 散粉。花的寿命：雌花为 2～6d，雄花 3～6d。软枣猕猴桃在同一植株上下部新梢上的花先开，依次往上；在同一个新梢上，位于新梢上部的花先开。

二、授粉与受精

（一）授粉

猕猴桃为雌雄异株植物，雌株的花粉没有活力，雄株的子房退化不能结果。自然条件下，猕猴桃的授粉媒介主要是利用蜜蜂等昆

虫传播花粉，增加叶下花授粉概率。但是，蜜蜂等虫传粉最大的缺点是遇到低温、阴雨天气时，因活动次数少而影响授粉，且由于猕猴桃花没有蜜腺，其他具有蜜腺的花会影响蜜蜂等对猕猴桃的授粉效果。此外，猕猴桃花也能够借助风力授粉，但其花粉粒大，在空气中飘浮距离短，依靠风力授粉效果不佳，再加上猕猴桃叶大枝茂，叶下授粉效果不佳。

授粉效果更与花粉、柱头生命力的强弱有关，猕猴桃的花期短，一般 3～5d，最长 1 周，一般雌花的受精能力以开放前 2d 至开放后 2d 最强（此时花瓣为乳白色），花开 3d 后授粉结实率下降，花开始变黄，柱头顶端开始变色，5d 后柱头不能接受花粉。花粉的生活力与花龄有关，花前 1～2d 至谢花后 4～5d 花粉都具有萌发力，但以花瓣微开时的萌发力最高，此时花粉管伸长快，有利于深入柱头进行受精，而一旦错过授粉时机，就会出现授粉不良，影响产量，甚至颗粒无收。

因此，猕猴桃自然授粉很难达到高产，在农业生产中需通过人工辅助授粉技术才能提高产量。在授粉时，可通过调节果园小气候来创造利于猕猴桃授粉的良好环境条件，也可利用喷灌设施在早晨喷雾，待提高果园湿度后再授粉。另外，也可以使用液体授粉法，但液体授粉技术要求较高，需在有经验的专业技术员指导下操作。

（二）受精

猕猴桃雌花的柱头呈分裂状，分泌汁液。花粉落上柱头后，通过识别即开始萌发生长，诱导生长素增加，呼吸强度也随之上升，这时要消耗大量的糖类等能源物质和氧气。脯氨酸是花粉中的主要氨基酸，花粉管伸长所必需的蛋白酶合成与脯氨酸直接相关。同时，花粉管伸长时进行大量的 RNA 转译，形成多种酶类，如花粉管伸长依赖于可溶性的纤维素酶和果胶酶的增加，以软化细胞壁。精核必须到达卵细胞才能受精，助细胞可以分泌指示花粉管生长方向的向化性物质如钙和硼等，使精核到达胚囊中，卵细胞与精核融合发育成胚，极核与另一精核融合形成胚乳。

齐秀娟等（2013）利用解剖学研究了美味猕猴桃‘徐香’与‘郑雄1号’授粉后花粉管的行为和受精与胚发育过程，结果表明：花粉传到柱头上1h时，柱头表面有荧光点出现；3h时花粉粒大量整齐萌发，多数花粉管已经穿过柱头表面；7h时花粉管进入花柱道生长，并多处出现胼胝质塞，分布较为均匀，荧光较强；10～20h时花粉管已伸长到花柱底部，且花粉管数量庞大；20h时花柱底部较近的极少数胚囊有花粉管到达其珠孔位置，绝大多数胚囊在授粉后45h花粉管破坏助细胞，释放两精子；75h时很多胚囊内反足细胞已经消失，合子细胞质变浓，初生胚乳核分裂先于合子，即受精极核首先分裂成多个胚乳细胞；100h时仍可以见到许多胚囊内的合子没有进行分裂，只有初生胚乳核分裂；花后30d胚囊出现大量的游离核，胚乳细胞变得浓厚；花后60d，胚乳细胞几乎充满胚囊，细胞质逐渐变得浓厚，细胞核明显增大，形成了小球形胚；花后90d，胚体与邻近的胚乳细胞形成间隙，并有明显扩大的趋势；花后120d，胚乳细胞分布于靠胚囊壁内侧周围，出现了心形胚或成熟胚。

（三）影响授粉受精的因素

1. 猕猴桃雌雄配子亲和性

当配子亲和性出现问题时，猕猴桃不能正常受精而形成种子。亲缘关系远的猕猴桃种间杂交时，会表现出原位萌发率低，花粉管生长较晚、数量少、波纹状弯曲、胼胝质不规则沉积、末端膨大、受精延迟、胚乳退化、形成空胚腔干瘪种子、坐果率低等现象。这些现象可能与花粉管顶端的生长及胼胝质的不均匀堆积有关。以软枣猕猴桃为母本与中华猕猴桃雄株杂交授粉不能结实，与美味猕猴桃雄株杂交授粉的结实率为80%；以软枣猕猴桃为父本与中华猕猴桃雌株杂交授粉的结实率为75%，与美味猕猴桃雌株杂交授粉的结实率为95%；以软枣猕猴桃与毛花猕猴桃雌雄株杂交则均不能结实；软枣猕猴桃不具无融合生殖现象，而中华猕猴桃和美味猕猴桃不授粉能够正常结实。

2. 树体储藏营养

对树势较弱的植株而言，花期喷施尿素可提高坐果率，可能是因为喷施后弥补了氮素营养不足的问题，延长了花的寿命。上年秋季施足氮肥也会增加树体中养分的积累，可提高坐果率。如果树体营养成分的储藏量少，又不能由外部施用弥补，则坐果率会显著降低。

具有隔年结果倾向的品种或野外猕猴桃雌株常具有大小年现象，在大年时有效授粉期长，小年时有效授粉期短，可从储藏营养水平高低来解释。坐果需要胚和胚乳的正常发育，缺少胚发育所必需的营养物质，如糖分、氮素以及水分常是引起胚停止发育或落果的主要原因。这种养分缺少的原因可能是树体虚弱、储藏营养不够，也可能是器官间的竞争如花和幼果过多，如重修剪、水分和氮肥过多导致枝叶旺长与幼果竞争养分。水分不足、叶片渗透压高于幼果也能引起果实脱落。此外，氮与磷的亏缺也可使胚停止发育。因此，增加储藏营养或调节养分分配的栽培管理措施，如摘心、疏花疏果、花期及时施肥等，都可提高坐果率。

3. 合适的环境条件

花粉的萌发具有集体效应，一般越密集萌发力越强，花粉管伸长也越快，所以要配置一定数量的授粉树。适宜浓度的硼肥有利于花粉萌发，硼在花粉萌发中对果胶质合成起重要作用，会使花粉管尖端不会破裂。维生素、氨基酸、植物激素和生长调节剂如生长素、萘乙酸等及微量元素如镁、锌等都能促进花粉萌发和花粉管伸长。胺类物质如丁二胺、精胺和亚精胺等及脂肪酸、臭氧则抑制花粉管伸长。

温度可影响花粉发芽和花粉管伸长。猕猴桃花粉萌发的最适温度为20～25℃，低温下萌发慢。温度也影响花粉通过花柱到达子房的时间，如果温度较低，花粉管伸长慢，到达胚囊前，胚囊已失去受精能力。花期遇到过低温度，会使胚囊和花粉受到伤害。同时，如果开花慢而生长快，叶片首先消耗了储藏营养，不利胚囊的发育和受精。低温也影响授粉昆虫的活动，一般蜜蜂活动要求15℃以上的温度，低温下昆虫活动弱。

花期大风（风速 17m/s 以上）不利于昆虫活动，干风或浮尘使柱头干燥，不利于花粉萌发。阴雨潮湿不利于传粉，会使花粉很快失去生活力。光照不足会造成落果，开花期过多降水不利于授粉，而促进新梢旺长，对胚的发育不利。

第六节 果实发育

一、猕猴桃果实特征

猕猴桃果实属于浆果，由多心室上位子房发育而成。果实上萼片宿存，被褐色多列毛，成熟时毛枯死，常因摩擦而脱落，干缩枯萎的花柱残存于果顶。猕猴桃果实多样化，形状有近圆形、椭圆形、圆柱形、卵圆形、纺锤形等；果皮有绿、黄绿、褐、棕褐和绿褐色等，表皮无毛或有棕黄色茸毛、硬刺毛。果肉有绿、黄、黄绿、黄白、红色等。

猕猴桃果实结构由外果皮、内果皮和果心组成（图 3-14）。外果皮从果实表皮层向内到柱状维管束外圈，由薄壁细胞组成。内果皮从柱状维管束外圈向内到果心之外，由隔膜细胞组成，从果顶伸长直达果实基部，心皮包含其中，每个心皮内含 20～40 粒种子。果心近白色，由大而结合紧密的薄壁细胞组成，末端有一个硬的圆锥形结构与果柄相连，顶端有硬化的组织与枯萎花柱相连。猕猴桃的种子很小，似芝麻，形状多为扁长圆形，种皮骨质，新鲜种子多为棕褐色或黑褐色，干燥的种子呈黄褐色，表皮有蜂巢状网纹（图 3-15）。授粉良好的单个猕猴桃果实中种子有 1000～1500 粒，千粒重 1.2～1.6g。

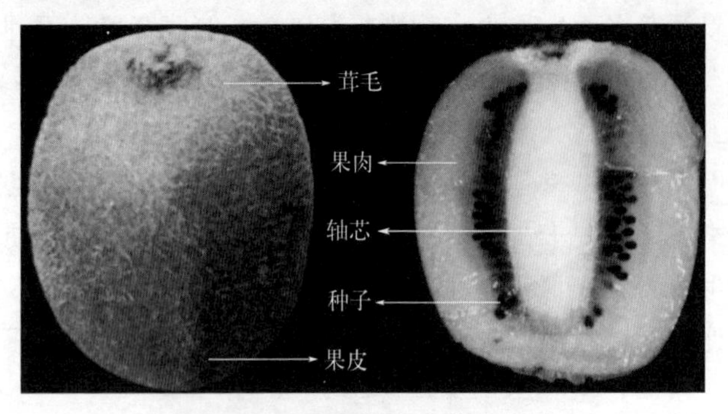

图 3-14　猕猴桃果实结构（彩图）

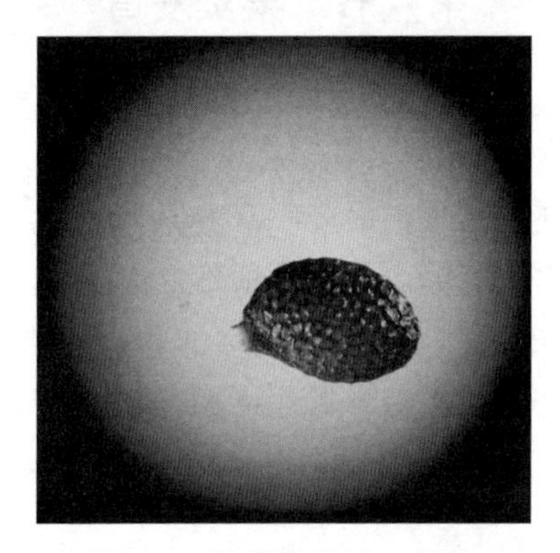

图 3-15　猕猴桃种子（彩图）

二、坐果机制

在开花时子房生长极慢，一旦受精，可促使子房内胚和胚乳合成生长素、赤霉素和细胞分裂素等，子房会加速生长，利于坐果。子房内的这种变化构成了一个营养中心，使受精子房连续不断地吸收外来同化产物进行蛋白质合成，细胞迅速分裂，而那些未受精子房在花后停止发育，内源生长激素减少而抑制生长物质增多。

三、坐果习性

猕猴桃成花容易，坐果率高，其雌花如果没有败育，几乎所有受精雌花都能坐果，所以丰产性好。中华猕猴桃结果母枝可连续结果 3～4 年，结果枝大多从结果母枝的中、上部芽萌发。中华猕猴桃通常以中、短果枝结果为主，通常能坐果 2～5 个，结果性能好的品种能坐果 6～8 个，主要在结果枝的第 2～8 个节位着生。

猕猴桃各类结果枝所占比例和结果能力与品种遗传特性和树体管理有关。生长中等或强壮的结果枝可在结果当年形成花芽，并成为次年的结果母枝，而较弱的结果枝，当年所结果实较小，也很难成为次年的结果母枝。单生花与序生花的坐果率在授粉良好的情况下没有明显差异。单生花在后期发育中果形较大，而花序坐果越多，果形越小，但在栽培条件良好、整树叶果较大时，即使一个花序结果 2～3 个，也能长成较大的果实。

四、果实生长发育

（一）果实细胞分裂与膨大

果实细胞分裂一般有 2 个时期，即花前子房期和花后幼果期。子房细胞分裂一般在开花时停止，受精后再次迅速分裂。猕猴桃果实受精之后果肉细胞分裂持续 3～4 周后停止，中柱细胞分裂则能延长到 8～9 周，但分裂速度变慢。因此，花期和果实发育前期改变细胞数目的机会多于果实发育后期。

不同品种花后细胞分裂时期不同，Hopping（1976）认为，‘海沃德’的果肉组织自开花至停止分裂期为 21d，中柱自开花至停止分裂期为 80d。同一树种中大果品种和晚熟品种细胞分裂期较长。同一果实不同部位细胞停止分裂的时期不同，一般胎座组织先停止，随后是子房内部、中部、外部顺序停止。果实不同部位细胞分裂的时期、方向以及它们与细胞膨大时期的相互作用对细胞最终的大小、形状及果肉的质地都有影响。

细胞分裂之后体积膨大，同一个果实内这 2 个过程在时间上有交叉，果实细胞膨大的倍数常达数百倍之多，且果肉细胞膨大常表现为等径膨大。细胞的数目和大小是决定果实最终体积和重量的 2

个最重要因素，同一株树上的大果比小果的细胞数目多。在细胞分裂初期或中期进行疏果可使细胞数目增加，有时细胞体积也相应增加；在细胞分裂末期进行疏果只能增加细胞体积。因此，疏果应尽早进行，能达到同时增加细胞数量和体积的效果。

（二）果实生长发育曲线

猕猴桃果实从谢花到果实成熟需要 120～200d，果实发育过程中，体积和重量不断增加，果肉内含物也不断发生变化。果实发育

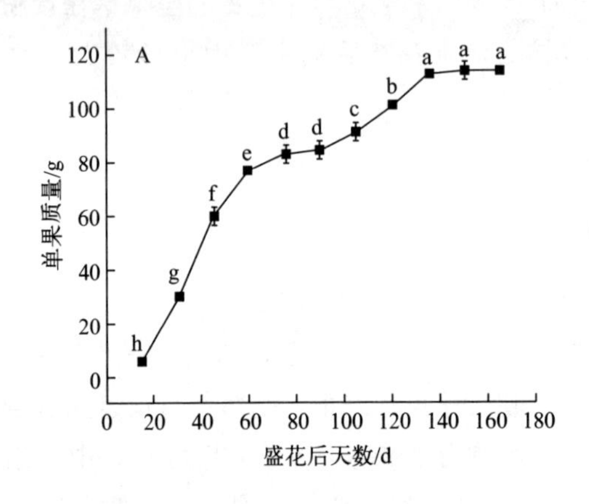

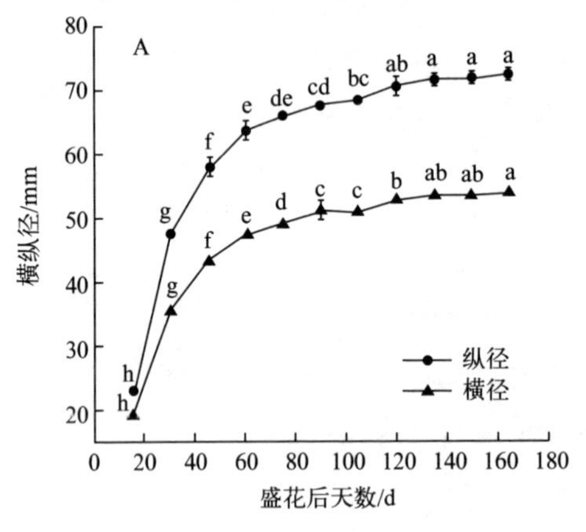

图 3-16 ‘奉黄 1 号’猕猴桃果实生长变化曲线

大体可分为快速生长期、缓慢生长期和停止生长期 3 个阶段：①快速生长期。果实体积和鲜重迅速增加，生长量可达到整个生长的 70%以上；②缓慢生长期。果实体积缓慢增加，种子开始生长；③停止生长期。种子逐渐成熟，果实积累更多营养物质。‘红阳’猕猴桃授粉后 30～75d 为迅速生长期，75～105d 为缓慢生长期，105～135d 为停止生长期。

猕猴桃果实的发育呈“S”型曲线（图 3-16），但其生长曲线呈“2S”或“3S”型争论较多，这说明在果实三个大的生长阶段内，果实生长有些细微的变化可能与品种、环境、管理措施如生长调节剂的使用等及栽培条件有关。

各个时期经历的时间因品种的不同各异。Gallego 等研究发现，猕猴桃果实在不同的年份体积生长情况显著不同，子房鲜重从较温暖的地区到较冷的地区逐渐增加。一般猕猴桃果实的可溶性固形物含量达到 6.5%时果实成熟，符合采收标准，过早采摘的果实风味不佳，口感不好。

第七节 各器官生长发育的相互关系

一、根系与地上部的关系

根系和地上部的关系表现为相互促进和调节，根系吸收土壤中的水分和矿质营养，并向上运输无机营养、氨基酸、细胞分裂素等，而地上部制造有机养分、赤霉素、生长素等，并运送到根部利用。地上部和根系的生长高峰交错出现，损伤根系会抑制地上部的生长，此时地上部的有机物向下运输增加，以促进根系恢复。在休眠期间适当对根系进行断根修剪，可促进萌发新根，不同时期对地上部进行修剪，如冬夏季修剪、疏花疏果等，有利于保证产量，提高果实品质。

中华猕猴桃和美味猕猴桃较难生根，故猕猴桃苗木多采用嫁接苗，还有少量扦插苗和组培苗。扦插苗和组培苗属于自根果树，各器官间关系由自身遗传性决定，而嫁接苗则受砧木、接穗相互间的关系制约。砧木和接穗都力求保持自身遗传性决定的生长规律，同时又受到对方功能的制约。嫁接在不同生长类型砧木上的同一品种，树体大小、生长势、果实品质和抗逆性都有差别。砧木对接穗的影响包括寿命、树高和生长势，萌芽、开花、落叶和休眠等生长过程，果实成熟期、品质以及树体抗逆性等，而接穗对砧木的影响包括根系生长势和分枝角度，根系分布的深度与广度，根系抗逆性等。

二、营养生长与生殖发育

猕猴桃树包括根、茎、叶等营养器官以及花、果实、种子等生殖器官。营养器官的主要功能是吸收、合成和输导，生殖器官则主要负责繁衍后代。猕猴桃是多年生植物，营养生长和生殖生长交错进行，而且不同年份的生殖器官发育也有重叠发生，营养生长与生殖发育相互影响。

营养生长是生殖发育的基础，生殖器官的数量和强度又影响营养生长，二者相互依赖、竞争和抑制，并主要表现在营养物质的分配上。生殖器官是影响物质分配最显著的器官，开花早晚、花芽质量、坐果率和果实大小均会影响枝叶生长。果实发育初期对营养调运能力大，中后期调运能力小，如果此时新梢旺长常会导致果实品质降低。

枝条生长、花芽分化和果实生长三者存在密切关系。猕猴桃的花芽分化多在新梢生长缓慢期或停止生长以后开始，枝条健壮、单叶面积大能够为果实生长和花芽分化提供物质基础，但枝叶生长过旺反而不利于果实生长和花芽分化。因此在生产中，要注意控制叶果比例，平衡营养生长与生殖发育，从而延长树体的结果年限。

三、有机营养与产量形成

猕猴桃的组织和器官中干物质的90%～95%来源于光合产物，称为有机营养。光合作用不仅是植物生命活动的基础，也是产量和质量形成的决定因素。

光合作用本质上就是二氧化碳被还原合成葡萄糖最终形成淀粉的过程。影响果树净光合速率的因素主要有种类、品种、砧木及栽培措施等。此外，叶片的发育阶段生长调节物质、水分、温度、光强、二氧化碳浓度和病虫危害等因素也会影响光合作用。例如，夏季净光合速率的变化常呈双峰曲线，高温和水分亏缺会导致叶片气孔关闭、呼吸增强，出现光合作用的午休现象。

幼叶虽有光合作用能力，但自身发育需要消耗大量光合产物，只有当其叶面积达到一定叶龄时，其产生的光合产物才可开始外运。彭永宏等对中华猕猴桃品种‘早鲜’‘通山5号’‘庐山香’和美味猕猴桃品种‘海沃德’叶片进行了光合作用研究，结果表明：4个品种的叶片均是发育到该品种最大叶面积的三分之一时，叶片的净光合速率为0，后随着叶片增大，光合产物的外运率增大。当展叶后35～40d叶片达到最大面积时，光合产物的外运率最大，叶片衰老期又逐渐降低，如果健壮叶受到严重损伤或进行人工摘除，幼叶也可停止生长并提早外运。

光合产物的外运率不仅与叶龄有关，也与品种和外界环境有关系。彭永宏等研究结果表明，猕猴桃光合作用的光补偿点是50～88μmol/(m^2·s)，光饱和点是678～922μmol/(m^2·s)；光合作用最适宜叶片温度是25～31℃，但因品种不同而存在差异，如‘早鲜’和‘通山5号’是28～31℃，‘庐山香’和‘海沃德’是25～28℃。

光合作用适宜的土壤相对含水量是68.8%～74.9%，即低于或高于这个范围均不利于叶片光合作用。日平均气温>26℃、土壤湿度65%～80%的晴天及多云天，叶片的净光合速率值均大大高于阴天和高温干旱天（日平均气温＞30℃、土壤湿度＜50%）。因此，猕猴桃虽需要充足的光照，但在高温和低湿情况下，光照不能被有效利用。

在栽培管理中，温度、湿度和光照均适合猕猴桃生长时，叶片才能充分利用光能，制造大量的光合产物或转运到需要的部位利用，从而增强树势、提高产量。因此，从提高光能利用率的角度看，要增加产量就必须抓住提高叶片净光合速率、光合产物外运率和用于生殖生长的光合产物比例这三个环节。

第八节　物候期

一、猕猴桃的物候期

物候期是生物的周期性现象与气候的关系。猕猴桃物候期的观察是在一定条件下，随着一年四季气候的变化，观察并记载其各个器官相应的生长发育规律，反映了猕猴桃与环境条件的统一性。猕猴桃物候期主要有伤流期、萌芽期、展叶期、开花期、坐果期、果实成熟期、落叶期等。

（1）伤流期　从新伤口出现水滴状分泌物开始至新伤口不再出现水滴状分泌物为止的时期。

（2）萌芽期　全树约有5%的芽开始膨大，鳞片已松动裂开，微露绿色的时期。

（3）展叶期　全树约有5%的幼叶露出并展开成小叶的时期。

（4）开花期　全树5%的花朵开放为初花期，25%的花朵开放为盛花始期，50%的花朵开放为盛花期，75%的花朵开放为盛花末期，全部花开放并有部分花开始凋落为终花期。

（5）坐果期（幼果出现期）　受精后花瓣全部脱落，子房开始膨大形成幼果的时期。

（6）果实成熟期　果实具有该品种特有的色泽、风味和芳香的品质，种子棕黑色。主要用可溶性固形物含量来确定成熟指标，一般用10个有代表性果的可溶性固形物的平均值测算作为标准指标。比如用作出口的‘海沃德’品种的成熟指数，在收获之前可溶性固形物含量应达6.2%；为了使储藏的‘海沃德’具有最佳品质，收获之前的可溶性固形物含量应达7%。红肉品种的商业成熟指数，收获前可溶性固形物含量应为8%左右或以上。

（7）落叶期　叶柄产生离层，除顶部发育的不完全叶不落外，其他叶全部脱落。

以‘红阳’猕猴桃为例，在成都海拔540m左右一般是2月上旬开始伤流期；2月下旬为萌芽期；3月上旬展叶期；4月上、中旬为开花期；4月下旬为坐果期；6月下旬至8月上旬为种子周围果肉变红色期；7月下旬种子变深棕色；9月中旬为果实成熟期；11月下旬至12月上旬为落叶期。果实的生长发育期为150d左右，整个营养生长发育期为250～270d。

二、影响物候期的因素

影响物候期的主要因素是温度条件，因此，年份、地理位置、海拔高度和坡向不同，物候期也就不同。美味猕猴桃在春季气温上升到10℃左右时树液开始流动，进入伤流期幼芽开始萌动；15℃以上才能开花，20℃以上才能结果。当秋季气温下降到12℃左右时，进入落叶休眠期。美味猕猴桃整个生长发育过程需210～240d。

在武汉地区，大部分猕猴桃种类的萌芽大多在2月底至3月初，开花期从4月上旬至6月上旬，中华猕猴桃二倍体类型最早开花，毛花猕猴桃5月中下旬开花，阔叶猕猴桃、桂林猕猴桃和长绒猕猴桃6月上旬开花。‘红阳’猕猴桃在云南屏边、贵州水城等低纬度高海拔区域，1月下旬至2月初萌芽，3月中旬开花；在武汉是2月底至3月初萌芽，4月上旬开花；在陕西周至县等地，3月上旬萌芽，4月中下旬开花。

中华猕猴桃和美味猕猴桃栽培品种的开花期与品种染色体倍性也有显著的相关性，二倍体品种的初花期平均比四倍体品种早7～10d，其中，最早开花的二倍体品种比最早开花的四倍体品种早6d，而比四倍体品种中最晚开花的品种早14～16d，且所有二倍体品种的初花期均与四倍体品种无重叠，即表明所观察的二倍体品种开花期均比四倍体品种花期早；四倍体品种的初花期早于六倍体品种约7d，但两者间有部分品种的开花期重叠。相应的果实成熟期差异也较大，最早成熟的品种大多是二倍体中华猕猴桃品种，最晚成熟的是六倍体美味猕猴桃品种，四倍体中华猕猴桃的成熟期居中。从毛花猕猴桃与中华猕猴桃杂交后代选育出的四倍体黄肉品种‘金艳’的成熟期与母本毛花猕猴桃相同，10月底成熟，与美味猕猴桃‘海沃德’相近。

第四章

生态环境对猕猴桃生长发育的影响

第一节　气候条件

一、温度

温度是猕猴桃重要的生态因子之一，冬季极端低温、年平均气温和生长期积温都会影响猕猴桃的生长发育。中国猕猴桃生产地区主要分布在陕西、四川、贵州、湖南、河南、湖北等省份，其野外生长区域年平均气温为11.3～20.0℃，极端最高气温是35～44℃，极端最低气温是－23～－6℃，生长期10℃以上有效积温为4500～6000℃，无霜期160～335d。其中，中华猕猴桃在年平均气温14～20℃、美味猕猴桃在年平均气温11～18℃，且10℃以上有效积温为4000～6000℃，极端最低气温为－20.0～－6.0℃，最冷月平均气温3～10℃、最热月平均气温22～30℃的条件下分布最广。

从猕猴桃分布省份地形来看，陕西种植区主要分布在秦岭以北的山前洪积扇区，年均温度11.8～14.3℃，年日照时长1590～2279h；四川猕猴桃主产区年均日照940～1261h，年均温度14.1～17.8℃。宋云等对中华猕猴桃和美味猕猴桃对气象条件的要求进行了比较（表4-1）发现，中华猕猴桃和美味猕猴桃对气象条件的要求有所差异。

表 4-1　中华猕猴桃和美味猕猴桃对气象条件的要求比较

猕猴桃种类	年降水量/mm	年均温/℃	最低月均温/℃	绝对低温/℃
中华猕猴桃	700～1800	9～20	−5～10	−20
美味猕猴桃	500～1600	10～19	−2～10	−19
猕猴桃种类	最高月均温/℃	≥10℃积温/℃·d	无霜期/d	年日照时数/h
中华猕猴桃	24～28	4000～6000	170～300	1200～2400
美味猕猴桃	20～26	3000～5000	180～330	1000～2200

（一）猕猴桃生长适宜的温度条件

猕猴桃对温度的要求较为严格，既需要温暖湿润的气候，又要避免高温干旱和极端低温的伤害。猕猴桃在12月至次年2月处于越冬至萌芽前期，其正常休眠应在60d以上，然后顺利进入以后的各个物候期，否则次年发芽不齐，严重的会导致树木枯死。

冬季温度是决定猕猴桃不同物种、品种分布北限的重要条件，超越一定界限即发生低温伤害。中华猕猴桃在冬季休眠期可耐−20℃低温，美味猕猴桃能耐−19℃的低温，软枣猕猴桃可耐受的极端低温是−20.3℃。值得注意的是，当中华猕猴桃、美味猕猴桃持续遇到−10～−9℃的低温1h以上时，休眠期的猕猴桃树也会发生严重冻害，且因地表温度更低，一般藤蔓的根颈部常先发生冻害。晚霜及“倒春寒”容易损害嫩叶、幼芽，遇2℃以下低温持续0.5h，幼芽、嫩梢易冻坏、冻死，同时，春季低温常使萌芽延期或萌发不整齐。花粉萌发、花粉管伸长、受精及坐果也与花期温度密切相关。

春季气温稳定在10℃时，猕猴桃开始萌芽，从萌芽到落叶会持续8个月左右。春季叶芽萌发期若遇到10℃以下的低温，嫩梢很容易遭受晚霜冻害；春季开花期内出现大幅度降温天气，将会延缓开花时间，若是气温不足12.0℃，会减少开花数量，甚至造成花停止开放。夏季极端高温可导致猕猴桃营养生长过旺，抑制生殖生长，果实内可溶性固形物积累减少，尤其夏季夜间高温会消耗果实发育前期积累的干物质，对果实品质或者成熟期造成一定影响。夏季高温亦会影响树体生长，如在湖南、江西等地局部地区，7～8月份的最高气温达40℃以上，叶片易凋萎，甚至干枯，果实停止生长，严重时发生热害，如遇上强光则产生“日灼”。红心类型品种更不耐高温，夏季气温超过30℃时，其枝、叶、果的生长量显著下降，达到33℃以上就会导致日灼，提早落叶，影响树势和果实品质，特别是果实受光面灼伤更重，同时果实内果皮的红色会因高温持续而褪掉。

（二）生长期积温

猕猴桃在一定温度下开始生长发育，为完成枝、叶、花、果的正常生长发育，其发育过程要求一定的积温。如果生长期温度低，则生长期延长；如温度高则生长期缩短。这也解释了同一品种在不同地方的物候期和生育期不一致的原因，有些品种虽在某些地区能越冬，且年平均气温也适宜，但如果该地区长年温度偏低，达不到该品种成熟需要的有效积温，则果实不能正常成熟，该地区则不适宜该品种的种植。

根据武汉地区部分品种的多年物候期数据及对应的武汉市气象数据，计算了部分品种的果实生长积温，结果表明，不同倍性中华猕猴桃品种果实其活动积温和有效积温随着染色体倍性的增加而增加，如中华猕猴桃二倍体品种果实的有效积温约为4200℃，四倍体品种果实的有效积温是4800℃，而六倍体品种果实的有效积温是5000℃。因此，各地区发展猕猴桃选择品种时，不仅要看年平均气温、冬季极端低温等，也要考察当地生长期内的活动积温和有效积温，如果积温不够，则果实不能在正常时期成熟。

（三）需冷量

同其他温带落叶果树一样，中华猕猴桃和美味猕猴桃有自然休眠的特性。猕猴桃在冬季进入自然休眠后，需要一定低温才能正常通过休眠期，而解除自然休眠所需的有效低温时数称为果树的需冷量，又称为低温需求量。研究指出，猕猴桃自然休眠在4～10℃，其中，5～7℃低温下最有效，低于0℃时解除自然休眠的作用不理想。一般而言，猕猴桃冬季经930～1000h的4℃低温积累可以满足解除休眠的需要。如果需冷量不足，则植株不能正常完成自然休眠过程，会导致春季萌芽不整齐，或花器官畸形，或严重败育。如近几年在低纬度高海拔地区的云南屏边、贵州水城、江西安远、江西寻乌等新产区，猕猴桃出现萌芽不整齐、花期延长15～20d等现象都与暖冬有关，特别是一些需冷量高的品种表现更严重。

有学者对国家猕猴桃种质资源圃的不同猕猴桃品种的需冷量进行研究，结果表明，猕猴桃冬季经过230～900h的0～7.2℃低温积累可以满足解除休眠的需要，经过660～1200h的0～7.2℃低温积累可促进成花，但不同品种对冬季需冷量是不同的，二倍体品种（系）（‘东红’‘金玉’‘武植七号’）的萌芽最低需冷量约为220h，四倍体品种（系）（‘金福’‘金霞’‘东玫’）和六倍体品种（‘金魁’‘川猕1号’‘布鲁诺’）萌芽最低需冷量分别为617h和769h，这表明同一品种的花芽和叶芽的需冷量不一致，花芽的需冷量高于叶芽，花芽和叶芽自然休眠过程对有效低温的累积要求存在差异。因此，从内部花器发育和产量要求考虑，对某个品种的区域规划时要考虑品种的成花需冷量。

二、光照

猕猴桃属于中等喜光性果树树种，需要充足的光照以支持其生长发育。猕猴桃在不同生长发育阶段对光照条件的要求不尽相同，整个生长发育过程中要求日照时数在1300～2600h。猕猴桃对强光直射较为敏感，喜漫射光，自然光照强度以40000～80000lx为宜，这样有利于提升猕猴桃产量和品质。

猕猴桃幼苗喜阴，为了使其正常生长发育，应将其遮阳处理工作做好，避免强光直接照射。从猕猴桃幼苗期往后，随着时间的推迟，猕猴桃植株对光照条件的需求随之加大，只有保证日照时数充足和光照强度适宜，才有利于健壮枝条的形成。若是猕猴桃生长发育中的日照时数不足，则会影响枝条的生长，最终造成果实发育不良。禁止猕猴桃在强烈日光下暴晒或过多的强光照射，否则会灼伤果实，使得果实发生日灼病，叶缘焦枯，严重的情况下会导致整棵植株死亡。

三、降水与空气湿度

猕猴桃野外集中分布区大多属于湿润和半湿润气候区，自身属于喜潮湿、不耐旱和不耐涝的植物。猕猴桃叶片较大且稠密，根茎木质部导管粗大，水分蒸发速率快，导致其在生长发育过程中对水分条件有较大需求。猕猴桃最适宜生长区内的年降水量应在800mm以上，且空气相对湿度处于60%～80%之间，这样才能确保优质高产猕猴桃的形成。猕猴桃不耐涝，长期积水会导致根部糜烂甚至死亡，因此需要选择水源充足、排灌方便的地方种植。不同猕猴桃对水分的需求也有区别，中华猕猴桃主要生长在年降水量为1000～2000mm、相对湿度为75%～85%的地区；而美味猕猴桃主要分布在年降水量600～1600mm、相对湿度为60%～85%的地区。

猕猴桃根系浅，肉质根，抗旱性较差。不同猕猴桃类群、品种（系）之间的抗旱性有差异。湖南农业大学园艺系对抗旱性强弱不同的美味猕猴桃品系的组织与生理生化特性进行了研究，结果表明，抗旱性强的品系叶片表皮蜡质颗粒致密、分布密度大，表皮毛的簇数及每簇毛的数量较多，茸毛密度大，栅栏组织较厚；在干旱条件下，抗旱性强的品系其束缚水与自由水比值和过氧化氢酶与过氧化物酶的活性都比抗旱性弱的品系高，蒸腾强度与叶片萎蔫系数较低，光合强度较高，叶片电导率增加较少。

洪涝灾害多发生于6～8月，降水量偏多可引发涝渍害。涝渍害有2种类型：一是洪害型，由过多积水未及时排出引起，若积水时间超过12h，果树地下部分会直接受到水害；二是湿害型，由于长期土壤水分饱和，致使土壤缺氧，影响了根系呼吸和养分的吸收，造成落叶落果，时间长了还会导致根系组织腐烂而死株。在夏季，猕猴桃极易遭受大暴雨或连阴雨的影响，一旦降水量过多，则会造成土壤内水分达到饱和，使得田间积水严重，增大猕猴桃死亡的概率，不利于优质高产猕猴桃的形成。4 月中下旬是猕猴桃开花授粉坐果期，如果遇到 3d 以上连续阴雨天气，会明显影响猕猴桃授粉，易造成花蕾脱落，授粉不良，坐果率下降，并且容易形成小果及畸形果。对于山坡地区的猕猴桃种植地，暴雨易导致滑坡、山洪等损毁猕猴桃树。另外，多雨可促使猕猴桃来年溃疡病多发。

中华猕猴桃和美味猕猴桃的根系不耐水涝或高湿，如根系长期处在高湿的环境下易发生根腐病。南方的梅雨季和北方的雨季，如果连续下雨而果园排水不畅，会造成猕猴桃根系腐烂，严重时会导致植株死亡。中科院武汉植物园在湖北省大悟县宣化店镇的育种基地分别于 2013 年 6 月、2015 年 6 月及 2016 年 7 月 19 日遭遇 3 次水淹，最后一次水淹时间长达 24h，基地水深约 1.2m，最终导致 4 年生的美味猕猴桃系列、中华猕猴桃系列种内杂交群体半年内 50%～60%死苗，中华猕猴桃与软枣猕猴桃的杂交群体也达 50%以上死苗，且活下来的植株树势衰弱，后期陆续死亡；白背叶猕猴桃、软枣猕猴桃、毛花猕猴桃、网脉猕猴桃等多个物种的实生树也同样达到 50%～60%死苗，后期陆续死亡；山梨猕猴桃和中华猕猴桃杂交群体及山梨猕猴桃种内杂交群体半年内仅 30%左右植株死亡，但后期也出现了树体老化、主干裂皮严重等症状。

四、风

猕猴桃对风非常敏感，花期需要微风辅助授粉，同时微风可以调节园内的温度、湿度，改变叶片受光角度和强度，增加架面下部叶片受光的机会等。但是，生长季节如遇强风会对猕猴桃的生长有显著影响，会导致折枝碎叶、损花伤果等问题发生。早春风较大时可折断新梢，损坏嫩叶，且风速过大不利于猕猴桃开花授粉坐果，对产量和树势造成影响；夏季大风会使果实与周围产生摩擦，造成果皮伤疤，影响果实外观；干热风会引起枝叶萎蔫、叶缘干枯反卷；秋季遇大风直接导致果实擦伤或果实脱落；冬季干冷风会导致抽条，引起枝条枯死等。

在自然状态下，猕猴桃多生长于丛林之下，多集中在背风向阳的地方。因此，选地时必须选择背风向阳的地方建园，必要时营造防护林或搭设防风网。

第二节　土壤条件

土壤是由矿物质、有机质、土壤水分、空气和微生物等组成的。能够生长植物的陆地表层疏松，具有生命力、生产力和环境净化力，是一个动态生态系统，其本质特征是土壤肥力，可为地面上的植物提供机械支撑，同时也能提供水分、养分和空气等生长发育条件，是植物生长的基础。因此，土层厚度、土壤质地和结构、理化性质等土壤条件对猕猴桃各器官的生长发育都有重要影响。猕猴桃对土壤环境较为敏感，其根系是肉质根，适宜生长在土层深厚、土质疏松肥沃、透气性好、有机质含量在4%以上、地下水位在1m以下的地块。

一、土层厚度

猕猴桃是多年生果树，如果在土层厚度大的土壤中生长，则根系分布深，吸收养分与水分的有效容积大，水分与养分的吸收量多，树体健壮、抗性强，利于抵抗环境胁迫，促进优质丰产。

猕猴桃果园一般建立在旱地农业土壤。旱地农业土壤从地表向下一般分为4层，即表土层、犁底层、心土层和底土层。表土层接近地表，干湿交替频繁，温度变化大，属于根系不稳定层，加上耕作影响，根系易受损伤，这一土层土壤的良好条件往往不能被充分利用。因此，栽培上可仿照自然群落，采用覆盖、生草、清耕等土壤管理制度，为表土层根系的生长创造较好的土壤环境。犁底层土壤紧实、水肥通透性差，严重妨碍根系的伸展，在建园时需要破除。当表土层和梨底层比较薄时，需通过深翻、熟化等改良措施，增加心土层或底土层的有机质含量，提高微生物活性，从而改善心土层甚至底土层的生态环境，为根系的垂直生长创造条件。

二、土壤质地和结构

土壤质地类型一般包括砂质土、黏质土、壤土和砾质土等，决定着土壤蓄水、导水性，保肥、供肥性，保温、导温性，土壤呼吸、通气性和土壤耕性等。中国猕猴桃种植土壤质地差别较大，随着种植年限的增加，土壤板结程度增加。

1. 砂质土

含砂多，黏粒少，保水性差，通气、透水性强，吸附、保持养分能力低，好气性微生物活动旺盛，有机质分解快而含量较低。该土壤热容量小，昼夜温差大，俗称“热性土”。

2. 黏质土

含砂少，黏粒和粉粒多，黏粒常超过30%，颗粒细小，质地黏重，保水保肥性好，供肥比较平稳，矿质养分丰富，特别是钾、钙、镁等含量较高，但养分转化慢，通气、透水性较差，易积水，湿时泥泞干时硬，宜耕范围较窄。该土壤热容量大，温度稳定，但春季土温上升慢，俗称“冷性土”。

3. 壤土

介于砂质土和黏质土之间，兼有两者的优点，砂黏适中，通气、透水性好，土温稳定。养分丰富，有机质分解速度适中，供水、供肥能力和保水、保肥能力均强，且耕性表现良好。

4. 砾质土

含石砾较多，土层较薄，保水、保肥能力较低。土壤随石砾的含量大小会产生不同的影响，少砾石土对机具虽有一定的磨损，但不影响对土壤的管理，果树可以正常生长；中砾石土如需利用，则应将土壤中的粗石块除去；多砾石土则需要进行调剂和改良。

猕猴桃选择园地时，在以上4种土质结构中最先考虑的是壤土，其主要有冲积土、黄壤、红壤、黄褐壤、棕壤等，以腐殖质含量高的砂质壤土最佳，其次是粗砂质土，再次是砾质土。黏质土不宜考虑，其黏性重，改造时间长，难度大，改土成本高。

实际生产中，各地的土壤可能不是单一土质，而是多种土质并存。土壤剖面中的黏质土夹层厚度超过2cm时就会减缓水分的运行，而超过10cm就能阻止来自地下水的毛管水上升运行。土壤质地层次排列方式和层次厚度对土壤水分运动和营养发挥有重要影响，果园土层下如存在坚硬的黏土层，根系向下生长会受阻，果树根系分布则较浅。砂砾层会使肥水淋失，黏土层易造成积水，使根系遭遇水淹，导致生长与结果不良。在这类土壤上建园，通常要通过爆破或深耕，使适宜根系活动的土层加厚到80～100cm。

土壤结构是指土壤颗粒排列的情况，如团粒状、柱状、片状、核状等，其中以团粒状结构最适合猕猴桃生长与结果。团粒结构主要靠土壤有机质，特别是腐殖质胶结而成，有机质养分丰富，土壤孔隙大，毛管与非毛管比例适当，能协调土壤中水分、空气、养分的矛盾，保持水、肥、气、热等土壤肥力诸因素的综合平衡。

三、土壤的理化性质

（一）土壤温度

土壤温度与矿质营养的溶解、流动与转化及有机质的分解、土壤微生物的活动等密切相关，直接影响猕猴桃根系的生长、吸收及运输能力，进而影响猕猴桃的生长发育。据华中农业大学对‘艾伯特’品种的根系观察发现，当土壤温度为8℃时根系开始活动，20.5℃时根系进入生长高峰期，29.5℃时新根生长基本停止。

不同土层的温度有所不同，表层土壤的温度变化快，而底层土的温度相对稳定。2018～2019 年，科研人员利用 CGMS-1 作物长势在线观测站监测国家猕猴桃种质资源及湖北丹江口中试基地土壤温度发现，7～9 月份，15cm 表层土壤的日温差都是 3℃左右，30cm 深土层的日温差是 2℃左右，45cm 深土层的日温差仅 0.2～0.5℃；全年土壤最低温度出现在 1～2 月份，最高温度出现在 7～8 月份。

（二）土壤水分

土壤水分是猕猴桃生长发育所需水分的主要来源，可划分为吸湿水、膜状水、毛管水和重力水，其中，吸湿水和膜状水均不能被根系有效利用，只有毛管水在土壤中移动性强，能溶解并携带养分运输到植物根际，是最有效的水分。在地下水位比较深的土壤中，毛管水与地下水不相连接，这种毛管水叫“毛管悬着水”，其最大含量为田间持水量。当土壤含水量达到田间持水量时，多余的水在重力作用下沿非毛管孔腺向下渗透，这部分水称为“重力水”，其容易流失掉而不能充分被根系利用。重力水过多，易发生内涝。因此生产中应尽量避免大水漫灌，减少重力水的含量，从而减少养分的流失。

猕猴桃根系大多适宜田间持水量为 60%～80%的土壤，当土壤含水量高于萎蔫系数 2.2%时，根系停止吸收，光合作用开始受到抑制。当土壤干旱时，土壤溶液浓度高，根系不能正常吸收反而发生外渗现象，所以施肥后强调立即灌溉以便根系吸收；当土壤水分过多时，会导致土壤缺氧，继而会产生硫化氢等有毒物质抑制根的吸收，以致停止生长。

土壤地下水位的高低是限制根系分布深度、影响果树生长结果的重要因素。猕猴桃要求地下水位在 1.2m 以下，地下水位越高，根系越浅。因猕猴桃根为肉质根，对氧气更敏感，因此对土壤要求有更高的透气性。

我国猕猴桃产区分布广，气候多样，不同地区土壤水分状况差异很大。以贵州水城为例，其为低纬度高海拔区域，属高原气候，春夏之间（4～6 月份）易发生春旱，这期间降水少，蒸发大，土壤水分迅速损失，含水量降低至全年最低水平，会影响猕猴桃的开花、坐果与生长，此时应加强保墒，及时灌溉补水非常重要。对于江西安远和寻乌等猕猴桃产区，春夏之间（4～6 月份）正是春雨绵绵的季节，降水量过多，土壤含水量达到全年最大值，土壤底墒和墒情得到恢复，但这个时期雨水过多，容易内涝，应加强排水，同时注意防治高温、高湿引发的病害。

（三）土壤通气性

土壤的通气性是指土壤空气、近地面大气以及土体内部的气体三者之间相互交换的性能。猕猴桃等需氧量多的果树，其根系一般在土壤空气中含氧不低于 15%时生长正常，不低于 12%时才发生新根，土壤空气中二氧化碳浓度增加到 37%～55%时，根系停止生长。当土壤处在通气严重受阻的情况下，土壤空气中常会出现部分微生物分解有机质产物如硫化氢、甲烷、氢气、磷化氢、二硫化碳等还原性气体，若积累到一定程度会对根系产生毒害作用，严重时造成死亡。

（四）土壤酸碱度

土壤酸碱度（pH 值）高低会影响土壤中各种矿质营养成分的有效性，进而影响树体的吸收与利用。猕猴桃根系适于微酸性土壤，最佳的土壤 pH 值是 5.5～6.5，当土壤接近中性时，参与有机质分解的微生物有效性最高，氮素营养最佳。在酸性环境中，可溶性铁、铝增加，有效磷易被固定，同时钾、钙、镁盐可以溶解，这些元素也易被氢离子从土壤胶体表面交换出来，因而容易随淋溶而流失，常表现缺失症状。硼在强酸性土壤中易流失，在石灰性土壤中易生成硼酸钙而降低有效性。pH 值为 7.5～8.5 时，磷酸根易被钙离子所固定，而钙中和了根分泌物而妨碍对铁的吸收，使猕猴桃易发生失绿症。土壤 pH 值不同，微生物的数量、种类有所差异，进而影响到土壤养分的转化和土壤肥力水平。

第三节　地势

一、海拔

在同一纬度下，海拔是影响猕猴桃布局及其生长发育的重要生态因素，太阳辐射量、有效积温、昼夜温差、空气湿度以及土壤类型、养分有效性等常随海拔高度的变化而发生显著变化。气温随海拔升高递减的速率因气候条件和季节而异，在气候干燥的山地变化更有规律，一般来说，在相同纬度时，海拔每升高 100m，平均气温降低 0.5～1.0℃。

受温度变化的影响，猕猴桃无霜期随海拔升高而缩短。海拔高的果园，光照条件好，遇倒春寒时，只有轻微的平流霜，受害轻。坡脚和山腰海拔相对低，地势低洼，冷空气聚集，对开花坐果有严重影响。山地果树的萌芽期、展叶期因海拔升高而推迟，而果实成熟、枝梢停止生长等因海拔升高而提早，即果实的生育期缩短。

猕猴桃属植物分布受不同生境尤其是不同纬度、海拔梯度导致的温度和湿度变化的影响较大，同一物种的垂直分布范围不是固定的，在不同的纬度区域因气候不同可能出现海拔分布差异化。例如软枣猕猴桃，在广西猫儿山主要集中分布在海拔 1500m 以上的区域，而在中国东北，分布范围从海拔 600m 延伸到 2000m，这主要由该物种对温度、湿度条件的要求所决定的。与此类似，美味猕猴桃在北纬 35°、海拔约 1100m 的地区分布较丰富，而在北纬 25°，却多分布在海拔 2300m 以上的地区。

二、地形

平地、丘陵地及山地均可种植猕猴桃。平地和缓坡丘陵地是较适宜种猕猴桃的地形，但平地要求做好排水系统。山地要尽可能将坡度控制在 15°以内，以利于保持水土，避免猕猴桃在生长过程中出现“长歪”现象。

坡向宜选择南坡或东南坡等避风向阳的地方，不宜选北坡，以满足猕猴桃对阳光的需求。需避开山顶或风口，以免果园遭遇风害。对于偏远贫困山区，在地形复杂、超过15°的山地建园的情况经常见到，需要实施坡改梯的水土保持工程，同时在山顶种植深根性的乔化材以涵养水源，但坡度不能超过25°。

第四节　猕猴桃种植气象服务措施

一、加强猕猴桃基地直通式气象服务

气象部门需定期深入猕猴桃种植基地调查了解农户对气象信息的需求，在种植基地安装气象站，对猕猴桃生长发育全过程的气象要素进行实时观测，为猕猴桃生产提供更有针对性的气象服务，提升气象服务的精准性。通过专业指导，提升农户对极端天气的应对能力，通过专业气象服务，加强农户对防御灾害天气技巧的掌握，从而提高其对猕猴桃产业的灾害防御能力。同时，加强与龙头种植企业合作，并将种植基地列为“直通式”服务对象，针对猕猴桃生产基地制作直通式气象服务产品，通过电子显示屏、大喇叭、短信、微信、微博等多种有效手段，及时将气象服务产品传递到广大猕猴桃种植户手中，从而使种植户能够及时掌握关键天气信息，提前做好相关防御措施，最大程度减少种植户的损失。同时，可根据不同时节，提醒种植户做好猕猴桃的施肥催芽、松土、采摘等工作。

二、加强种植户的气象防灾减灾意识

猕猴桃种植户在猕猴桃生长发育关键期要时刻关注及掌握气候的动态变化情况，遇到灾害性天气时，应提前采取有效防御措施。气象部门可以借助宣传讲座、宣传栏、农村大喇叭等途径加大气象

灾害防御知识的科普宣传，增强广大农户防灾减灾意识，将气象灾害对猕猴桃生长发育带来的影响降到最低。

三、强化气象监测和发布渠道设施

加快自动气象站和农田小气候站建设，在充分利用国家基本气象站、土壤湿度与地表温度观测站等系统的基础上，通过微博、微信、气象大喇叭、手机短信等渠道向猕猴桃种植区域发布实时天气预报，实现预警信息有效传递。完善猕猴桃气象专业化观测网建设，对猕猴桃进行基本气象要素、土壤 pH 值、作物生长发育、产量形成、气候和农业灾害的监测，开展土壤温湿度预报、农业气象预报、关键农业季节农业气象条件预报以及暴雨洪涝、干旱、高温热害等农业气象灾害动态监测，为猕猴桃生产种植提供农事指导和建议。

四、完善猕猴桃种植基地管理

建设猕猴桃种植基地时，应科学合理规划基地的水利系统，具体包括蓄、排、灌。建设配套水利设施时，需要保证下雨时能蓄，发生暴雨洪涝时能够及时排水，遇到干旱时能够及时灌溉，并且还要减少和避免水土流失。低畦猕猴桃基地的沟渠系统以排水为主，坡地及梯级猕猴桃基地应以蓄水为主，科学合理的水利系统有利于减轻暴雨洪涝、干旱灾害等气象灾害的影响。此外，种植基地要常除草、松土，从而减少土地水分的蒸发，同时也能促进肥料的吸收，种植户应注意关注天气预报，及早做好气象灾害防御工作。

五、气候资源利用

（1）合理安排种植时间　根据当地气候特点，选择适宜的种植时间，充分利用气候资源，提高猕猴桃的产量和品质。

（2）设施农业　在气候条件不利的地区，推广设施农业，如温室、大棚等，改善猕猴桃的生长环境，提高抗灾能力。

(3) 太阳能利用 在果园内安装太阳能杀虫灯、太阳能灌溉设备等，利用太阳能资源，降低生产成本，提高生产效益。

通过以上气象服务措施，可以为猕猴桃种植户提供及时、准确的气象信息和专业的技术指导，帮助种植户有效应对灾害性天气，提高猕猴桃的产量和品质，促进猕猴桃产业的可持续发展。

第五章 园地选择与建园

第一节 园地规划与设计

一、园地选择

我国野生猕猴桃多分布在长江流域和秦巴山区、伏牛山、大别山等深山区，这些丘陵山地日照充足、空气流通、排水良好、病虫害少，因此猕猴桃能正常生长发育，产量高，果实耐储藏。猕猴桃有“四喜”，即喜温暖、喜潮湿、喜肥、喜光；有“三怕”，即怕旱涝、怕强风、怕霜冻。根据猕猴桃的生长特性，综合考虑猕猴桃安全优质生产管理与产品流通等环节，园地选择应做到：一是园地以平坦地最为适宜，坡度在15°以下的坡地次之；山坡地宜在早阳坡、晚阳坡处建园，低洼地及狭小盆地霜冻较严重，又易积水，不宜建园；山头、风口处由于风较大不宜建园。二是土壤以轻壤土、中壤土和沙壤土为好，重壤土建园时必须进行土壤改良；土壤有机质含量1.5%以上，地下水位在1m以下；土壤以中性偏酸为宜，pH值为5.5～7.5；土壤未受到人为污染，污染物含量符合《土壤环境质量标准　农用地土壤污染风险管控标准（试行）》（GB 15618—2018）规定，土层深厚、土质疏松肥沃。三是须有完备的排水沟渠和灌溉条件，灌溉水应符合《农田灌溉水质标准》（GB 5084—2021）的规定，地表水、地下水的水质要保证清洁无污染，水中的重金属和有毒有害物质含量不得超标。四是交通便利，远离污染源，大气质量符合《环境空气质量标准》(GB 3095—2012) 的规定，园址周围不得有大气污染源，特别是上风口不得有如化工厂、钢铁厂、火力发电厂、水泥厂、砖瓦窑、石灰窑等污染源，不得有有毒有害气体、烟尘和粉尘排放。

二、园地规划

应充分考虑当地的条件，全面规划，合理布局，配置好田间作业道路、灌溉排水设施等。

1. 果园分小区，建好生产路

为了方便管理，大块土地或者平原地区单个作业小区面积不宜超过 50 亩（1 亩＝667m^2），小区设计为长 100～120m、宽 40～50m，以南北向建园。山地果园行向和坡向一致。小块土地则根据实际情况而建。山地建园，以一道沟或一面坡为作业区。

小区划分必须考虑道路、水渠的位置。小区间要留有作业机械或运输工具出入的道路。道路系统分为主路、支路和作业路。主路宽 4～5m，贯穿全园、直通园外；支路宽 3～4m，与主路相接，可通行农机；作业路不低于 2m，便于运送农资、田间施药、采收果实等管理。50 亩以下的园区仅规划作业路即可。

2. 建设灌溉和排水设施

猕猴桃喜湿怕涝，在南方地区或地下水位高的地区建园，必须建好排灌水系统。灌溉以现代化的喷灌、微喷、滴灌等技术为首选，也可采用渗灌，以减少大水漫灌带来的土壤板结。丘陵地区修蓄水池、小型水库，平时蓄水，干旱时可用于灌溉。山地在果园的高处或水源源头修蓄水池灌溉。建排水系统可在果园周围挖 50cm 深的排水渠。地下水位较高时，可在果园间隔 1～2 行间开挖 1 条排水沟，与果园四周的排水沟相通。栽植上必须采用高垄栽培，多雨地区应搭建避雨棚。

3. 建设防风林

猕猴桃叶大质脆，枝蔓生长快，抗风能力差，遇风损伤严重，因此在风害严重地区必须建设防风林。防风林可保护猕猴桃树枝不被风吹断，减少叶片摩擦，避免果实因风大而摩擦发黑，还可以改善小气候。生产上一般采用建设防风障和营造防风林的方法减缓风害。

防风林一般应选树冠高大、防风效果好的树种，如水杉树、柳树等。高大乔木中间栽灌木类效果会更好。防风林建设要和主风方向垂直，周围栽植防风林，距离猕猴桃栽植行 5～6m 可以栽植 1 排水杉树、柳树等乔木，株距 1m 左右，树高保持在 10m 左右。在乔木间可种植紫穗槐等灌木。面积较大的园区可每隔 50～60m 设置一道单排防风林。对猕猴桃生长有他感作用的桉树或有共生病虫害的柏树等树种不宜做防风林。防风林长大后，每年从内侧靠猕猴桃树体的一面深挖断根，避免林带和猕猴桃争夺肥水。每年夏、秋两季各修剪一次，修成围墙状，将所有下垂枝、开张角度大的枝去除，留直去斜，减少地面遮光面积，给猕猴桃“让路”，增强通风透光，不影响猕猴桃正常生长。面积较小的果园，在园外迎风处栽植几行防风树即可，也可立高 10～15m 的人造防风障来防风。

4. 建设配电房和工具房等配套设施

果园内设置配电房，提供生产用电，电源到田头。建设看护房、工具房、果库或临时果库、农药库房等，用以存放小型机械或生产资料，同时为果实储藏、分级、包装等创造条件。

三、品种选择与授粉树配置

品种选择要根据市场需求和产地条件选择适宜的、经过品种审定部门审定或认定的优良品种，应该以发展优质、丰产、耐贮、晚熟品种为主，面积较大的果园要注意早、中、晚熟品种搭配，避免品种单一、成熟期太过集中而影响销售，以不超过 3 个品种为宜。

猕猴桃为雌雄异株植物，建园时需在栽植雌株品种的同时配套栽培比例合适的授粉雄株，以保证正常授粉结果，当前猕猴桃生产中雌雄株配置比例以（5～8）∶1居多。在不进行人工辅助授粉时，猕猴桃多靠风、蜂类等来传粉，但是，由于猕猴桃雌雄花的蜜腺不发达，对蜂类的吸引力比有蜜腺的树种差，因此，果园附近最好不要种植花期与猕猴桃相同的植物，避免与猕猴桃竞争而减少蜂类传粉概率。

对雄性授粉品种，一般要做到以下几点要求：①与雌性品种亲和性好；②与雌性品种花期一致，即花期相遇；③开花期要长，雌株的花期结束，雄株能有二次花；④花粉量大，花粉活力强。

第二节　苗木繁育与管理

一、苗圃地选择

苗圃地应选择交通方便，有良好排灌条件的地块。猕猴桃幼苗既怕积水，又怕干旱，苗圃地在雨水多时能及时排放，干旱时能有水灌溉。不要在病虫害严重的地方建苗圃，如溃疡病、根结线虫、蛴螬、介壳虫等为害严重的地方不宜建苗圃。苗圃地要轮作，要换茬，不要连作，水旱轮作地建苗圃最佳。以排水畅快、保水保肥力强、通透性好的微酸性沙壤土作苗圃地，有利于幼苗根系的发育和地上枝叶的生长。在秋冬季节，将苗圃地深翻一遍，以便疏松土壤，使底土日晒风化，消灭土壤中的部分病虫害。

二、砧木苗的繁育

宜选用抗逆性强的水杨桃或野生美味猕猴桃实生苗作为砧木，除采取苗圃地大规模育苗外，建议采用基质袋进行基质育苗。

（一）水杨桃砧木苗的繁育

水杨桃是对萼猕猴桃、四萼猕猴桃、大籽猕猴桃、葛枣猕猴桃、软枣猕猴桃等猕猴桃种的民间俗称。由于不同猕猴桃种的水杨桃对品种接穗的亲和性有很大差异，因此，在水杨桃砧木品种选择上应采取“嫁接试验”和“生产区域试验”，评价并明确嫁接品种与砧木的亲和能力和综合生产性状，如对产量和品质有无影响。当前，生产上应用较多是对萼猕猴桃、四萼猕猴桃，对其繁育一般采取“压条”或硬枝扦插的方式。

压条又称压枝，即将植物的枝条和茎蔓埋压土中，或在树上将欲压的部分用土或其他基质包裹，使之生根后再割离，成为独立的新植株。硬枝扦插指将结合冬季修剪收集的一年生、具饱满芽、健壮、无病菌枝条进行砂藏，初春将枝条剪成留有 2～3 芽的茎段，并用萘乙酸或吲哚丁酸溶液浸泡 10～15min 后扦插于基质中繁苗的方式。

（二）野生美味猕猴桃实生苗的繁育

1. 种子采集

从市场上购买充分成熟的野生美味猕猴桃果实，让其自然软化，挤出果肉和种子；将种子和残渣放在水中淘洗，纱布过滤去除杂质，清水漂洗去除秕粒；然后再用纱布滤去水分，将种子摊放在干燥通风的地方阴干，避免阳光直射以免降低种子的生活力。

2. 种子破眠处理

为了打破种子的休眠期，可以使用温水浸泡、沙藏、赤霉素浸润等方法。一般把种子用 40～50℃温水浸泡 2h，再用冷水浸泡一昼夜，然后沙藏 50～60d 播种育苗。

三、嫁接育苗

1. 接穗的选择

选择品种纯正、健壮、充实、芽眼饱满的一年生枝作为接穗。

冬季采集接穗时，要对不同品种、雌雄接穗分别捆绑并挂牌标记，并埋在沙中湿润保存。

2. 嫁接时期

多在萌芽前进行嫁接。砧木要求粗度达到0.5cm左右。这一阶段嫁接气温开始回升，树体尚未伤流，芽尚未萌动，此时温湿度有利于形成层旺盛分裂，嫁接部分容易愈合，嫁接成苗率高。

3. 嫁接方法

多采用劈接方法，这种方法操作简单，成活率高，萌芽快、接口牢固，遇风不易折断。一般砧木部分留3～4个芽，接穗部分留1～2个芽。

4. 嫁接后管理

猕猴桃嫁接后管理的好坏对嫁接成活、萌发和生长发育有直接影响，除要加强肥水、病虫害防治之外，还应及时做好剪砧、除萌、立支柱、解绑等工作。嫁接后可直接定植，株距20cm，按行距40～50cm边栽苗边做垄。栽苗要保证根系舒展，让根系与土壤充分接触，不要有空隙。猕猴桃一旦展叶后管理就比较简单，3月下旬及4～5月干旱和旺长时期应及时浇水施肥。通过实行严格管理措施，可以有效提高猕猴桃嫁接苗的成活率和生长质量，为猕猴桃的丰产打下坚实基础。

（1）水分管理　浇水会降低砧木根系活力、加重伤流，对猕猴桃嫁接的成活不利。嫁接前15d内不能浇水。冬季较为干旱时，在嫁接前15d浇1次透水，水分稍干时浅锄切断土壤毛细管以减少蒸发。定植后浇透定根水，确保根系与土壤充分接触。当地面开始黄干时，浇第二次水。浇水分墒后，要中耕保墒，或进行覆盖保墒。夏季高温干旱气候来临前，应尽量做好树盘覆盖，以减少水分蒸发。视土壤湿度情况，一般在7～10d浇1次水，土壤保水性差的5～7d浇1次水，并适当追施肥料。

（2）施肥　幼苗施肥应采取“少施多次”的方式，以防烧根烧苗。嫁接后注意预防接口部位腐烂病，应注意控制土壤湿度，合理密植、加强通风。可使用多抗霉素、乙蒜素等进行防治。接穗萌芽长出3～5片叶、顶尖生长点露出时，给生长点蘸抹“抽枝宝”（组分主要为6-BA、GA_3、NAA），以增进新梢生长优势。解膜的同时，给嫁接口涂抹“屠溃”（组分为二氧化氯），或配施250倍氯溴异氰尿酸溶液，注意“屠溃”不要沾到叶柄及叶片上。根据嫁接苗的生长情况，适时追肥，补充养分。定植的幼苗成活后，结合浇水，多次少量追施提苗肥，每株每次施尿素50g或复合肥50g。幼苗长势较弱时，可喷施0.2%～0.5%浓度磷酸二氢钾叶面肥，增强植株抗性，促进苗期快速生长。6～8月是猕猴桃嫁接苗两蔓及侧蔓的主要生长时期，此时应及时补充氮、磷、钾、钙、镁等营养元素，可以施用微补根力钙1kg、微补高氮全力2kg、“普滋蓝”2kg兑水灌100株树，或微补倍力1kg、微补高氮全力2kg、“普滋蓝”2kg撒施100株树。间隔15～20d施用1次。7月施适量过磷酸钙、钾肥，促进枝条老化，芽眼饱满；8月份后停止施肥，否则易抽发嫩梢，冬天遭遇低温冻害甚至冻死。

（3）除萌　嫁接时由于砧苗受到刺激，春季处于休眠状态的腋芽、不定芽都会萌发，大量消耗体内储藏养分，影响嫁接成活率和嫁接苗的生长发育。每7d抹除砧木萌芽1次。薄膜下的隐芽膨大发绿时要用刀背或树棍等硬物破坏砧木萌芽，否则接穗新芽就停止生长甚至死亡；有些植株会在砧木树干基部土中萌发出来，萌蘖较小时不易被发现，要多注意并及时加以清除。但若发现接穗芽未成活，就须选留1～2个健壮的萌条以备补接。嫁接成活后，及时剪除接口以下部位萌发的不定芽。

（4）解绑　嫁接后15～20d即可检查成活情况。凡是芽体和芽片呈新鲜状态的，即表明嫁接成活，接芽成活后要适时解绑。解绑既不能过早也不能过晚。过早，砧穗间输导组织没有完全建成，接活的芽体常因风吹日晒、干燥翘裂而枯死；过晚，或解绑后绑缚物没有去净，常因新梢、砧苗生长过快，绑缚物陷入皮层，导致砧穗养分输导受阻而影响生长，甚至导致死亡。在不妨碍苗木生长的前提下，解绑宜晚不宜早，但要注意防止解绑过晚导致塑料条勒入皮层，影响营养输送。一般适宜的解绑时间是在新梢开始木质化时进行，若在此之前发现绑缚物过紧，影响生长时，可先进行松绑，再小心包扎上。松绑要根据嫁接口愈合情况和生长势逐步进行，要注意保持嫁接口湿度。4、5月份接穗逐步长粗，绑扎嫁接口的薄膜条渐渐勒细或勒入砧穗枝干中时，可用刀片顺砧穗枝干纵划一刀将薄膜全部划断，做到只松绑不解绑。松绑以前和以后，保持薄膜下面有水珠，易于嫁接伤口愈合。

（5）立支柱　猕猴桃接芽成活后会很快萌发，迅速抽生出幼嫩的新梢易被风吹折，可及时在苗旁插竹竿，防止主蔓折断，并保持主蔓直立。待接芽萌发抽生到一定长度时，即用草绳或塑料条等呈“∞”形把新梢绑在支柱上，以防止枝条摆动影响生长。其后，随着枝蔓向上生长，需每隔20～30cm绑蔓1次。新梢变细、缠绕时，及时解开，扶直，使其持续向上生长。欲停长时，选择顶部1～2叶，摘去叶子，留叶柄，使其萌发继续生长。

（6）摘心　嫁接50～60d后，在嫁接苗长至60cm以上时，可以摘去顶芽，促进枝干加粗生长和分枝充实，从而达到早上架、早结果的效果。

（7）病虫害防控与除草　嫁接苗生长过程中要及时进行中耕除草，要保持苗圃土壤疏松、田间无杂草危害。如遇病害，应及时使用防病药剂防治病害；如遇虫害，必须及时使用针对性农药防治，以确保猕猴桃幼苗健壮生长；需做好金龟子、叶蝉、根腐病等病虫害防治。

预防褐斑病、灰斑病、炭疽病等病害及杀虫杀螨时，可施用40%戊唑·噻唑锌悬浮剂750倍液、壮力1000倍液，间隔7～15d喷1次。

（8）遮阳　遮阳保苗是栽植后第1年苗木管理的关键措施之一。猕猴桃幼苗、幼树必须适当遮阳。遮阳可防止幼叶晒伤，缩短缓苗期，促进树体提早抽梢，早成形。栽后当年的幼树遮光度要求为70%～80%，可采取遮阳网遮阳（图5-1）。

图 5-1 遮阳育苗

(9) 起苗 浙中地区猕猴桃种苗嫁接繁育，在 11 月中下旬猕猴桃的苗木自然落叶后就可起苗，最迟不超过次年 2 月中旬。北方地区考虑到冻害，起苗时间需根据当地的气候条件酌情掌握。

① 起苗要点。起苗前要在苗圃中认真地进行品种核对和标记，严防起苗过程中发生品种混乱和混杂。如果苗圃土壤干燥，可事先灌 1 次水，便于挖苗和减少根系损伤。挖苗时必须注意深挖，应尽量远离根颈部分，一般先在行间挖掘，然后再在株间分离，以保证肉质根长度在 15cm 以上。挖苗后可将根系上附着的土轻轻抖散，注意尽量多地保留支根和须根，减少根系损伤。

② 苗木分级。挖苗后立即根据苗木质量要求对苗木进行整理和分级。浙江中部地区猕猴桃种苗出圃分级标准可参照表 5-1。

表 5-1 浙江中部地区猕猴桃种苗的质量标准

等级	指标			
	嫁接口上部 5cm 处直径/cm	茎干部饱满芽数/个	根系	嫁接口愈合和木质化程度
一级	美味猕猴桃≥1.0 中华猕猴桃≥0.8	≥5	发达，有 3 条以上侧根，长度≥20cm	均良好
二级	0.8≤美味猕猴桃＜1.0 0.6≤中华猕猴桃＜0.8	≥3	较发达，有 3 条以上侧根，15cm≤长度＜20cm	均良好

③ 苗木捆扎。用包装带或布条将猕猴桃种苗进行捆扎，每 20 株包扎为一把，每把包扎两道，根部与头部各一道。

④ 苗木质量检测。苗木质量检测在苗圃进行，需区分不同苗木等级，从已捆扎的苗木中随机取样。1000 株以下抽样数量为苗木的 10%，1000 株以上所抽样本数量为苗木的 2% 再加 100 株。

对抽取的样本苗木逐株检测，分别用卷尺或游标卡尺测量苗木的高度、直径。根据检测结果，计算样本中的合格株数和不合格株数，要求合格苗占 95%以上。

⑤ 苗木储藏或假植。苗木起好后，对暂不能及时销售或外运的苗木，要按品种分开假植或沙藏。一般应及时将苗木临时贮存在清水沙或土中，苗木根系部分一定要盖上厚 15～20cm 的细沙或细土，并不能留有空隙，上部露出外面即可。除挂上品种名标牌外，还应对各品种苗木安置情况做详细记载，起苗时再次核对。注意贮存期间不能受冻、失水、霉变。

⑥ 出圃与消毒。苗木出圃应随有苗木标签和苗木质量检验合格证。

在运销前要进行苗木消毒。猕猴桃苗木消毒常用 3～5°Bé 的石硫合剂全株喷洒或浸苗 1～3min，然后晾干，即可包装运销。

⑦ 包装、调运。远途运苗在运输前应用麻袋、编织袋、纸箱等材料包装苗木。根要蘸泥浆，打包时包内要填充保湿材料，以防失水，并包以塑料膜。每包装单位应附有苗木标签，标明苗木品种、质量等级、数量、生产单位名称、出圃日期。

调运外县、省的要开具植物检疫证。凡有检疫对象和应控制病虫的苗木，不得外运。

四、苗木储运

1. 修剪与清洁

在储存或运输前，应适当修剪苗木，去除病弱枝、枯死枝和过长根系。清洁根部泥土，减少重量和体积，以便于运输。

2. 保湿处理

根部应保持湿润，可以使用湿沙或湿苔藓包裹根部，避免干燥。可将苗木根部浸入泥浆中，用塑料袋包好，防止水分蒸发。

3. 包装

使用透气性良好的材料包装苗木，如编织袋、纸箱等，避免使用不透气的塑料袋直接包裹苗木。包装时要避免苗木相互挤压，尤其是枝干部分，以免造成损伤。

4. 温度控制

猕猴桃苗木应储存在低温环境中，理想温度为0～5℃，避免高温导致根部腐烂。避免温度骤变，温差过大可能对苗木造成伤害。

5. 通风

猕猴桃苗木储存空间应保持良好通风，避免湿度过高导致病菌滋生。

6. 运输

苗木运输过程中应尽量减少震动和碰撞，应使用适当的固定装置。尽量缩短运输时间，避免长时间储存和运输。

7. 检查与维护

在储存和运输过程中应定期检查苗木状态，及时采取措施处理产生的问题，如补充水分、调整温度等。

8. 目的地准备

到达目的地后，应尽快将苗木假植到预先准备好的土壤中，避免长时间裸露在外。

9. 遵守法规

跨地区或跨国运输苗木时，需遵守当地的植物检疫规定，办理必要的手续和证书。

第三节 定植与管理

一、定植

（一）定植前准备

猕猴桃定植前准备工作主要包括土地整理、改良，道路、灌排设施建设等。

整地时，应对土壤翻耕均匀，做到基底平整，不留硬地、不出现坑洼，同时要清除园区内的杂草、乱石等杂物，便于以后作业。各地可根据自身的地形条件对土壤进行改良，一般挖深80cm、宽1m的栽植沟或者全园深翻50cm以上熟化土壤；多施堆肥、人畜粪等有机肥或撒施泥沙疏松土壤，碱性土壤可穴施草炭、泥炭土；也可以通过掺入优质土壤、换土等客土改良方式来增加土壤的保肥、保水能力，达到改良土壤的目的。对黏性土可通过掺入河沙或沙土等透水性强的土进行改良，同时施入有机肥，而沙性土可通过增施有机质、黏性较重的腐殖质土，以增加土壤保水保肥能力。土壤改良可采用全园深翻或抽槽进行。

在地下水位偏高、土壤黏重及多雨的南方地区，可采用明沟和暗沟两种方式做好果园排水工作。暗沟排水是在地下埋设塑管或混凝土管等，形成地下排水系统，不占园地，便于果园作业。明沟排水则是沿树行起垄，行间形成排水沟，使植株正好定植在高垄的脊背中间。在土壤有机质含量低、肥力不足、严重干旱的山地、坡地、滩地和不能浇水的园区可覆盖地膜或无纺布等。在排水方便而雨量较少的北方，垄沟深度25～30cm即可，而在排水不便和雨量较多的南方，垄沟深度应在40cm以上，如上海地区，垄沟深在60cm以上。山地猕猴桃园的排水系统主要采用等高撩壕或在梯田内侧设排水沟的方式。

（二）苗木质量要求

生产苗木质量应符合《猕猴桃苗木》（GB 19174—2010）的要求，栽植的苗应选高质量的大苗、一级苗。一级成品苗必须具备的条件是：品种、砧木纯正，侧根数量 4 条以上且长度在 20cm 以上，基部粗度 0.5cm 以上，根系均匀分布，舒展而不卷曲；苗木高度达到 60cm，木质化程度良好，具有 5 个饱满芽，嫁接口结合部愈合情况良好，茎干粗度 0.8cm 以上；根皮与茎皮无干缩皱皮、无新损伤，老损伤处总面积不超过 1.0cm^2，无根结线虫、介壳虫、根腐病和疫霉病。栽植前应检查苗木的根系，要剪去受伤较重的部分，以利于根系伤口的愈合。

（三）定植时间

猕猴桃在秋季落叶后春季萌芽前都可栽植，一般可分为秋栽和春栽。春季栽植是在土壤解冻后直到芽萌动前的 2～3 月，并且要在地表以下 50cm 深土层化透后进行，可使苗木免受冬季寒流冻害的威胁，减少苗木损失，但根系恢复时间较短。秋季栽植一般在从落叶起到土壤封冻前的 9～11 月进行，这时苗木正在进入或已经进入休眠状态，体内储藏的养分较多，蒸腾量很小，根系在地下恢复的时间较长，来年苗木生长较旺盛。北方寒冷地区以春栽为好，秋栽应注意防止根系受冻害。

（四）栽植密度

应根据品种、架形和园地条件等来确定。对于长势弱、树体小的品种和土壤地质条件差的果园，株行距可小一些；对于长势强的品种及土壤地质条件好的果园，株行距可大一些。山地果园由于光照通风条件较好，密度可适当大一些。一般“T”形架或小棚架，株行距可采用（2.5～3）m×（3～4）m，水平人棚架可采用（3～4）m×（3～4）m。对于有明沟排水的果园也可采用宽窄行栽植。

（五）栽植方法

选择根系发达、芽眼饱满、无病虫害的苗木进行栽植，栽植前对受伤或霉烂的根系进行修剪、适当短截，嫁接口以上留3～4个饱满芽短截；用清水浸泡12～24h，按照株行距确定定植点，再根据苗木根系大小挖好直径40cm、深30cm的定植穴，在穴内做圆锥土台，顶部低于地表5cm；每穴投入约25kg的有机肥，同时填入表土，与肥料混合均匀；将选好的苗木垂直放入定植穴内，理顺根系，不要弯曲；要把嫁接口朝向迎风面以免风吹劈裂，苗木前后左右对齐，用表土或混合土填入，覆盖至根部；将幼树向上轻提，使根系舒展，边埋土边踩踏夯实。苗木栽植深度以土壤下沉后根颈部与地面相平或略高于地面，待定植穴内土壤下沉后大致与地面持平为好。加少许土做成树盘，并及时灌透水。灌后土壤下陷，要及时培土，待墒情适宜后，进行松土保墒或树盘覆盖。不要将嫁接部位埋入土中。栽植过深不利于苗木生长。在地下水位较高的地区可用高垄栽培。

二、定植后幼树管理

（一）补水

定植好幼苗后，首先是要浇足水，在树苗的四周堆围直径60cm的浇水盘，及时浇透定根水，促进根与土壤贴合，树盘可用厚度为15～20cm的秸秆或地膜覆盖进行保水。在高温干旱季节，视旱情及时补水，保证苗木不受干旱影响。在无雨情况下，一般每10d灌一次轻水，每20d结合追肥灌一次重水。雨水充足时须注意排水，不能使土壤处于积水状态。在连续雨天期间，应抢好天时候在树干周边松土，降低土壤湿度。切记施肥、浇水和叶面喷施要避开高温，在温度偏高、光照强的情况下，应在上午10点前、下午4点后或阴天进行。

（二）插竿引蔓

春季萌芽幼苗长到20cm时，在靠近苗木处插一根竹竿，将刚发出的嫩枝绑在竹竿上，防止风折。其后，随着枝蔓向上生长，每隔20～30cm绑蔓1次，牵引植株向架上生长。植株长到约1.6m

高处时摘心、定干。

春季抹除实生芽，夏季主要是引枝上架，除选择1条最壮枝条引缚外，其余抽发枝条全部在20～30cm处摘心、平压。秋季所有枝条在细弱处剪断，以促壮过冬。冬剪时，对于壮旺单干幼树可在1.6m处剪截，单干而有壮旺分枝的，则在分枝3～5个芽处剪截，弱树则应在离嫁接口10～20cm处再次重剪。

（三）套种遮阳保苗

对于北方夏季高温干旱地区，遮阳是第一年苗木管理的重点之一，猕猴桃幼苗、幼树必须适当遮阳，这既可防止幼叶晒伤，缩短缓苗期，又可促进树体提早抽梢，早成形。一般在4月底至5月初，在幼苗两边距苗50～80cm处各点种1行高秆玉米，株距0.5～1.0m，用于遮挡强光，在这以外的区域，种植矮秆的豆类、绿肥类、红薯和药材等覆地植物（图5-2），用于覆盖地面，抑制杂草，减少地面热辐射，增加土壤有机质，提高幼龄果园的经济效益。覆地植物绝不能攀爬果树，根系不能进入距苗干0.5m以内，切实保障猕猴桃生长。

图5-2　猕猴桃园套种药材

（四）及时施肥

猕猴桃幼树生长量的大小与肥水管理密切相关。第一年当新梢长到50cm以上时勤施薄肥，以氮肥为主。为了保证幼树旺盛生长，定植当年应确保4～5次追肥。定植后2个月开始，每次每株用尿素50～100g，配合海精灵生物刺激剂（根施型）500倍液淋施。第一次追肥在萌芽展叶后即进行，一般在4月中下旬，以后每隔20d左右追肥1次。最后一次追肥应在夏季高温到来之前完成。肥料以尿素等速效肥为主，每株全年施用尿素的总量在200g左右，也可结合浇水每亩浇灌50～100kg腐熟人粪尿或沼液。每次施肥应在雨前或雨后进行；如在不下雨时施用，必须结合浇水进行。施肥要在离根部30～50cm处施入，每次施肥量应视长势而定，掌握“勤追薄追”的原则，以防烧根、烧苗现象发生。

（五）控制杂草

对园区杂草应进行及时刈割控制，也可以利用铺设黑地膜或黑地布来防治杂草，不要喷施除草剂防控田间杂草。

三、架形选择及树体培养

（一）架形选择

搭架是猕猴桃园建园中最大的一项投资，架形与搭架的质量，事关投资成本、果园抗风害能力、通风透光性、田间作业难度及田间景观的美感。

平地和缓坡地采用大棚架（图5-3）。沿行向每隔5～6m栽植1个立柱，地上部分为2m，地下部分为0.5～0.8m，在支柱顶端垂直于栽植行方向架设粗钢绞线或钢管硬材，在架面上顺行每隔50～60cm架设1道8＃镀锌铅丝或防锈钢丝，边柱外2.0m处埋设一地锚拉线，地锚体积不小于0.06m^3，埋置深度在100cm以上，将支柱顶上的架面拉线拉紧固定在地锚上。在距支柱顶上部30cm处，顺行架设1道8＃镀锌铁丝或防锈钢丝，用于绑缚主蔓。

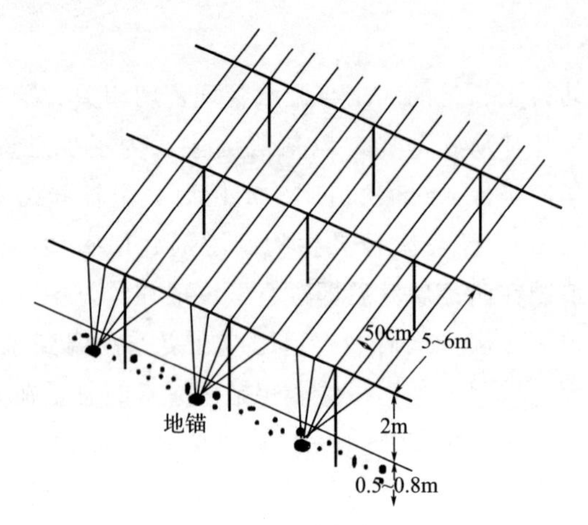

图 5-3 大棚架

梯田和山地采用“T”形架（图 5-4）。支柱规格及栽植密度同大棚架，横梁长为 2.5～3m，横梁上顺行架设 5 道 8＃镀锌铅丝或防锈钢丝，在距支柱顶上部 30cm 处，顺行架设 1 道 8＃镀锌铁丝或防锈钢丝，用于绑缚主蔓。每行两端埋置地锚，规格及深度同大棚架。

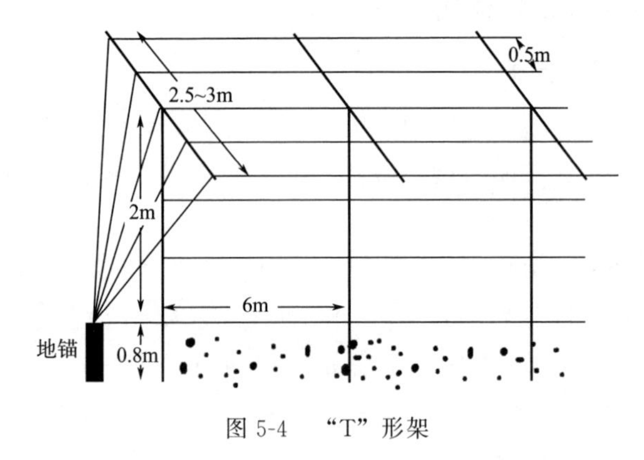

图 5-4 “T”形架

（二）树体培养

当培养的主干长到距架面下约 30cm 时，剪去顶芽，促使剪口部位侧芽萌发。从萌发的侧芽中，选留相对健壮的新梢，当其生长超过架面 40cm 以上时，将其反向交叉，顺着铁丝向 2 个相反方向水平延伸，即为“两蔓”。如果第一年主干没有长足，冬季修剪时将主干枝剪留 3～4 个饱满芽，第二年春季从萌发的新梢中选择一个长势最强旺枝作为主干再培养，其余新梢平伏生长。

整个树形培养过程需要 2～3 年，前 3 年以扩展树形和培养健壮的主干、主蔓为目的，要抹除花蕾，避免挂果，第 4 年可少量挂果投产。需要注意的是，如果园区建在 30°的坡地上，建议采用一干单蔓（独龙干式）。

四、成龄树田间管理

（一）春季管理

随着气温回升，猕猴桃逐渐开始萌芽，此时如秋肥施入不足可进行补肥，每株施入有机肥 10～20kg 或复合肥 1～2kg。为促进萌芽，根据墒情及时春灌。根据品种不同应合理疏花，花期避免浇水，有利于提高授粉和坐果率。对生长过旺的枝条，要及时打顶绑缚，避免遇风被吹折断。3 月中下旬可施入含氮量较高的复合肥或速效氮肥促进生枝发叶。

倒春寒是猕猴桃春季栽培管理中应重视的问题。在倒春寒来临前应提前做好准备，可采取浇水降地温，延迟开花期避开寒害。有条件的可以用薄膜或草毡等进行覆盖，或在倒春寒来临当天夜里，在果园四周点燃烟火，避免冻伤。如发生冻害，应及时喷施加耐特（作物免疫力调节剂）800～1200 倍液＋巴斯夫氨基酸水溶肥 500～1000 倍液进行缓解。

（二）夏季管理

夏季是猕猴桃生长的旺盛期，也是猕猴桃管理的关键时期。由于夏季病虫害发生较多，如管理不好直接影响当年及下一年的产量。此时新枝生长较快，为了增加透风、透光度，促进来年果枝的形成，应进行合理修剪并及时疏果（剪除病果、畸形果、小果）。

为了增加产量、提高品质，应在6～8月每月冲施生物有机肥或高钾型复合肥（每株施0.25～1.00kg）1次，并叶面喷施氨基酸叶面肥补充植株营养，增强生长和抗病能力。夏季雨水较多应及时排水，避免因积水造成沤根。猕猴桃发生病虫害时要及时防治，以免造成经济损失。

（三）秋季管理

秋季是猕猴桃成熟和植株营养积累的时期，此时应及时进行人工除草，严禁使用化学除草剂。对于成熟期较晚的品种一定要及时补充钾肥（亩施钾肥15～20kg），可提升猕猴桃产量和品质。采摘后的树体及时进行整枝修剪，清除落叶和病残枝，并对果园整体喷施一遍10%多抗霉素杀菌剂1000～1500倍液＋20%噻唑锌300～500倍液进行杀菌消毒，避免采摘后因伤口感染造成溃疡病的发生。9～10月是猕猴桃根系生长的最后时期，为了来年能够更好地生长，应早施基肥，每株施腐熟的有机肥10～20kg，并喷施氨基酸或磷酸二氢钾叶面肥，促进叶面的光合作用，增加树体营养的积累，从而提高果树的抗寒、抗病能力，并为来年丰产打好基础。

（四）冬季管理

冬季管理主要以防冻为主。当气温降至－5～－3℃时浇灌冬前水，起到防冻保温的作用，也能减少地下害虫的存活率。用稻草或棉毡等对主干进行缠缚，也可在垄内铺设一些稻草或玉米秸秆，提高地温防止根茎冻伤。冬季如遇干旱应及时浇灌，避免果树风干死亡。

冬剪后要进行绑蔓，绑缚材质应选用棉布或玉米皮等，避免材质过硬对植株造成擦伤。绑缚要避免枝条重叠交叉，需均匀地布满架面，尽量增加植株的通风和透光性。

五、病虫害防治

在田间生长管理期间，应加强对病虫害的监测，采取“预防为主、综合防控”的策略来防控病虫。对容易发现、数量少的大体型害虫，可人工扑杀，对微型害虫如蓟马、蚜虫等选用黄板诱杀、灯光诱杀、释放天敌、化学诱杀等方法，尽量减少农药的直接使用农药。要加强对根结线虫病、根腐病、溃疡病等病害的防控。具体可详见第九章。

六、及时补苗

对田间死亡、生长弱小、品种不纯、发病等植株，必须及时挖除，适时补苗。为了确保所补苗木与大田苗木生长一致，建议采取大营养钵定植培养补植苗的办法。按照幼龄树管理要求，在8～9月进行田间补植，确保按时成园。

第六章 土肥水管理技术

第一节 土壤管理

一、土壤水分管理

猕猴桃是肉质浅根性植物，性喜湿润气候，对土壤含水量及环境湿度要求较严格，其果实、藤蔓、枝叶的含水量都很高，枝叶生长旺盛，蒸腾耗水量大。6～8月份正值一年最高温，倘若水分供应不足，会使枝蔓萎蔫、影响果实生长和花芽分化，会对第二年的产量带来影响。因此，及时灌水（图6-1、图6-2）可以缓解高温、低湿和树体蒸腾量大之间的矛盾，可满足果实迅速生长发育和混合芽形成对水分的需求。新西兰研究表明，猕猴桃夏天种植密度一般控制在30～35株，每株树用于蒸腾的水量高达100L，此时不灌水或灌水不足，轻则导致树体大量落叶、落果，重者枝蔓枯死且整株死亡。

图6-1　水肥一体化方式
（意大利，彩图）

水分过多对树体生长也会产生不利影响，尤其是生长的中后期，如水分过多，不仅容易使果实开裂，还会导致树体特别是幼树贪青

图 6-2　喷灌方式（新西兰，彩图）

徒长，影响枝芽发育充实，降低其越冬能力。积水会造成土壤缺氧，好气性微生物活动减弱，有机质分解能力下降，影响土壤肥力的提高；同时，根系进行无氧呼吸会积累乙醇，土壤中的肥料无氧分解会产生一些如甲烷、一氧化碳、硫化氢等有毒物质，使根系中毒而大量死亡，引起地上部萎蔫甚至落叶，最后整株死亡。生产实践中看到，高温季节大雨过后，猕猴桃园排水不良，发生浸水 1d 以上之后，第一天树叶萎蔫，第二天树叶脱落，第三天过后植株即可死亡，可以说涝害大于干旱。因此，雨后排水对维持猕猴桃正常生长发育是极为重要的。建园时需以当地地势等情况预设排水沟，平原地区一般采用明渠排水（图 6-3），山地一般采用等高线排水（图 6-4）。如没有排水明渠且降雨量很大、已在猕猴桃园造成积水，需立即挖设排水沟，将积水排出。在土壤黏重地区建园，尤其是容易渍水的低洼地段，必须设置地下暗沟，以防久雨期间的暗渍，同时也有利于干旱时的灌溉。

根据猕猴桃不同生长阶段需水规律，应采取科学的保墒措施和灌水新技术，提高土壤保墒能力，减少灌溉次数。灌水时要改变传统的大水漫灌方式，推广畦灌、隔行灌水等措施，推广生草覆盖等新技术，逐步推广节水灌溉、水肥一体化等新技术，为猕猴桃根系创造一个良好的环境。

图 6-3　四川地区果园灌、排水沟渠（彩图）

图 6-4　湖南山地果园（彩图）

二、间作物管理

在猕猴桃需肥水高峰期，加强对间作物的管理（图 6-5～图 6-10），及时追肥、浇水，可以减少间作物与树体对养分的竞争，同时还要加强除杂草等管理工作。猕猴桃园生草可显著提高土壤有机质含量，疏松果园土壤，提高土壤供肥能力，保持果园土壤墒情，减少灌溉次数；夏季可降低果园温度，冬季可提升土壤温度，延长根系活动时间，促进猕猴桃生长发育、改善果园生态环境，增加果园天敌数量，提高果实品质和产量等。据实验测定，在有机质含量为 0.5%～0.7%的果园，连续 5 年种植长柔毛野豌豆（毛苕子）或白车轴草（三叶草），土壤有机质含量可以提高到 1.6%～2.0%。猕猴桃果园毛苕子播种时期可分为春播和秋播，春播在 3 月下旬至 5 月上旬播种，秋播在 9～10 月份播种，每亩用种量 2.0～2.5kg。但是，爬长秧的作物如毛叶苕子、西瓜等，要经常整理其茎蔓，防止茎蔓爬上树，影响树体生长。

目前，生产上主要推广猕猴桃园树间覆盖、行间生草生产模式。树间（小行）利用农作物秸秆及农业加工废弃物（稻壳、木屑、酒糟等）进行覆盖，行间（大行）种植毛苕子、三叶草等。另外，应适时采收间作物的果实等，同时生产园也可以考虑种养结合，以提高果园经济效益。

图 6-5　间作辣椒（彩图）

图 6-6　间作红薯（彩图）

图 6-7　间作绿豆（彩图）

图 6-8　间作花生采收（彩图）

图 6-9　生草定期刈割（彩图）

图 6-10　种养结合（彩图）

三、科学运用生物菌肥

加大EM菌等生物菌肥的施入。如在追施充分腐熟有机肥基础上，每亩追施蚯蚓粪0.5～1t。蚯蚓粪中含有蚯蚓、蚯蚓卵、有益微生物及代谢产物，是天然的、高生物活性的、多功能的营养物质，其含氮2.15%、磷1.76%、钾0.27%、有机质32.4%，并含有23种氨基酸。蚯蚓是“微型土壤耕作机”，能加快土壤有机质的分解和利用，可丰富土壤微生物种群，增强土壤活性，从而改善猕猴桃根际土壤环境，提高猕猴桃植株抗逆性。

第二节　肥料管理

一、施肥管理

根据猕猴桃需肥规律，以有机肥（农家肥）为主，科学配比氮、磷、钾养分，增施中、微量元素肥料和生物菌肥，推广实施水肥一体化施肥技术，逐步减少化肥用量。基本要求是：①增施有机肥，提高果园有机质含量。重点推广利用生物技术对猕猴桃枝蔓进行粉碎堆沤还田技术等，扩大有机肥的施入。搞好农家肥科学堆沤、无害化处理，也可购买合格的商品有机肥。②实施配方施肥，精准施肥。在有条件的果园要大力实施测土配肥、叶分析配肥，推广平衡施肥、水肥一体化等科学施肥新技术，提高肥料的利用率，减少施肥对猕猴桃根系的损伤和对土壤的污染。

猕猴桃的施肥一般包括施基肥和追肥，树龄不同施肥量不同。猕猴桃根系1年有3次生长高峰，9～10月为根系第3次生长高峰期，此时根系生长活跃、吸收能力强，果实采收后应及时施用基肥。肥料应以腐熟或半腐熟的有机肥为主，也可以混入部分化肥如尿素、硫酸铵、硝酸铵、过磷酸钙、硫酸钾等，以增进肥效。秋施基肥可结合土壤深翻进行，可疏松土壤，消灭杂草，增加土壤有机质含量，提高土壤温度，减轻根系冻害，并有利于冬季积雪保墒，防止春旱。此外，秋季早施基肥，利于有机物的腐熟分解，提早供应养分，及时满足春季根系活动、萌芽、开花、坐果等物候期对养分的需要（图 6-11）。

图 6-11　猕猴桃沟施基肥（彩图）

追肥则是在猕猴桃生长季其芽体萌动时施加催芽肥，此时施肥有利于萌芽开花，促进新梢生长。结果期追加膨大肥和壮果肥等，落花后一个半月是猕猴桃果实迅速膨大期，这个时候果实生长迅速，缺肥会导致膨大受阻。为确保果实膨大，增加单果质量和提高品质，可追施磷钾肥，以叶面喷施为主，可用磷酸二氢钾、尿素、硝酸钙叶面喷施，或者喷施适量水溶肥。施肥时采取环状沟施肥或条状沟施肥的方式，尽量避免肥料与猕猴桃根部直接接触，防止出现烧根的现象。

当果实体积已接近最终果个大小时，说明果实生长进入营养物质积累和品质形成的关键时期，开始进入增糖、增硬、增色阶段，枝梢生长也进入木质充实成熟期，此时优果肥的追施能有效促进果实品质的提高，并为花芽形态分化积累充足的养分。此期施肥（图 6-12、图 6-13）主要是使果实内部发育充实，增加单果重和提高品质，并使树体花芽分化量大、质量好。肥料以氮：磷：钾＝2：2：1

为主，株施 0.5～2.0kg（视树体大小而定），辅以腐熟豆饼水、腐熟人粪尿、复合肥等速效性肥料，并适当补充锌、铁、镁等微量元素肥料。

图 6-12　条状沟施肥（彩图）

图 6-13　根际撒施（彩图）

二、肥料用量

施肥用量根据果树的年龄和生长状况而定。盛果园（8～12 年树龄）每棵树施用 1.75～2.50kg 混合肥料，13 年以上的老树每棵树施用 2.0～3.0kg，初挂果果园（5～7 年树龄）每棵树施用 1.0～1.75kg，而 4 年生的幼树每棵施用 0.75kg。新栽幼树每棵施用磷酸氢二铵 0.1kg 与生物有机肥 0.5～1.0kg。陕西猕猴桃试验表明，1～3 年生幼苗，亩施农家肥 1500～1800kg，氮（N）6～8kg，磷（P_2O_5）3～6kg，钾（K_2O）3～5kg；4～7 年生树，亩施农家肥 3000～4000kg，氮（N）15～20kg，磷（P_2O_5）12～16kg，钾（K_2O）6.5～10kg；成龄园，目标产量 2000kg 左右，亩施优质农家肥 5000kg，氮（N）28～30kg，磷（P_2O_5）21～24kg，钾（K_2O）12～14kg。秋季施基肥用量一般应达到全年总施肥量的 60%以上。各种来源肥料养分含量见表 6-1。

在秦岭北麓流域，当猕猴桃产量在 24～42t/hm^2 时，建议化肥用量分别为：氮（N）375～500kg/hm^2、磷（P_2O_5）186～266kg/hm^2 和钾（K_2O）286～350kg/hm^2，有机肥用量为 30～65t/hm^2。

表 6-1 人和家畜、家禽新鲜粪尿中的养分含量

单位：g/kg

种类	项目	水分	有机物质	N	P_2O_5	K_2O
人	粪	750	221	15.0	11.0	5.0
	尿	970	20	6.0	1.0	2.0
猪	粪	820	150	5.6	4.0	4.4
	尿	890	25	1.2	1.2	9.5
牛	粪	830	145	3.2	2.5	1.5
	尿	940	30	5.0	0.3	6.5
马	粪	760	200	5.5	3.0	2.4
	尿	900	65	12.0	0.1	15.0
羊	粪	650	280	6.5	5.0	2.5
	尿	870	72	14.0	0.3	21.0
鸡	粪	510	255	16.3	15.4	8.5
鸭	粪	570	262	11.0	14.0	6.2

三、化肥减量

据路永莉（2017）的研究，当氮肥用量比往年减少 25%和 45%时，猕猴桃果树氮素营养、果实单果重、产量以及品质等均没有发生显著变化（$P>0.05$），但减量施氮处理显著提高了氮肥的偏生产力（PFPN）和果园的经济效益，明显降低了土壤剖面硝态氮的累积量以及向深层土壤淋失的风险；同时，与普通尿素相比，控施尿素对猕猴桃产量以及果实品质无显著影响，但可降低硝态氮的淋失风险。

四、施用方法及时期

（一）基肥

主要采用全园撒施或挖沟施肥的方法。撒施适用于成年结果树和密植园的施肥，即将事先腐熟好的有机肥（图 6-14）均匀撒于地面，然后再翻入土中，深翻深度一般为 20cm 左右，距树干近时深翻深度要适当。挖沟法可挖环状沟、放射沟和条状沟。环状沟：在树冠外围挖一环形沟，沟宽 20～40cm，深度为 30～40cm。放射

沟：即在树冠下距树干1m左右向外挖沟，依树大小向外放射挖沟6～10条，沟的深、宽同环状沟。条状沟：即在树冠边缘外的地方，相对两面各挖1条施肥沟，深30cm左右，宽10～20cm，将肥施入（图6-15）。同时，要结合猕猴桃的生长发育规律和需肥特点科学施肥。

图6-14　有机肥（彩图）

图6-15　条状沟施肥（彩图）

（二）追肥

追肥是为了弥补基肥的不足而在生长季进行的补充施肥，主要包括萌芽肥、花后肥、果实膨大肥（壮果肥）和优果肥等多种形式。追肥的关键在于及时补充猕猴桃树在不同生育期所需的养分，以实现优质丰产的目标。

1. 萌芽肥

萌芽肥主要以速效性氮肥为主，通常在3月底施入，以支持新梢、叶片以及开花和幼果生长的氮素养分需求。这一时期的施肥量大约占全年氮肥施用量的10%左右。

2. 花后肥

花后肥在猕猴桃落花后施用，结合果园灌水进行，通常在水分渗透后，盛果期果园每亩撒施尿素5～10kg，以此促进枝梢生长及幼果细胞分裂。对于3年生以下的幼树，建议在6月底之前每月追施一次尿素或通过降水、灌水时撒施尿素，每次每株施用的尿素量为 50～100g，从而促进幼树的快速成长和形成。

3. 果实膨大肥（壮果肥）

果实膨大肥的施用时间和品种有关，早熟品种在 5 月下旬施用，晚熟品种则在 6 月上旬施用。施肥应在第一次疏果结束后进行，追肥量占氮、磷、钾化肥全年施用量的 20%。盛果期树可每株追施氮磷钾复合肥 1～1.5kg。

4. 优果肥

优果肥的追施时间是采果前 4～6 周，对于早熟品种如‘红阳’在 8 月上旬追施，而对于‘华优’‘金香’‘徐香’‘秦美’和‘海沃德’等品种则分别在 8 月中旬至 9 月初追施。优果肥以速效性磷、钾肥为主，也可以适量补充氮肥，其中速效性磷、钾肥占全年施用量的 10%，盛果期树每株追施氮磷钾复合肥 1.0～1.5kg。

（三）根外追肥

根外追肥效果快，成本低，可补充根系养分吸收不足，明显提高果实产量和品质。一般在展叶到落叶前进行追肥。

1. 叶面追肥

生长季节结合果园喷药可加入叶面肥，如磷酸二氢钾、氨基酸、微肥、沼液、有机铁肥、有机钙肥、稀土微肥等，也可专门喷施微生物叶面肥。采用沼液喷施浓度一般为 50%～70%。

2. 涂干肥

利用猕猴桃枝干气孔和皮层的吸收作用，在离地面 30cm 以上的树干光滑部位涂抹氨基酸原液或稀释液，供给树体营养，可减轻黄化病的发生，预防猕猴桃溃疡病的出现。

第三节　水分管理

一、补水

猕猴桃根系较浅，喜欢潮湿的土壤环境，既不能渍水也不耐干

旱，因此果园的土壤和空气必须保持一定湿度。土壤湿度宜保持在田间持水量的70%～80%，土壤湿度低于田间持水量的65%时要补水，清晨叶面不显潮湿时要补水。在南方高温干旱的伏季，需要灌水防旱。

（一）猕猴桃关键补水时期

猕猴桃关键补水主要有以下几个时期。

1. 花前

猕猴桃在2月初萌芽，4月初开花前必须做好补水工作，补水量为6～8m^3/亩，可促进花芽萌发。在此时期补水，能够帮助猕猴桃新梢生长，帮助叶片迅速成形，对开花和结果有利。

2. 花期及花后

该时期即4～5月，此时猕猴桃新梢和叶片生长速度较快，为开花结果的关键期。若水分不足，则树体生长发育不佳，影响开花与结果；若水分较多，树体会出现疯长现象，影响树体的健壮程度，且花芽无法高质量分化，对于幼树产量的增加不利。若雨水过多，要及时清沟沥水，防止猕猴桃园内渍涝发生。此期应以配合微灌施肥为主补一次水，但要控制补水量，避免补水过多降低地温，影响花的开放。

3. 果实生长期

猕猴桃果实生长期为6～8月，该时期枝繁叶茂，但是温度较高，蒸腾量较大。此期如遇35℃以上高温天气，应在上午11:00前开启微喷系统喷水降温，根据墒情补水，防止水分不足带来的萎蔫。

4. 采果后

该时期为10月中旬到12月上旬，务必在土壤冻结前在深耕与施肥的基础上补水。采取该措施是为了封冻以保持土温，避免春旱的发生，同时，这也有助于秋季基肥的腐熟分解，保证来年树体的正常生长。土壤封冻前，浇透水1次，以确保树体抵御寒冻的能力、能够顺利安全越冬。

（二）补水技术与方法

为了减少猕猴桃种植中的水肥浪费，可以采取以下技术进行补水。

（1）采用节水灌溉技术　节水灌溉技术如喷灌和滴灌，能够将水直接输送到植物根部，减少水分的蒸发和深层渗漏。例如，喷灌技术可以使灌溉一亩地的水量从 80～90m^3 减少到 50m^3 左右，显著提高水的利用效率。

（2）实施水肥一体化管理　通过水肥一体化技术，可以在灌溉的同时施肥，确保水分和养分均匀、准确地供应给作物，这种方法不仅提高了肥料利用率，还减少了劳动成本和环境污染。

（3）使用智能灌溉系统　集成土壤湿度传感器和自动灌溉控制系统的智能灌溉系统，可以根据土壤水分状况和作物需求自动调节灌溉量，避免过度灌溉和浪费。

（4）优化灌溉时间和频率　根据猕猴桃的生长阶段和气候条件，确定合理的灌溉时间和频率，以满足作物的需水特点，减少不必要的灌溉。

补水方法有以下几种：

① 喷灌。喷灌的推广应用具有增加果园内空气湿度，调节局部气候；增加土壤的含水量，避免土壤板结；提升土壤肥力；耗水少且便于控制等优势。②滴灌。滴灌是通过滴灌管（带）、滴箭、滴头等孔口式灌水器将水肥溶液像打点滴一样均匀而又缓慢地滴入作物根区附近土壤中，是猕猴桃水肥一体化最常用的灌溉方式。其补水精准、节省资源，深受猕猴桃种植用户喜爱。滴灌系统主要工作部位在地下，利用管道系统形成灌溉体系。在幼树中，出水管的深度约为 20cm，灌溉周期为 2～3d，每株灌水 8kg 左右。滴灌能够充分保证土壤的湿润性，如果结合施肥效果更好，同时能达到省水省肥的效果。③微喷。微喷灌溉是一种现代农业灌溉技术，即通过特殊的微型喷头，将含有肥料的水溶液以细小的水滴均匀喷洒到

作物枝叶或根部，旨在提高水分利用率，优化植物生长环境，并减少水资源的浪费。微喷灌溉结合了滴灌和喷灌的优点，既能节水又能保证作物生长的需求，尤其适用于干旱和半干旱地区的农业生产。微喷灌溉系统主要由水泵、施肥罐、过滤器、输水管、控制阀和微型喷头组成。微喷头根据不同的应用场合和结构类型，可分为倒挂微喷头、地插微喷头、单侧轮微喷头、双侧轮微喷头、折射式微喷头和旋转式微喷头等，这些微喷头各有特点，如旋转式微喷头适合灌溉，而折射式微喷头则更适合降温加湿。

微喷灌溉是广泛应用于猕猴桃的灌溉，特别是在云南、广西等喀斯特地貌地区，由于地下水流失严重，土壤需水量较大，微喷灌溉则成了一种重要的灌溉方式。此外，微喷灌溉也被用于温室和大棚内的作物管理，例如在炎热夏季通过倒挂微喷头进行加湿降温，以利于作物生长。微喷灌溉的优点在于其节水性、节能性以及对土壤和地形的适应性强，可以精确控制水量，提高作物产量和质量，同时减少劳动力和时间的投入。微喷灌溉还可以利用微咸水资源，在一定程度上减少对淡水的依赖。秋施基肥后如果土壤墒情差必须灌水，在北方地区土壤封冻前所有果园应浇封冻水（图 6-16）。

图 6-16　浇封冻水（彩图）

（三）灌溉水质

1. 水源

实施滴灌水肥一体化必须具备清洁、无污染的水源，灌溉水质的标准通常参照国家或行业标准制定。例如，灌溉水质应符合《农田灌溉水质标准》（GB 5084—2021）的要求。此外，灌溉水质还应考虑到土壤的特性和作物的具体需求。在实际操作中，灌溉水质的监测和管理是确保水质达标的关键步骤。

2. 水质净化

为了保证灌溉水质的适宜性，需要进行定期的水质监测，包括检测水质中的pH值、电导率、溶解氧、硬度等指标，这些指标能够反映水质中的关键参数，并帮助判断水质的优劣。以地表水或循环用水作灌溉水源时，水质往往达不到使用标准要求，必须采取水质净化措施。通常配套建设灌溉水的蓄水池沉淀杂质，将灌溉水引入蓄水池中澄清后才使用。当灌溉水受污染、杂质多时，可根据污染物性质和污染程度在灌溉水中加入污水净化剂，将污染物分解、吸附、沉淀，澄清灌溉水水质，使其符合GB 5084—2021的控制标准值。

二、排水

为了确保猕猴桃的高产和质量，必须在建园时精心设计排灌系统，既要保证旱季有效灌溉，也要确保涝季及时排水。建议配备先进的水肥一体化设施，以实现水资源和养分的最佳利用。特别是在多雨季节，如长江流域的梅雨季，须警惕连续阴雨天气带来的排水困难，尤其是在平坦或黏重的土壤中，以防根部水烂问题。对于地势低洼、排水不畅的地块，应统一规划道路和排水沟，以提升整体的排水能力。此外，起垄栽植猕猴桃时，行间的黄泥土沟深度须达到60～80cm或以上，并且内外高度差要合适，确保能够顺畅排水。夏季多雨时，还需特别注意控制恶性杂草，并在猕猴桃树盘周围铺设防草膜，以提高地温、降低土壤湿度，进而有利于猕猴桃根系的呼吸。园内的主排水沟深度通常保持在80～100cm、宽度100～150cm，以确保良好的排水效果。注意猕猴桃园发生洪涝灾害情况，有积水时立刻排水（图6-17）。

图 6-17　排灌水沟（彩图）

三、水肥一体化

猕猴桃需肥量大，但常规大量、集中施肥常发生烧根现象，这也是制约猕猴桃产业发展的重要因素。近年来，猕猴桃产业遵循农业绿色、高效、可持续发展理念，在猕猴桃种植上大力推广水肥一体化技术，通过试验示范，不仅实现节本增效，而且水肥一体化园区猕猴桃长势明显优于大水漫灌常规施肥园区，产量、品质、商品性也得到明显提升，同时得到了广大猕猴桃种植户的高度认可。

（一）水肥一体化的概念

水肥一体化是指借助压力系统（或地形自然落差），将可溶性固体或液体肥料，按土壤养分含量和作物种类的需肥规律和特点，配兑成肥液与灌溉水一起供给植物根部，满足作物需要的技术。规范的水肥一体化设施通过可控管道系统供水、供肥，使水肥相融后，通过管道和滴头形成滴灌，均匀、定时、定量浸润作物根系区域，使根系土壤始终保持疏松和适宜的含水量。同时，根据不同作物的需肥特点、土壤环境和养分含量状况，作物不同生长期需水、需肥规律情况进行不同生育期的需求设计，把水分、养分定时定量，按比例直接提供给作物。

猕猴桃是肉质根，主根不发达，在小苗2～3片真叶时逐渐停止生长，分生侧根，形成簇生的侧根群，侧根生长加粗形成根系骨干。成龄树根系一般由几条骨干根分生侧根形成。如果施肥不当或操作不当，会对根系造成损伤，影响营养物质的吸收。水肥一体化可以有效避免集中施肥、耕作对根系的破坏，对土壤结构影响小，肥料利用率高，对于改良猕猴桃园土壤结构、提高水肥利用效率、促进猕猴桃高产优质具有重要意义。

（二）猕猴桃园水肥一体化的种类

1. 施肥枪

主要施肥器械是液体施肥枪。可利用果园喷药的机械装置，包括罐、加压泵、管子等。施肥时，将喷枪换成施肥枪，将肥料溶解于罐中，通过泵增压，将液体通过管子输送至施肥枪中，将枪头插入土壤根系分布层，握紧手握开关，肥料溶液输入土壤。松开手握开关，停止输送肥料溶液。一般每株可通过6个点左右注入肥液。施肥枪施肥动力来源于打药机，使用时只需更换施肥枪，操作难度低；可以同时带2～4条施肥枪，施肥效率高；可以在树冠周围多点注入，分布比较均匀、科学。如果采用一把枪施肥，加压泵调在2.0～2.5atm（1atm＝101325Pa）即可，如果用两把枪同时施肥，可根据高压软管的实际情况，调到2.5～3.0atm。用两把枪施肥时应避免两把枪同时停，防止瞬间压力过大损坏管子。

施肥枪的推广已有几十年的时间了，应用技术比较成熟，施肥效率高，投入少，适合以家庭为单位的小农户或者施肥面积不大时使用。其施肥时需要人拖拉管道，施肥范围相对集中，每个点施肥量不能精确把握，劳动强度相对较大。

2. 小管出流

小管出流是将肥料溶液通过由主管道、支管、毛管组成的三级管道灌溉系统施于作物根部，每株树对应的毛管数量可以根据需要设置，施肥效率高，投入较少，但地面附着管道较多，其他农事操作容易踩踏、损伤管道。

3. 喷灌

在首部系统通过压差注入肥料溶液，最后通过喷头、微喷带等喷洒在根部地面。在高温季节，给猕猴桃树体降温效果显著。喷灌施肥的喷头对水质和肥料溶解性要求较高。猕猴桃园的倒挂微喷系统，喷洒范围大，施肥效率较高，但若发生喷头堵塞或者淋水，处理比较麻烦。行间铺设带孔软管的喷灌，铺设方便，流量大，施肥效率高，投资较少。

4. 滴灌

在首部系统通过压差注入肥料溶液，最后通过滴灌管滴在根部地面。滴灌管现在多铺设在猕猴桃架面，水滴滴落，溅在周围，在地面形成小坑，不宜用于土质松散的果园。滴管施肥对水质和肥料溶解性要求很高，一般都需要有良好的过滤系统，一次性投入较高。

（三）猕猴桃园水肥一体化的特点

1. 节省资源和劳动力

滴灌系统配以施肥设备，将肥料溶于灌溉水中实现水肥一体化，直接送达猕猴桃根部，灌水和施肥同步进行，并且可根据猕猴桃的需水需肥量精准控制，省肥至少达30%，省水至少达50%。系统操作简便，易于管控，不论是全自动智能还是半自动，1～2人即可轻松实现成百上千亩猕猴桃定时定量的灌溉施肥，特别对于大规模猕猴桃种植用户来说，大大减少劳力成本，省工高达70%，减少劳动时间和强度，省心而高效。

2. 提质增效

科学合理的滴灌系统需及时满足猕猴桃生长的水肥需求，水肥比例用量精准，猕猴桃长势快、挂果多、果实饱满品质高，裂果、落果现象等同比减少8%左右，增产30%～60%，可提前7～10d上市，赢得价格先机，综合收益大大提高。

3. 减少病虫害

滴灌系统能有效地控制土壤温湿度；微喷系统能调节局部小气候，防止土壤板结，改善其水、肥、气、热四相结构，调节空气温湿度，大大减少猕猴桃病虫害的发生。

4. 低碳环保

滴灌系统高效的水肥管理不仅节省了大量资源，而且大大减少了人力、电力，减少了能源消耗和碳排放。同时避免了传统灌溉方式将过量的肥料冲入河道，导致水体面源污染等问题的发生。

(四) 猕猴桃园水肥一体化的注意事项

① 根据树体大小及挂果量决定液肥施用量，肥料配备时切勿私自加大肥料浓度，以防烧根。通过水肥一体化灌溉系统喷肥或滴肥一定要控制浓度，最准确的办法是测定肥液的电导率。通常范围在1.0～3.0mS/cm，或水溶性肥稀释400～1000倍液，或每立方米水中加入1～3kg水溶性复合肥喷施都是安全的。

② 水肥一体化一般是先滴水，等管道完全充满水30min后开始施肥，原则上施肥时间不宜过短。施肥结束后要继续滴0.5h清水，将管道内残留的肥液全部排出。如滴肥后不洗管，在滴头处易生长藻类及微生物，导致滴头堵塞。在土壤不缺水的情况下，施肥要照常进行，一般在停雨后或土壤稍微干燥时进行，此时施肥一定要加快进行，一般控制在30min左右完成，施肥后不洗管，等天气晴朗后再洗管。

③ 选择适合的肥料。应用水肥一体化技术时，加入水溶有机肥（氨基酸等肥料）、菌肥、菌剂等，可以满足土壤微生物对有机营养的需求，引入有益菌群，改善土壤微生物环境。应选择溶解度高、溶解速度较快、腐蚀性小、与灌溉水相互作用小的肥料。不同肥料搭配使用时，考虑其相容性，避免相互作用产生沉

淀或是拮抗作用。对于连年施农家肥的果园，由于地下害虫较多，可以在肥水中加入杀虫剂，对于根腐病严重的果园，可在肥水中加入杀菌剂。

④ 过滤设备的安装。过滤器是灌溉系统必配的装置，可有效避免管路系统堵塞瘫痪。应根据水源中杂质的类型、灌水器类型等综合考虑选择不同类型的过滤设备。

第七章

花果管理

第一节　合理疏蕾、疏幼果

猕猴桃花量较大，各种条件适宜时，坐果良好，且基本上没有生理落果。但坐果太多，会给树体造成沉重负担，产生众多小果，并削弱营养生长，引起树体转弱，进而导致连续生产能力下降，影响丰产和稳产。因而，疏花、疏果是一项必要的田间管理措施，是猕猴桃生长过程中的重要环节，应根据品种、树龄、树势及果园的管理经验进行疏花疏果、保花保果，提高坐果率，防止养分损耗。

经观察，一般枝蔓中部花序着生的果实个大质优，先端次之、基部最差。因此，疏花、疏果时，尽量保留中部果。留果的数量要根据叶果比来定，叶果比大时果实品质好，叶果比小时单位营养面积产量高。相对不同品种之间而言，叶果比存在一定差异，一般美味猕猴桃系统品种如‘艾伯特’和‘布鲁诺’的叶果比为 4 左右，而‘蒙蒂’和‘海沃德’的叶果比为 5～6；中华猕猴桃系统的品种多为 3.5 左右。

疏蕾、疏果的方法仍以人工为主，结合绑蔓、摘心等同时进行。疏果工作须仔细，首先疏掉病虫果、畸形果，然后按照叶果比留果，疏果的适宜时期为果实迅速膨大期之前，越早越好，早疏果可减少树体营养的浪费，并对保留果实的发育有很大的促进作用。

一、疏蕾

猕猴桃花期一般1周左右，但花蕾期却有1个多月，因此，可利用花蕾期疏除畸形、有病虫危害、过密柔弱的花蕾，一方面可以减少猕猴桃养分消耗，促使猕猴桃果个增大，另一方面可以明显减轻后续疏果用工量，提高工作效率。

疏蕾根本准则是疏除过小蕾、畸形蕾、病虫害蕾等，重点保存发育较好的中心蕾。春季，当结果枝生长至50cm以上或4月中下旬侧花蕾分离后即可开端疏蕾。基本做法是：同一结果枝上应“留中间、去两侧”，即疏除结果枝基部和顶部的弱蕾，保留中间生长良好的花序，疏除同一花序中发育较差的两侧蕾，保留中间的主花蕾。一般强健的结果枝留5～6个花蕾，中庸的结果枝留3～4个花蕾，较短的结果枝留1～2个花蕾。

二、疏果

猕猴桃坐果率高，一般无生理落果现象，常因结果多而果小质差，并容易形成大小年，因此必须进行疏果。

疏蕾结束15d后即可开始疏果，先疏去授粉受精不良的畸形果、扁平果、伤果、小果、病虫果等，保留粗壮、发育良好的正常果。一般长枝留果3～5个，中枝留2～3个，短枝留1～2个。

一株猕猴桃的留果量可根据树势强弱进行，并在疏果后10d复查。一般正常情况下，3年生幼龄树每株留果量控制在25～30个，4年生树每株留果量控制在60～80个，5年及以上盛果树每株留果量控制在150～200个，尽量保留大小一致的健康果，这样既可达到合理负载，均衡养分，又可有效提高坐果率和果实品质，有利于后期销售。

总体而言，丰产园产量应控制在2000kg/亩左右。产量过低会导致树体徒长没有收益；产量过高会导致单果质量小，品质下降，经济收益差。

第二节　保花保果技术

一、猕猴桃保花保果的原因

猕猴桃落花落果是种植过程中最不希望看到的情况，落花落果会直接导致猕猴桃产量下降，进而影响果农的收成。猕猴桃落花落果除由自然灾害或病虫害所造成以外，还有由于树体内在原因而造成的生理落花落果，如花器发育不正常、授粉受精不良等，后期落果则与同化养分不足或激素平衡失调有关。

中华猕猴桃和美味猕猴桃花的蜜腺不发达，必须辅助授粉。当虫媒或风媒等自然条件不具备时，会出现果实大小不均匀，花后严重落果现象。当授粉品种搭配不当、花期不遇时，及时改接为花期相遇的雄性品种，并在改接的雄性系未开花之前，对雌株进行人工授粉。若授粉品种搭配比例过小，可通过缩短雌雄株距离，增大雌雄比例，促进传粉。传粉媒介不足时，可通过花期放蜂、鼓风以及花前修剪、人工辅助授粉等措施解决。

为了提高果实的产量和品质，必须对猕猴桃做好保花保果和辅助授粉工作。

二、保花保果的方式

保花、保果的关键是预防不适合授粉受精的因子及人工辅助授粉，以确保雌花可以正常授粉受精。

在创造利于授粉受精的环境条件方面，要肃清猕猴桃园四周与猕猴桃同花期的花草和树木，以吸引蜜蜂等昆虫进入猕猴桃园采粉，使猕猴桃雌花正常受精。同时，要留意花前浇水，保持土壤和空气的湿度，增加花粉活性，提高受精成功率，在开花时期禁止使用化学农药。

三、人工授粉

猕猴桃树体绝大多数为雌雄异株，自花不育，外来授粉雄株配置不合理或未进行人工授粉等，均会导致受精不良、果实内种子数量少、果实大小不均匀或太小、严重落果、含糖低、品质差等问题发生，进而影响猕猴桃产量和价格。猕猴桃花期人工辅助授粉在整个周年管理中十分关键，同时也是提高猕猴桃品质的重要环节。

（一）花粉采集

猕猴桃雌雄株都能产生花粉，但雌株的花粉通常无活力，雄株才能产生具有活力的花粉，所以需采集雄株花粉为雌株授粉才能保证坐果。

在采集雄株花粉时，选择比雌株花期略早、花粉量多的雄花（以铃铛花的质量最优），脱离铃铛花中的花蕊，于25～28℃中烘烤1.5h，用手触摸有银白色粉末时，80～90目过筛，筛出花粉。收集的花粉分小批存放至通风向阳处备用，或在冰箱中冷冻储藏。

（二）人工辅助授粉

1. 人工授粉时期

授粉最佳时期是雌花开至大喇叭口时，此时花瓣鲜艳呈白色。若雌花花瓣颜色变淡或变黄，说明授粉时间已过或已授精，此时授粉已无效。

猕猴桃花期短，人工授粉一定要抓住时机，宜早不宜迟。一般在雌花开放20%～30%时进行第一次授粉，在雌花开放60%～70%时进行第二次授粉，这也是最关键的一次授粉。人工授粉不少于2次，若花期遭遇低温阴湿天气，雌花无法集中开放，需增加授粉次数。授粉时间以实际温度而定，晴天一般要求中午之前完成授粉；阴天的早上温度偏低，可中午开始授粉。

2. 人工授粉措施

授粉措施有对花授粉、放蜂授粉、专用授粉器授粉、点授、液体授粉、蘸粉等。

(1) 对花授粉　将当天上午刚开放的雄花收集起来，花瓣向上放在盘子上；雄花正对着新开放的雌花，将雄花的雄蕊轻轻地涂抹在雌花的柱头上。每朵雄花可授 7～8 朵雌花。晴天上午 10：00 前采收雄花，10：00 后散播花粉，阴天可全天采雄花授粉。采集的雄花可以轻轻涂抹在手上，以检查花粉的数量。对花授粉的速度相对较慢，但人工授粉效果最好。

(2) 放蜂授粉　猕猴桃花没有蜜腺，对蜜蜂没有吸引力。因此，蜜蜂授粉所需的蜜蜂量很大，一般每 2 亩猕猴桃园应有 1 箱蜜蜂，每箱不少于 3 万头。通常，当大约 10％的雌花开放时，将蜂箱移动到花园中，如果蜜蜂过早地采集猕猴桃园外的其他蜂蜜植物，那蜜蜂收集猕猴桃花粉的次数就会减少。应该注意的是，与猕猴桃相同的开花期如柿子等植物不能留在猕猴桃园中以避免分散蜜蜂授粉。为了增强蜜蜂的活力，每箱蜜蜂每 2d 喂 1L 50％的糖浆，蜂箱应放在猕猴桃园阳光充足的地方（图 7-1）。

图 7-1　蜜蜂授粉（彩图）

(3) 专用授粉器授粉　商品花粉装入针管接触式猕猴桃专用授

粉器，轻轻蘸在雌花柱头上，不提倡非接触授粉。如果使用传粉器，花粉量应该增加。否则，将导致授粉不足、结实率低、果粒小、商品率低、品质低等问题。

（4）点授　将收集的花粉在授粉前按1∶1比例加入淀粉，用毛笔蘸取，点授于雌花柱头之上。动作要轻，不要碰伤柱头。注意，花期如遇高温干旱，授粉之前1h，应将填充剂放于容器中，上盖干净湿布，使其适当吸湿后使用。

（5）液体授粉　1L水中，加入1g硼砂、3g蔗糖，后放入4g花粉，边搅动滴加有机硅渗透剂，使花粉充分散于液体中，配制成花粉液体，使用花粉电动喷雾器喷洒花粉。配制的花粉应在2h内用完，随配随用。授粉后2h内如遇降雨应重新进行授粉。

出现过菌核病的果园，最后一次授粉后4d内架面喷布1次异菌脲或乙烯菌核利等药物，并加入氨基酸或海藻素及0.3%～0.5%氯化钙防治菌核病。隔10d后再喷一次。

3. 人工授粉注意事项

（1）预防不适宜的自然因子　影响花芽形态分化的自然因子主要是温度。其中，北方初冬的大幅度快速降温与早春倒春寒，南方冬季低温量不足均为常见情况，前者易引起花芽冻害，后者会导致开花不整齐。对于初冬突然降温与早春倒春寒，可以用喷水加植物防冻剂或园内烟熏等措施，使园内温度维持在0℃以上，以保证花芽不受冻害。

（2）人工辅助授粉措施得及时到位　对花授粉应在上午8:00至12:00进行，用1朵雄花轻轻对5～8朵雌花，雄蕊对雌蕊，随摘随对；为防止对柱头的损伤，也可用2朵雄花在雌花柱头上方轻轻摩擦方式进行。散粉方式授粉应于上午6:00至8:00收集当天开放的雄花花粉，在上午9:00至11:00用鸡毛或毛笔轻轻弹撒在雌花柱头上。喷花粉液授粉时，将采集的花粉按花粉∶蔗糖∶水＝1∶10∶99（质量比）的比例配制成悬浮液，用洗净的喷雾器于上午9:00至11:00喷到当天开放的雌花柱头上即可。

第三节 果实套袋技术

一、套袋的重要性

目前，猕猴桃果实套袋（图7-2）是保证果品质量的重要措施，套袋既能减少病虫害对果实的侵害，减少农药残留，提高果实的商品价值；又可以防止果实受到风吹、日晒、雨淋等自然因素的影响，减少落果和裂果现象，从而提高产量；同时，通过套袋可以减少农药的使用量，减轻农药对环境的污染，还可以改善果园的生态微环境。

图7-2 猕猴桃果实套袋（彩图）

二、套袋材料和步骤

（一）套袋材料

猕猴桃常用的套袋材料有纸袋、塑料袋和布袋等，其中，纸袋应用最为广泛。套袋要求选择果袋透气性好、吸水性小、抗张力强、纸质柔软的黄色单层木浆纸袋，果袋底部留两透气孔，或底部不封口，规格165mm×115mm；纸袋上端侧面黏合有5cm

长的细铁丝。

（二）套袋步骤

1. 套袋前管理

疏去畸形果、扁平果、小果、病虫害果等，保留果梗粗壮、发育良好的幼果，成龄园架面留果40个/m^2左右；幼果选定后，套袋前需喷一次杀菌剂，也可配合杀虫剂一起使用，比如安全性较高的苯醚甲环唑或者苯甲·嘧菌酯悬浮剂等，不要选用乳油，否则易造成果面留斑。药液干后即可套袋。

2. 套袋时间

猕猴桃套袋宜在落花后30d左右开始进行，或者在浸果处理后10d左右进行。一般早熟品种‘红阳’从5月初开始至6月初左右结束，晚熟品种‘金桃’‘金艳’等从5月中旬至6月中旬，10～15d套完。套袋过早，容易伤及果柄、果皮，不利于幼果发育；套袋过晚，果面粗糙，影响套袋效果，果柄木质化不便于操作。

套袋应在早晨露水干后，或药液干后进行，晴天一般上午9:00至11:30和下午4:00至6:30为宜，雨后不宜立即套袋。

3. 套袋的方法

套袋前1d，将要用的纸袋口约3cm在水中蘸湿，使纸袋不干燥，套袋时好打折皱。套袋具体操作步骤如下：

① 左手托住纸袋，右手伸进果袋，握拳将果袋撑开，左手轻拍袋底，并使袋底两角的通气放水孔张开；

② 袋口向上，双手执袋口下2～3cm处，将幼果套入袋内，使果柄卡在袋口中间开口的基部；

③ 将袋口左右分别向中间横向折叠，叠在一起后，将袋口扎丝弯成“V”形夹住袋口，完成套袋。

套袋时应注意用力要轻重适宜，方向要始终向上，避免将扎丝直接缠在果柄上，要扎紧袋口。这样操作的目的在于使幼果处于袋体中央，并在袋内悬空，防止袋体摩擦果面，避免雨水漏入、病菌入侵和果袋被风吹落。

三、注意事项

猕猴桃套袋时一般应从树冠内膛向外套，先让果袋鼓起，使幼果在果袋中央部位呈悬空状态，以减少日灼的概率，将袋口收拢后用细铁丝固定在果柄上，用铁丝固定果袋时既不可过松，以免果袋脱落，也要防止捆扎过紧勒伤果柄。畸形果、扁果、有棱线果等商品性差的果实不套袋。采收时也可提前 2～3d 先将袋子下部撕开口，让阳光杀死果面可能存在的霉菌，可在天气晴好时直接去袋，但不可在果袋果面潮湿时采收，避免霉菌侵染。

整形修剪

整形修剪是猕猴桃生产的重要工作内容，科学合理的树体修剪不仅能够促进果树健康生长，提升果实品质与产量，还能最大限度地节省宝贵的劳动力资源，从而增加光能利用、提高果实品质和产量。

第一节　猕猴桃整形修剪的目的及原则

一、整形修剪的目的

猕猴桃整形修剪的首要目的在于形成合理的树体结构。合理的树形布局能确保枝条在架面上错落有致，互不遮挡，最大化地捕获阳光，促进光合作用的进行，为果实积累丰富养分。同时，这一精细操作还兼顾了树势的调控，能有效控制树高与冠幅，便于日常的田间作业与果实的便捷采摘。通过整形修剪，去除病弱枝、徒长枝和过密枝，减少养分消耗，能使树体养分更加集中，促进树体健康生长；合理的整形修剪能够使叶片分布更加合理，提高光能利用率，增加光合产物，为果实生长提供更多的养分。同时，修剪还能够控制果实负载量，使果实大小均匀，提高商品性；能够调整树体结构，使树体保持年轻态，延长结果年限。通过修剪，还可以促进树体更新复壮，提高树体的抗逆性。

二、整形修剪的原则

1. 因树修剪，随枝作形

在整形修剪过程中，应根据猕猴桃树的生长势、品种特性、树龄等因素进行综合考虑，因树制宜地进行修剪。同时，在修剪过程中应随枝作形，使树体结构更加合理。

2. 轻重结合，灵活掌握

整形修剪应轻重结合，既要保证树体结构的合理性，又要避免过度修剪导致树体衰弱。在修剪过程中应灵活掌握修剪技巧，确保修剪效果。

3. 冬剪为主，夏剪为辅

猕猴桃的整形修剪应以冬季修剪为主，夏季修剪为辅。冬季修剪主要是对树体结构进行调整，去除病弱枝、徒长枝等；夏季修剪则主要是对树体生长进行控制，促进果实发育。

4. 架式决定树形

根据果园采用的架式如“T”字形架式、平顶棚架式等进行整形修剪。

5. 整形为结果服务

整形修剪的目的是培养结果母枝，提高产量。

6. 更新换代、旺枝结果

通过修剪更新老枝，保留新枝，保持树体年轻态，提高结果能力。

通过以上修剪方法和原则的应用，可以使猕猴桃树体保持健康、旺盛的生长态势，实现优质高产的目标。

第二节 主要修剪方法

一、修剪时期

猕猴桃果树修剪时间的选择很关键，直接关系到树体的生长状况和结果能力。猕猴桃果树的修剪时间主要分为 2 个重要阶段，即夏季修剪和冬季修剪。

1. 夏季修剪

在猕猴桃树生长季节进行，时间大致从 4 月开始，持续到 8 月底。夏季修剪主要是进行小型的辅助性修剪，以控制树势，改善通风透光条件，促进果实品质的提升。具体来说，夏季修剪包括摘心、疏枝、绑蔓等措施。摘心可以控制枝条的徒长，促进侧芽的萌发；疏枝可以去除过密、交叉、重叠的枝条，改善通风透光条件；绑蔓则可以调整枝条的生长方向，使其分布均匀，避免互相交叉、重叠。

2. 冬季修剪

一般在猕猴桃树落叶后至早春树液流动前进行，具体时间为每年的 11 月至次年的 2 月。这个时期的修剪主要是进行大型的结构性修剪，以调整树体结构（图 8-1）、培养结果母枝、平衡树势、促进连年丰产。修剪时要根据猕猴桃树的品种、树龄、树势和架式等因素来确定修剪的程度和方式，如果修剪不到位，就会导致枝蔓丛生（图 8-2）。

图 8-1　冬季修剪（彩图）

图 8-2　修剪不到位、枝蔓丛生（彩图）

二、夏季主要修剪方法

1. 疏梢、剪梢

对于抹芽摘心所遗漏的旺长新梢（图 8-3），坐果以后要进行疏梢、剪梢。过密向上生长的旺梢、交叉横生的梢、生长不充实的营养竞争梢、受损梢、病虫梢均应疏除。新梢生长前端的卷曲、缠绕部分一律剪除。注意猕猴桃在生长期内也有伤流现象，夏季修剪应尽量少剪，少截伤口，提倡多使用抹芽、摘心等措施。

图 8-3　新梢旺盛生长（彩图）

2. 短截、摘心

从主蔓、侧蔓或结果母枝上萌发出来的徒长枝应及时疏除、短截，以抑制其生长。结果母枝应适当短截（图 8-4），使结果枝从基部 1～2 节以上就能连续抽生，有利于提高果实品质，减少畸形果的产生。在枝蔓短截时，为了使剪口芽不受影响，应在芽上 2～4cm 处下剪。对生长旺盛的新梢应连续摘心（图 8-5），控制其生长势；对生长中庸的营养枝，可在 10cm 左右长时进行摘心控制生长；对较长的结果枝，可在果实上方留 10 片叶进行摘心，抽生副梢时，可留 1～2 片叶进行摘心。

3. 环剥

环剥能暂时增加环割口以上部位碳水化合物的积累，并使生长素含量下降，从而抑制当年新梢的营养生长，促进生殖生长，有利于花芽形成和提高坐果率。环剥一般经常在老树上进行（图 8-6）。

图 8-4　短截（彩图）

图 8-5　摘心（彩图）

图 8-6　多次环剥（彩图）

图 8-7　环剥锯链（Nick Gould 提供）（彩图）

目前，环剥技术在我国猕猴桃果园应用较少，在新西兰果园应用广泛。据相关研究人员报道，‘海沃德’采用环剥技术，单果重可以增加 10g，干物质含量可以提高 1%；对黄肉品种采用环剥技术，单果重可以增加 10g，干物质含量可以提高 2.4%。针对‘海沃德’品种，花前 2～3 周环剥 1 次，可增加坐果率；花后 3～4 周环剥 1 次，可促进果实增大；采前 1 个月环剥，可促进果实成熟。环剥时，采用一种专用的环剥锯链（图 8-7）工具，操作部位多在枝蔓（图 8-8）或主干基部，环剥带的宽度为枝蔓粗的 1/10～1/8，但最宽不能超过0.5cm（图8-9）。旺盛生长季容易去皮，干旱地区对环剥伤口进行透明塑料胶带包裹，有利于伤口愈合。

图8-8　枝蔓环剥（彩图）

图8-9　环剥宽度（彩图）

三、冬季主要修剪方法

1. 短截

短截是指剪掉一部分一年生枝（图8-10）。根据剪截程度，可分为轻短截（只剪掉枝蔓梢部1/4～1/3）、中短截（剪掉枝蔓梢部1/2左右）、重短截（剪掉枝蔓梢部2/3左右）和极重短截（只在枝蔓基部留几个瘪芽）。轻短截主要在以中长果枝蔓结果为主的美味猕猴桃上使用；中短截多在骨架枝蔓整形、衰老树的更新复壮和成枝蔓力弱的中华猕猴桃品种上使用较多；重短截在衰老树和下垂衰弱结果母枝蔓组更新整形中采用；极重短截在幼龄树背上枝蔓利用、培养小型结果母枝蔓组时采用。

2. 回缩

回缩是指剪掉一部分多年生枝（图8-11）。回缩对留下的枝蔓有加强长势、更新复壮、提高结果率和果实品质的作用；对于密植园，可以防止株间交错过多造成树冠郁闭。

图 8-10 短截（彩图）

图 8-11 回缩（彩图）

3. 疏枝

疏枝是指将一年生枝和多年生枝从基部疏除（图 8-12）。疏剪可以使枝条分布均匀，改善通风透光条件，调节营养生长与生殖生长的关系，使营养集中供给保留枝条使用，促进开花结果。

图 8-12　疏枝（彩图）

第三节　重要整形方法及常用架式

猕猴桃树的整形修剪可借助棚架艺术地塑造其形态，不仅能提升果园的美感，还能促进果树的健康生长与高产。猕猴桃树体的架式选择对于其生长、结果和果园管理都起着至关重要的作用。通过棚架引导，可以将猕猴桃树修剪成既通风透光又便于管理的树形。首先，依据棚架结构，选择主蔓并均匀分布，确保它们沿着棚架水平延伸，形成强健的骨架。随后，在主蔓上合理培养侧蔓，侧蔓之间保持适当间距，避免拥挤，以保证每个枝条都能充分享受阳光雨露。

一、重要整形方法

1. 单主干上架整形法

这是猕猴桃栽培中最常用的整形方法。树体只留一个主干，并在主干上培养 2～3 个主蔓，主蔓上架后，在主蔓上每隔 30～50cm

培养1个侧蔓，形成扇形或伞形树冠。这种整形方式简单易行，光能利用率高，通风透光性好，有利于果实品质的提升。

2. 双主干上架整形法

在树体基部选留2个生长健壮、方向相反的枝条作为主干，其余枝条全部剪除。2个主干上架后，分别培养其主蔓和侧蔓，形成双干多蔓的树形。这种方法适用于树势较弱的猕猴桃品种，通过双主干可以增加树体负载能力，提高产量。

3. 多主干上架整形法

在树体基部选留多个生长健壮的枝条作为主干，上架后每个主干上培养2～3个主蔓，形成多干多蔓的树形。这种方法适用于生长势旺盛、枝条繁茂的猕猴桃品种。通过多主干整形，可以充分利用空间，提高光能利用率，但管理相对复杂，需要较高的技术水平。

4. 水平棚架整形法

在猕猴桃园中搭设水平棚架（图8-13），将猕猴桃树的主干和主蔓引至棚架上，使其水平生长。在棚架上每隔一定距离设置支架，将侧蔓固定在支架上，形成水平棚架树形。这种方法有利于树体通风透光，减少病虫害发生，提高果实品质。但搭设棚架成本较高，适用于经济条件较好的果园。

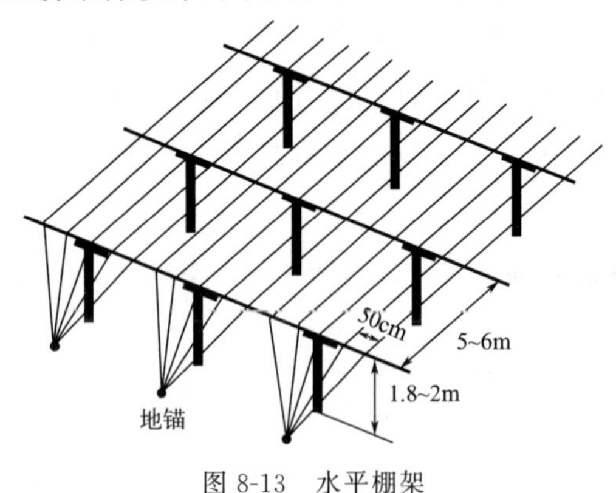

图8-13　水平棚架

二、常用架式

1. 篱架

篱架（图 8-14）是猕猴桃栽培中常见的一种架式，其特点在于架面与地面垂直，形成篱笆状。篱架支柱通常采用钢筋水泥柱，粗度约为 10cm×10cm，长度在 2.6～2.8m 之间。支柱埋入土中 0.6～0.8m，地面高度为 2m。每隔 3 株猕猴桃埋设一根支柱，支柱上拉 3 道铁丝，间距 0.6～0.65m。篱架的优点在于架材成本较低，便于密植，有利于早期丰产，且管理方便。但需要注意的是，篱架对于猕猴桃后期产量的提升可能不如其他架式，同时也不适宜所有品种的栽培。

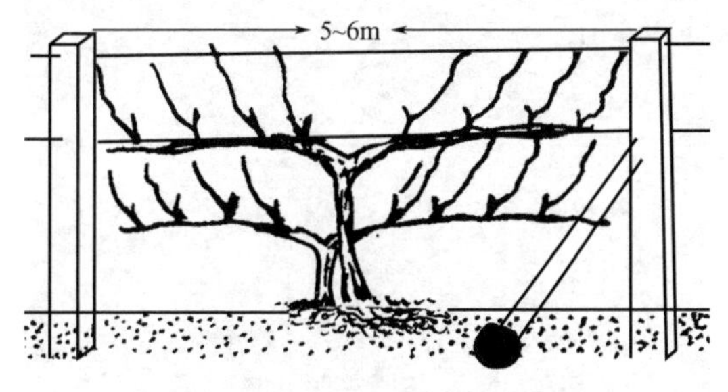

图 8-14 篱架

2. “T”形架

“T”形架（图 8-15）是在直立支柱的顶部加一水平横梁，构成架形像英文字母“T”的小支架。“T”形架的优点在于投资少，易架设，田间管理操作方便，且园内通风透光好，有利于蜜蜂授粉。支柱上设置横梁后，可以顺树行每隔一定距离设置一个支架。“T”形架的材料多采用水泥支架，横梁与直立支柱浇筑在一起或另外浇筑后拴在支柱的顶端。支架的规格因实际情况而异，但通常直立支柱的横截面为 10～12cm 见方，长度为 2.4～2.8m，埋入土中 60～80cm（图 8-16）。新西兰改良的带翼 T 型架见图 8-17。

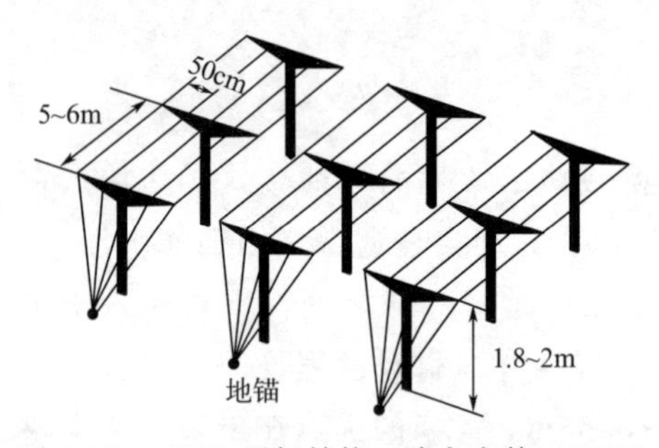

图 8-15 “T”型架结构（陈永安等，2012）

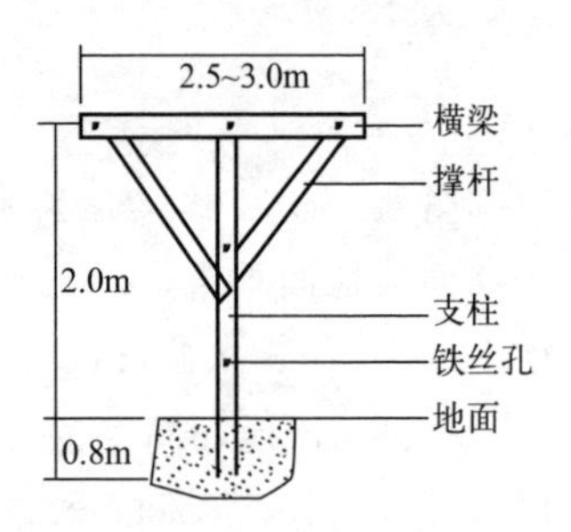

图 8-16 “T”形架各部位尺寸

图 8-17 新西兰改良的带翼“T”形架（彩图）

3. 平棚架

平棚架（图 8-18、图 8-19）是用横梁把全园的支柱横连在一起，形成大面积的棚架结构。平棚架的优点在于抗风能力强，产量高，果实品质好，但造价较高，且需要较高的管理水平。平棚架的支柱规格和栽植距离与“T”形架相似，但支柱上不使用横梁，而是用三角铁或钢绞线等将全园的支柱横拉在一起。平棚架的建立需要埋设地锚拉线，并在每行两端及每横行两端支柱外埋设地锚拉线以增强稳定性。

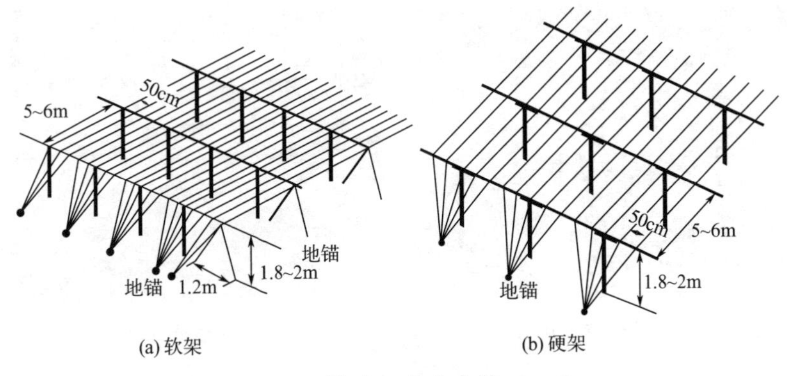

图 8-18 平棚架（陈永安等，2012）

图 8-19 平棚架（国内，彩图）

4. 牵引架式

目前，新西兰（图 8-20）、韩国（图 8-21）采用了一种新型的枝蔓牵引管理方式，即生长季将一年生枝普遍往两侧拉枝上架，冬季再将它们放下来形成结果母枝，结过果以后冬季普遍剪掉，如此反复。该架式方便果农掌握，并能使产量增加（图 8-22）。

5. 山地架型

山地建园搭架材时，要根据坡度、走向灵活搭架，例如浙江在山地建园时主体仍然使用了平棚架，其架面高度较低、网格较密、四周地锚较多，以利于加固架型（图 8-23～图 8-25）。

图 8-20 牵引式整枝（新西兰，彩图）

图 8-21 牵引式整枝（韩国，彩图）

图 8-22 枝蔓向上牵引生长状态（彩图）

图 8-23 山地果园冬季（彩图）

图 8-24　山地果园生长季（彩图）

图 8-25　坡度大山地果园（彩图）

猕猴桃的栽培架式多种多样，每种架式都有其独特的优点和适用场景。在选择架式时，需要根据猕猴桃的品种特性、栽培条件和管理水平等因素综合考虑，选择最适合的架式以确保猕猴桃的健康生长和高产优质。

第九章

猕猴桃主要病虫害和非生物灾害及其防治

第一节　猕猴桃主要病害及其防治

一、细菌性病害

（一）猕猴桃溃疡病

溃疡病是猕猴桃生产中的一种主要病害，能给猕猴桃生产带来巨大危害，严重制约了猕猴桃产业发展。猕猴桃溃疡病自20世纪80年代在美国加利福尼亚州和日本神州静冈县被发现，现已在世界很多国家陆续分布，如中国（1985）、意大利（1992）、伊朗（1994）、韩国（1994）、法国（2010）、葡萄牙（2010）、新西兰（2010）、斯洛文尼亚和西班牙等。该病害在报道的国家都曾造成了严重的损失，20世纪80年代日本静冈县猕猴桃溃疡病暴发时，大约35%的种植面积受到侵染，造成许多果园毁园。

1. 病原菌

猕猴桃溃疡病病原为丁香假单胞杆菌猕猴桃致病变种（*Pseudomonas syringae* pv. *actinidiae*，简称PSA），属于薄壁菌门，变形菌纲，假单胞菌科，假单胞菌属。细菌菌体短杆状，单细胞，大小为（1.4～2.3）μm×（0.4～0.5）μm，鞭毛单极生1～3根。革兰氏染色阴性，无荚膜，不产芽孢。叶片染病后组织切片在低倍显微镜可以观察到“溢脓”现象（图 9-1）。

图 9-1　叶片染病组织切片溢脓

2. 危害症状

猕猴桃溃疡病主要危害树干、枝蔓，严重时造成植株树干、枝蔓枯死，也可危害叶片和花蕾。危害树干后首先从芽眼、叶痕、皮孔、果柄、伤口等处溢出乳白色菌脓，病斑皮层出现水浸状变色，逐渐变软呈水浸状下陷，后褐色腐烂。进入伤流期，病部的菌脓与伤流液混合从伤口溢出变为锈红色，皮层腐烂，病斑扩展绕茎一圈导致发病部以上的枝干坏死，也会向下部扩展导致整株死亡。猕猴桃溃疡病病原菌入侵猕猴桃枝蔓后，可以沿皮层与木质部之间传输危害，导致猕猴桃芽染病死亡不能萌发。后期发病严重时，幼嫩的枝蔓髓部充满菌脓，病原菌也可以在木质化程度高的主干和主蔓的木质部导管间传播而导致切口木质部溢脓（图 9-2）。

图 9-2　枝蔓发病症状（彩图）

叶片染病后先呈现水浸状褪绿小点，后扩展成不规则形或多角形褐色病斑，边缘有明显的淡黄色晕圈。叶片对光观察，黄色晕圈明显。湿度大时，病斑湿润并可溢出菌脓。在连续阴雨低温条件下，病斑扩展很快，有时也不产生黄色晕圈。发病后期，多角形病斑周围黄色晕圈消失，叶片上病斑相互融合形成枯斑，叶片边缘向上翻卷，最后干枯死亡，但不易脱落（图 9-3）。花蕾受害后变褐色，不能开花，花蕾表面溢脓，后期枯死（图 9-4）。

图 9-3　染病初期的叶面（左：背面；右：正面）（彩图）

图 9-4　染病后的花蕾（彩图）

3. 发病规律

猕猴桃溃疡病病原菌主要在树体病枝上越冬，也可以随病枝、病叶等残体在土壤中越冬。2 月上旬至 3 月上旬在田间出现溃疡病症状，3 月中旬至 4 月中旬出现发病高峰期，主要危害主干、主蔓和结果母枝。4 月中下旬随着温度升高，枝干上的病情发展趋势缓慢直至基本稳定。到了秋季 9 月中旬，病情再次出现一次小高峰，主要危害秋梢和叶片。

病原菌主要通过风雨、昆虫及农事操作传播，由植株的气孔、皮孔以及伤口（虫伤、冻伤、刀伤等）侵入，远距离传播主要依靠人为调运苗木、接穗等活体实现。在传染途径上，一般是从枝干传染到新梢、叶片，再从叶片传染到枝干。

猕猴桃溃疡病属于低温高湿性病害，低温高湿有利于病害的发生。15～25℃是病原菌的发育最适温度，气温超过25℃发病速度减缓，大于30℃时基本停止繁殖扩展。春季旬均温10～14℃，如遇大风雨或连日高湿阴雨天气，病害易流行。地势高的果园风大，植株枝叶摩擦造成的伤口多，有利于细菌传播和侵入。低温冻害在树体上易造成伤口利于病菌侵入，如果先年出现冻害，次年春季溃疡病的发生会加重。

田间管理良好的果园发病较轻，而管理粗放、树体营养不良的发病明显较重；以施用优质有机肥为主、化肥为辅，或配合施用氮、磷、钾三元复合肥的果园发病较轻，只单纯施用化肥，尤其单纯施用氮肥的相对发病较重；灌水过多、树体虚旺、树冠郁闭的果园以及土壤黏重的果园发病较重，滥用膨大素、树体负载量过大的果园发病较重，果园中其他病虫为害如叶蝉危害较重的果园发病重。

4. 防治方法

猕猴桃溃疡病的防治对策是预防为主、综合防治、周年防控。预防是防治溃疡病的关键，防治上要早发现、早治疗。

（1）严格检疫，防止病菌传播扩散　栽植的猕猴桃苗木和接穗严禁从病区引进，对外来苗木要进行消毒处理。

（2）选育抗病品种　是一种合理高效持久的防治方法，也是保证猕猴桃产业健康发展的重要途径之一。猕猴桃溃疡病暴发至今，已有很多学者通过研究不同品种猕猴桃种质资源来筛选高抗品种，为猕猴桃遗传改良提供理论基础。Hoyte通过木质茎生物测定指数区分高度感病的品种如‘Hort16A’和‘红阳’，以及结合田间表

现区分出抗性品种如‘海沃德’和‘Green14’。Dotson 田间监测猕猴桃种质内发生的系统性侵染发现，猕猴桃属几个物种之间存在不同的抗性/耐性。申哲等通过调查研究发现，‘秦美’猕猴桃溃疡病抗性高于‘哑特’，‘哑特’高于‘海沃德’。Wang 等以桂林猕猴桃中的一个对 PSA 表现出较强抗性的基因型‘桂 1 号’为砧木，通过离体试验证明‘桂 1 号’在不影响果实品质的情况下，显著提高了‘红阳’接穗对 PSA 的抗性，为抗性砧木在猕猴桃生产上的应用奠定了基础。经过多年的室内外试验观测鉴定，学者们对不同猕猴桃品种的抗病能力有了大致了解，因此在猕猴桃栽培时往往选择抗病性强的品种进行规模种植，如‘G3’和‘G9’；淘汰部分极易感病的品种，如‘Hort16A’。有研究表明，美味猕猴桃、中华猕猴桃是 2 个重要的猕猴桃商业物种，美味猕猴桃对细菌性溃疡病的抗性高于中华猕猴桃。近些年来，我国育成了许多猕猴桃新品种，如‘先沃 1 号’‘甜华特’‘皖农金果’‘金实 4 号’和‘先沃四号’等，都十分注重抗溃疡病能力的筛选与评价。

（3）加强科学栽培管理，增强树体抗病能力

① 科学栽培管理，平衡施肥，增施有机肥、磷钾肥。平衡配方施肥，即以充分腐熟的有机肥为主，增施微生物菌肥，减少化肥用量。采果后要及时施足基肥，膨大期喷施叶面肥补充营养。适当追施钾、钙、镁、硅等提高植物抗性的矿质肥料，生长后期控制氮肥的使用，增施磷钾肥。大量使用生物有机肥及生物菌剂肥。

② 合理负载，平衡营养生长与生殖生长，增强树体抗病能力。根据树势和目标产量确定适宜的负载量，搞好疏蕾、疏花和疏果工作。一般盛果树美味猕猴桃将亩产量控制在 2500～3000kg、中华猕猴桃 1000～2000kg。科学使用膨大剂等植物生长调节剂，防止出现大小年，从而影响树势均衡。

③ 科学整形修剪，合理灌排水，合理控制果园环境湿度。做好冬季和夏季整形修剪，保持合理的叶幕层，架下呈花筛状，增强果园通风透光能力，降低果园湿度。根据猕猴桃需水规律及降雨情

况适时灌溉，伤流前期少灌水或不灌水，以免加重病害发生。

（4）冬季及时彻底清园，清除越冬菌源　结合冬季修剪，剪除病虫残枝，刮除树干翘皮，将残体、枯枝、落叶、僵果等全部清理出园，集中焚烧深埋或沤肥，使园内无病残体遗留。冬季树干涂白也可减少树干上的病原菌量。

（5）切断入侵传播途径

① 严禁栽植带菌苗木和病园采集接穗。接穗可用中生菌素、春雷霉素等抗生素200～300倍液等浸泡20～30min彻底消毒后再嫁接。

② 做好果园管理。进出果园的人员和机械要做好消毒工作。

③ 合理修剪，及时保护伤口，防止二次浸染。修剪残枝最好在12月中旬前完成，进行合理修剪以减少伤口，尤其在伤流期尽量不要修剪，以防止病菌的传染。新旧剪口、锯口或伤口，先用5%菌毒清水剂或可湿性粉剂100倍液进行伤口消毒，然后涂抹伤口保护剂或油漆封闭伤口，防止病菌侵入。

④ 工具严格消毒。剪刀、锯子及嫁接刀等修剪嫁接工具要用酒精、甲醛严格消毒，也可使用200～300倍液的抗生素或铜制剂药液浸泡消毒。最好使用两套修剪工具，随带消毒桶，一套放入消毒，一套修剪，剪完一株后将用过的修剪工具放入桶中消毒，再用消过毒的另一套工具继续修剪，如此交替使用修剪工具消毒，既不影响修剪速度，也能充分消毒防止交叉感染。

⑤ 防治刺吸式口器害虫。在秋季及春季4～5月喷药防治园内叶蝉、斑衣蜡蝉、蚜虫等刺吸式口器害虫，尤其幼树要加强螨虫等微体害虫防治，避免树体受伤，减少猕猴桃溃疡病的传播。

（6）加强树体防冻　冻害能加重病害的发生，生产中应注意中、长期的天气预报，提前做好准备，在寒潮来临时及时防冻。

① 树干涂白。涂白不但能够减小昼夜温差，防止温度急剧变化导致树体受损，同时还可在树体表面形成一层保护膜，阻止病菌侵入。可在秋季落叶后至土壤解冻前，将主干和大枝全面刷白。涂

白剂的配制比例为：生石灰 10 份、石硫合剂 2 份、食盐 1～2 份、黏土 2 份、水 35～40 份。

② 包干。用稻草等秸秆等对猕猴桃主干进行包干处理（图 9-5），特别注意包干材料一定要透气。

③ 喷施抗冻剂，可减轻冻害、冻伤，从而减少该病的发生。

④ 园区灌水、喷水。

⑤ 园区放烟（图 9-6）。当寒潮即将来临时，在园内上风口点燃提前准备好的发烟物如锯末或发潮的麦草等，使烟雾笼罩整个果园，可有效防止温度骤降。

图 9-5　包干（彩图）

图 9-6　园区放烟（彩图）

（7）提倡避雨栽培　在浙江磐安、浦江、上虞等地，采用避雨栽培对防控‘红阳’猕猴桃溃疡病取得了较明显的效果（图 9-7）。

图 9-7　避雨栽培

（8）药剂防治　化学药剂防治具有效果好、操作简单等优点，是最主要的防治措施。很多学者致力于研究新型药剂。Ferrante 和 Scortichini 在室内试验中发现，PSA 对壳聚糖及 2 种萜类化合物香叶醇和香茅醇敏感。魏海娟等研究发现，多羟基双萘醛提取物对 PSA 的生长具有明显的抑制作用。Han 等研究外源脱落酸对猕猴桃采后伤口硫化的促进作用发现，脱落酸可使猕猴桃伤口的木栓化作用加快，从而减少病原菌浸染。Wang 等研究壳聚糖与四霉素联合应用发现对猕猴桃溃疡病有良好的防治效果。Mariz-Ponte 等研究证明，无论是单独物质还是混合物，抗微生物肽都有可能抑制 PSA，且作为一种抗菌分子可以与其他处理协同增效。此外，研究人员还发现，阿拉酸式苯-S-甲基可以诱导猕猴桃对溃疡病的抗性，提高植株对 PSA 的耐受性。

秋季采果后、初冬落叶前和冬季修剪后是猕猴桃溃疡病预防的 3 个关键时期，应及时进行喷药预防。可全园喷雾、整株喷淋或涂抹树干。在生长季节和秋季采果后的 9～10 月及时选用低毒、低残留、高效的化学农药或生物农药防治园内叶蝉、斑衣蜡蝉和蝽等刺吸式口器害虫可避免树体受伤，减少猕猴桃溃疡病传播。

（二）猕猴桃根癌病

根癌病又称冠瘿病、根瘤病。据调查表明，该病害已涉及世界 60 多个国家，主要分布在欧洲、亚洲、非洲及北美洲等，而我国根癌病主要集中于北京、辽宁、吉林、河北、山西、河南、山东、湖北、陕西、甘肃、安徽、贵州、江苏、上海、浙江等地区。

1. 病原菌

猕猴桃根癌病病原为根癌农杆菌（*Agrobacterium tumefaciens* Conn），属于细菌目，根瘤菌科，土壤杆菌属细菌。根癌农杆菌为革兰阴性菌，短杆状，大小为（0.6～1.0）μm×（1.5～3.0）μm，单个成对排列，以 1～6 根周生或侧生鞭毛运动。无芽孢。

2. 危害症状

发病初期在寄主植物病害发生部位形成大小不等的乳白色瘤状

组织，随着病害的发展，瘤状组织逐渐长大，其颜色逐渐加深，表面由光滑变成粗糙，质地也逐渐坚硬，呈褐色或暗褐色，严重时瘤体可将根颈或枝条包围，植株发育受阻，出现矮小、生长迟缓等现象。发病晚期，病株侧根减少，营养和水分运输受阻，树势衰弱，叶色黄化，落花落果，严重时植株整株干枯死亡，甚至毁园。幼苗受害后叶片黄化，植株矮化；成龄树感染此病后树势变弱、果实小、产量低，甚至因缺乏必要的营养而死亡。

3. 发病规律

根癌病的发生主要是病原菌经工具、雨水、地下害虫和人为传播，由嫁接伤口、虫伤或机械造成的伤口侵入，产生大量的生长素和细胞分裂素刺激细胞过度增殖，在植株根部和根颈部形成大小不一的瘤。在碱性和黏重的土壤及湿度高的条件下发病重，酸性和透气性好的土壤发病轻。树龄愈大发病愈严重。品种间发病无明显差异。

4. 防治方法

（1）农业防治　农业防治主要是以预防为主，包括苗木检疫、选择抗病品种或砧木、加强栽培和肥水管理等，创造不利于根癌病发生的环境条件。根癌病菌可通过雨水、灌溉水、线虫、蛴螬等近距离传播，还可通过苗木运输方式进行远距离传播，为此应加强植物检疫工作，严格消毒调运苗木，严禁从病害发生地区引进任何苗木，从源头控制根癌病菌的传播扩散。选用抗病品种或砧木对根癌病均有一定的防治效果，但抗病品种筛选时间过长，易产生抗性，根据种植地的地形、土壤和气温等条件选用适宜的抗病砧木快速而有效。种植选用起垄定植，间距适中，合理灌溉和有效施肥，保存适宜挂果量，增强植株抗病能力，并及时清理残病株、杂草和地下害虫，减少根癌病带来的经济损失。

（2）化学防治　化学防治又称农药防治，是一种采用化学药剂来控制植物病害发生发展的方法。早在 1993 年，Utkhede 等研究报道氢氧化铜能较好地抑制苹果根部肿瘤的生长，但过高的浓度会对苹果树幼苗造成毒害影响。王慧敏等（2000）研究表明，福美双对生物Ⅲ型根癌病菌抑制效果显著。颉超等（2015）先将瘿瘤割除再涂抹药剂，结果表明，50%的氯溴异氰尿酸能较好地防治葡萄根癌病。

（3）生物防治　植物病害的生物防治是利用以菌抑菌的理念达到保护作物生长的效果。澳大利亚科学家KerrA（1978）首次从植物根际土壤获得放射土壤杆菌 *A. radiobacter* K84，其产生的土壤杆菌素Agrocin 84可抑制根癌病的生长。杨国平等（1986）和Garrett等（2010）证实了K84对不同寄主植物的根癌病有一定的防治效果，该菌株现已广泛应用。随后，Kawaguchi等（2007）从葡萄苗木上获得无致病性土壤杆菌VAR03-1，通过产生一种细菌素来抑制由致病性葡萄土壤杆菌引发的肿瘤。

（三）猕猴桃花腐病

猕猴桃花腐病发生的范围广泛，全国各地均有此病害现象的发生。目前，猕猴桃花腐病发生愈发严重与频繁，并且病菌易传播。由于此病害难根治，因此对猕猴桃产量与收成均有较大影响。

1. 病原菌

猕猴桃花腐病的病原为绿黄假单胞菌（*Pseudomonas viridiflava* Dowson）和萨氏假单胞菌（*Pseudomonas savastanoi*），病原菌种类因地区而异。我国湖南以及意大利主要为绿黄假单胞菌，我国福建、湖北及新西兰主要为萨氏假单胞菌。生产上发现，猕猴桃溃疡病病原菌PSA也可引起花腐病。

2. 危害症状

花腐病可危害猕猴桃的花蕾、花、幼果和叶片，发病初期，感病的花蕾和萼片出现褐色凹陷斑，后花瓣变为橘黄色，花开时变褐色，并开始腐烂，花很快脱落。受害轻时，花虽能开放，但花药和花丝变褐或变黑后腐烂。受害严重时，花蕾不能开放，花萼褐变，花丝变褐腐烂，花蕾脱落。感病重的花苞切开后，内部呈水渍状、

棕褐色。病菌入侵子房后，常常引起大量落蕾、落花，偶尔能发育成小果的，多为畸形果。花柄染病多从侧蕾疏除的伤口入侵染病，再向两边扩展蔓延腐烂，造成落蕾落花（图 9-8 和图 9-9）。受害叶片出现褐色斑点，逐渐扩大导致整叶腐烂，凋萎下垂。更为严重时可引起大量落花落果，造成小果和畸形果，严重影响猕猴桃的产量和品质。

图 9-8　花蕾干枯死亡（彩图）

图 9-9　花柄染病症状（彩图）

3. 发病规律

众多研究表明，花腐病病原菌在秋季就已经侵入树体内或寄生在树皮裂缝、芽体内和土壤中，于来年春季先侵染花蕾导致其发病，以风、雨或人为活动为介质，致使花蕾内部的花蕊等器官发病，其严重程度与开花时间有关，花萼裂开的时间越早，病害发生就越严重。从花萼开裂到开花持续时间越长，发病也就越严重。雄蕊最容易感病，花萼相对感病较轻。病菌还可在猕猴桃枝条和根等多个器官上潜伏。溃疡病发生的同时往往伴随着花腐病的发生，两病害间甚至有着正相关的趋势，可能是猕猴桃溃疡病发生时产生了伤口，使得花腐病病原菌更容易侵入或者两病害病菌一同侵染传播，还有可能是树体发生溃疡病后其树势衰弱、抗病性下降，使其更容易发生花腐病。

4. 防治方法

花腐病的病原菌在秋冬季节侵染并潜伏，春季开始发病并达到高峰期，由于花期需进行授粉，无法进行治疗，所以重点在于预防，采取以“预防为主、治疗为辅、综合防治”的策略才能更好地减少此病的发生。

（1）农业防治　规范果园栽培管理技术，增施有机肥、腐熟后的人畜粪肥，增加土壤有机质含量，平衡配方施肥；及时疏蕾、疏花和疏果，减少养分消耗，保存合适的挂果量，增强树势，提高树体抗病能力；及时清理沟渠和树下杂草，营造适宜的自然环境条件。冬季应及时清园以减少病原基数，花蕾期和花期应全面仔细地疏除掉感病的花朵与叶片，并清理出园进行销毁。对于修剪等农事操作所用农具等需使用75%酒精进行必要的消毒杀菌，以阻断病菌传播。建园时，对于苗木等进行严格病毒检疫和把关，尽量选择抗病性强的品种。溃疡病严重的往往会引起花腐病发生，因此要加强采果后到开花前对溃疡病的重点防治，开花前可对主干进行环剥处理，使花蕾、花朵接收到更多的营养物质，从而增强花朵的抗病能力，且不会影响树体树势。采果后增施有机肥并适时补充钙肥与磷肥，同时适当缩短结果母枝能一定程度上阻止病害的发生。

（2）化学防治　目前，猕猴桃花腐病防治的主要手段还是化学药剂。常见的防治药剂以铜制剂和抗生素类药剂为主，其中，铜制剂如波尔多液、喹啉铜等具有不错的防治效果，而抗生素类药剂则以中生菌素等为主，防治时期基本集中于采果后到开花初期，一般萌芽前使用波尔多液等铜制剂，花蕾期喷施春雷霉素等抗生素类药剂。在冬季清园和春季萌芽前，可使用5°Bé度石硫合剂对全园彻底喷雾。除了使用石硫合剂在侵染潜伏期进行全园喷雾防治之外，对往年发病比较重的果园，可于开花前1个月使用春雷·王铜或者代森锌每隔1～2周进行一次喷雾防治，也可用丙森锌喷雾保护预防2～3次。萌芽期用氨基寡糖素水剂处理可减少花芽受冻率，现蕾期和花期使用噻霉酮等杀菌剂混合氨基寡糖素水剂进行处理，能促进其开花授粉，还可诱导猕猴桃产生更强的抗病性。

对于灰霉病引起的花腐病害，可提前进行预防，全园喷布如嘧霉胺、咪鲜胺、腐霉利等真菌性杀菌剂，仔细、认真、全面喷药，药剂间交替使用，对于往年发病比较重的果园则可结合常见的保护剂（丙森锌、代森联、噁酮·锰锌、代森锰锌等）混合使用，防止发生严重的灰霉性花腐病。花腐病的防治可结合溃疡病和灰霉病的防治一并进行，应尽可能选择高效、广谱杀菌剂。

（3）生物防治　目前，对于猕猴桃花腐病生物防治方面的研究极少。生产上药剂防治以化学防治为主，虽然有防治范围广、效果好等特点，但是化学药剂的高残留容易产生药害并破坏环境，且长期使用会导致病菌的耐药性增强，为了推动产业绿色、健康发展，应加强在生物防治方面的研究。

二、真菌性病害

（一）猕猴桃疫霉根腐病

疫霉菌是一类重要的植物病原菌，破坏性大，且寄主范围广，对林木、农作物和花卉等都能造成非常大的危害。据报道，有多种疫霉菌与猕猴桃病害密切相关。1990 年，在河南省首次从染病猕猴桃树的根中分离出恶疫霉、樟疫霉和雪松疫霉 3 种疫霉菌。王汝贤等曾对陕西省猕猴桃产区的病害进行调查发现，猕猴桃疫霉病在大多数果园均有不同程度发生，重病园发病率达到了 20%～30%，死亡率达到 10%～20%。

1. 病原菌

猕猴桃疫霉根腐病的病原为恶疫霉菌［*Phytophthora cactorum*（Leb. & Cohn）Sch］，属鞭毛菌亚门，卵菌纲霜霉目，霜霉科，疫霉属真菌。菌丝形态简单，粗细较均匀，未见菌丝膨大体。孢子囊顶生，近球形或卵形，大小为（33～40）μm×（27～31）μm，有一明显乳突。孢子囊成熟脱落，具短柄。游动孢子肾形，大小为（9～12）μm×（7～11）μm，鞭毛长 21～35μm。休止孢子球形，直径 9～12μm。厚垣孢子不常见。藏卵器球形，壁薄滑，无色，柄棍棒状。雄器近球形或不规则形，多侧生，偶有围生。卵孢子球形，浅黄褐色，直径 26～33μm。

2. 危害症状

该病主要危害猕猴桃根系，发病时先危害根的外部，后扩大到根尖，或从根颈部先发病，主干基部和根颈部产生圆形水渍状病斑，逐渐扩展为暗褐色不规则形，皮层坏死，内呈暗褐色，腐烂（图 9-10）。病斑均为褐色水渍状，腐烂后有酒糟味。严重时，根部腐烂或病斑环绕茎干引起坏死，导致水分和养分运输受阻使植株死亡。地上部表现为萌芽晚，叶片变小、萎蔫，梢尖死亡，严重者芽不萌发或萌发后不展叶，最终植株死亡。

图 9-10 猕猴桃根部腐烂（彩图）

3. 发病规律

猕猴桃疫霉根腐病属土传病害。病菌以卵孢子、厚壁孢子和菌丝体随病残体在土壤中越冬。春末夏初有降雨时卵孢子、厚壁孢子释放游动孢子，随雨水或灌溉水传播进行再侵染。夏季根部被侵染 10d 左右发生大量菌丝体形成黄褐色菌核，7～9 月严重发生，10 月后停止。土壤黏重或土壤板结，透气不良，土壤湿度大，积水或排水不畅，高温、多雨时容易发病。幼苗栽植埋土过深，生长困难，会导致树势不旺，易感病。营养不足、栽植过浅冬季易受冻害，施肥锄草过深、伤根都易导致病菌入侵而发病。嫁接口埋于土下和伤口多的果树易发病。地势低洼、排水不良的果园发病重。根部冻伤、虫伤及机械损伤等伤口愈多的病害愈重。

4. 防治方法

① 实行高垄栽培，合理排水、灌水，保证果园无积水。及时中耕除草，破除土壤板结，增加土壤通气性，促进根系生长。

② 增施有机肥，提高土壤腐殖质含量，促进根系生长。

③ 科学施肥，合理耕作，避免肥害和大的根系损伤。旋地和施肥的深度不要超过25cm，这样可避免根部受伤。栽植过深的树干要扒土晾晒嫁接口，以减轻病害发生。发现病株时，将根颈部的土壤挖至根基部检查，发现病斑后，沿病斑向下追寻主根、侧根和须根的发病点。仔细刮除病部及少许健康组织；对整条烂根，要从基部锯除或剪掉。去除的病根带出园外深埋或销毁。

④ 苗木检疫。

⑤ 药剂防治。发病初期及时扒土晾晒，选用50%代森锌可湿性粉剂200倍液、50%多菌灵可湿性粉剂500倍液、30%噁霉灵水剂600倍液，30%甲霜·噁霉灵可湿性粉剂600倍液或70%代森锰锌可湿性粉剂0.5kg加水200kg灌根，每树可灌2～3kg药液，每隔15d灌1次，连灌2～3次。严重发病树，刨除病树烧毁，及时对根部土壤消毒处理。

（二）猕猴桃根朽病

1. 病原菌

猕猴桃根朽病病原菌为假蜜环菌［*Armillaria tabescens* (Scop.) Emel］，属于担子菌门，担子菌纲，伞菌目，口蘑科，小蜜环菌属，菌丝体一般以菌丝和菌索形式存在，子实体丛生，菌盖黄褐色，衰老后锈褐色，盖面不黏，呈扁球形，逐渐平展，边缘干后稍内卷，菌肉乳黄色，中央较厚，菌褶与菌盖近色，稍稀，柄中生，圆柱形，上部有纤毛，内实松软，纤维质，菌柄长3～5cm。担子棒状，向基部渐狭窄，大小为（25～38）μm×（5～8.8）μm。孢子无色光滑，近球形或宽椭圆形，大小为（7.5～10）μm×（5.0～6.3）μm。

2. 危害症状

猕猴桃根朽病主要危害根颈部、主根、侧根。发病时，根颈部皮层出现黄褐色水渍状斑，后变黑软腐，韧皮部和木质部分离易脱落，木质部变褐腐烂。树体基部现黑褐色或黑色根状菌索或蜜环状物，病根皮层和木质部间出现白色或浅黄色菌膜引起皮层腐烂，后期木质部受害逐渐腐烂。土壤湿度大时，病害迅速向下蔓延发展，导致整个根系变黑腐烂，流出棕褐色液体，木质部由白色转变为茶黄色、褐色至黑色。地上树势衰弱，枝梢细弱，叶小色淡变黄，严重时叶片变黄脱落，植株萎蔫死亡。

3. 发病规律

猕猴桃根朽病以菌丝体或菌索在土中寄主植物病残组织中越冬，主要靠病根或病残体与健根接触，从根部伤口或根尖侵入，向邻近组织蔓延发展。侵入根部的菌丝群穿透皮层分解纤维素，使根部皮层组织腐烂死亡，还可进入木质部。在猕猴桃根系生长延伸过程中，与被感染的土壤和树桩接触后即被侵入。4 月开始发病，7～9 月是发病盛期。发病株一般 1～2 年后死亡。在土壤黏重、排水不良、湿度过大的果园发病较重。老果园发病重。

4. 防治方法

① 培育无病苗木，合理负载。育苗地一般选择多年种植禾本科植物的地块。结果过量、使用膨大剂常导致树势衰弱，根部病害加重，因而在生产上应做好人工疏果工作，将病虫果、伤果剔除，以减少树体负载量。同时，应尽量少使用膨大剂等，以保证减少养分消耗，合理负载。

② 加强管理，增强树势。增施有机肥，改良土壤透气性。对地下水位高的果园，采用高垄栽培，并做好开沟排水工作，尤其雨后要及时排水，防止长时间淹水。发病严重时及早挖除，并对土壤进行消毒。

③ 及早发现，及时清除病根，并进行药剂防治。对整条腐烂根应从根基砍除，并细心刮除病部，直至将病根挖除，用 1%～

2%硫酸铜溶液消毒，或用40%五氯硝基苯粉剂配成1∶50的药土，混匀后施于根部，或用50%的代森锌200倍液浇灌，用药量因树龄而异，盛果期大树用药量0.25kg。对感病的土壤可撒石灰或40%甲醛消毒。最好用沙土更换根系周围的土壤。

（三）猕猴桃褐斑病

猕猴桃褐斑病是发生在猕猴桃叶部一种常见的真菌性病害，少部分发生在果实上，局部区域暴发成灾。

1. 病原菌

猕猴桃褐斑病病原是一种小球壳菌（*Mycosphaerella* sp.），属子囊菌门真菌，子囊壳球形，褐色，顶具孔口，大小为（145.6～182.0）μm×（125.0～130.0）μm。子囊棍棒形，大小为（35.1～39.0）μm×（6.5～7.8）μm。子囊孢子长卵圆形或长椭圆形，双细胞，淡绿色，大小为（10.4～13.6）μm×（2.9～3.3）μm，在子囊中双列着生。分生孢子器球形，棕褐色，顶具孔口，大小为（104.0～114.4）μm×（114.4～119.6）μm，产生于叶表皮下。分生孢子椭圆形，无色，单胞，大小为（3.3～3.9）μm×（2.1～2.6）μm。

2. 危害症状

猕猴桃褐斑病主要危害叶片。起初叶片上会有淡绿色的小点，夏季遇上雨天小点扩大成病斑，病斑内部浅灰色，外缘为一圈深褐色，随后形成一个个外围不规则的内部为灰褐色轮纹状的病斑（图9-11）。随着病害程度的加重，病斑逐渐连接，叶片干枯破裂。病菌反复侵染叶片，造成猕猴桃树早期大量落叶，严重影响植株光合作用，病害严重地区会造成枝干干枯、果实脱落严重，影响猕猴桃树的生长发育及果实品质。

3. 发病规律

猕猴桃褐斑病病原菌以分生孢子器、菌丝体和子囊壳等随病残体主要是病叶在地表上越冬。次年春季嫩梢抽发期，产生分生孢子

图 9-11　猕猴桃褐斑病叶片上的病斑（彩图）

和子囊孢子，借风雨飞溅到嫩叶上进行初侵染和多次再侵染。4～5月多雨，气温 20～24℃，病菌入侵感染，6 月中旬后开始发病，7～8 月高温高湿（25℃以上，相对湿度 75%以上）进入发病高峰期，叶片后期干枯，大量落叶，到 8 月下旬开始大量落果。秋季病情发展缓慢，但 9 月遇到多雨天气，病害仍然发生很重，10 月下旬至 11 月底，猕猴桃落叶后病菌在落叶上越冬。南方猕猴桃产区5～6 月恰逢雨季，气温 20～24℃发病迅速，7～8 月气温 25～28℃，病叶大量枯卷脱落，严重影响猕猴桃果实成熟和树体生长。地下水位高、排水能力差的果园发病较重。通风透光不良，湿度过大，也会导致病害大发生。

4. 防治方法

① 冬季彻底清园。将修剪下的病枝、病叶，结合施肥深埋或者销毁，从而减少病原菌，这是预防病害发生的重要措施。

② 对渍水果园开沟排水，加强果园土、肥、水管理，增施有机肥，平衡施肥，合理负载，增强树体生长势和树体抗病能力。

③ 落叶 2/3 时，清除园内病残体，喷雾 0.5%小檗碱水剂60～100 倍液，以杀死潜藏的病原菌，可有效减少病菌基数。冬季猕猴桃清园后，喷施 5～6°Bé 的石硫合剂，可有效压低越冬病虫基数，减轻来年病害的发生危害。

④ 科学整形修剪，特别是注意夏剪，及时剪除多余枝条，维持猕猴桃树体的平衡生长，改善树冠的通风透光条件，为猕猴桃树

体的生长营造良好的环境条件。夏季是猕猴桃褐斑病的高发季节，要注意控制灌水，其水位高的地区要设排水沟及时排水，从而达到降低园内湿度、降低病害发生的目的。

⑤ 发病初期（即4月下旬至开花前后），用80%代森锰锌可湿性粉剂800～1000倍液喷雾树冠，隔10～15d喷施1次，连喷3～4次，可起到较好的防治效果。此外，有研究证实，选用40%氟硅唑乳油、80%代森锰锌可湿性粉剂、43%戊唑醇悬浮剂等防治，间隔10～15d连喷2～3次以上，喷药时间为开花前后1次，7～8月连喷2次即可达到理想效果。还有研究发现，在发病初期，使用嘧菌酯3000倍液、代森锰锌600倍液、甲基硫菌灵600倍液每7d喷药1次，连续喷施3次，可有效减轻猕猴桃褐斑病的发生。此外，在果实采收前1个月，用50%甲霜·锰锌400倍液喷1～2次，可有效避免叶片提前脱落，从而提高果实品质。

（四）猕猴桃灰斑病

猕猴桃灰斑病与褐斑病同属猕猴桃果园两大叶部病害，其发生面广，为害重，在中国各猕猴桃产区几乎都见为害。在中国贵州的一些果园，远看一片灰白，树上难有几张健叶。

1. 病原菌

猕猴桃灰斑病病原菌为2种盘多毛孢菌（*Pestalotia* spp.），属黑盘孢目，黑盘孢科，盘多毛孢属。两种病原菌特征如下。

（1）烟色盘多毛孢菌　从猕猴桃树上分离的烟色盘多毛孢菌，分生孢子盘散生，黑色，前期埋在叶组织中，后期突破寄主表皮外露，直径为125～240μm。分生孢子由5个细胞组成，长梭形、直立，大小为（14～19）μm×（5.5～6.5）μm；中间3个细胞长度大于宽度，黄褐色，色泽略异，顶细胞无色，端部稍尖，生有角度开张的纤毛2～3根，以3根者为多、纤毛长达孢子体的近一半，基细胞短锥至长锥形，尾端生1根约3μm长的柄脚毛。

（2）轮斑盘多毛孢菌　分生孢子盘直径为172.5～210.0μm，

密生于叶病部，发育情况与前者相同；分生孢子梭形，大小为(19.6～23.5) μm×(7.8～9.2) μm，由5个细胞组成，2个端细胞无色，顶细胞具2～3根纤毛，长8～11μm，基细胞尖细，中部3个细胞为褐色，其中头2个细胞色较深。

2. 危害症状

猕猴桃灰斑病多从叶缘发病，初期病斑呈水渍状褪绿褐斑，后形成灰色病斑，逐渐沿叶缘迅速纵深扩大，侵染局部或大部分叶面，叶面的病斑受叶脉限制，呈不规则状（图9-12）。叶面暗褐至深褐色，重病果园远看呈一片灰白，发生严重的叶片上会产生轮纹状病斑（轮纹状病斑上的分生孢子器呈环纹排列）。发生后期，在叶面病斑处散生许多小黑点（即病原菌的分生孢子器），常常造成叶片干枯、早落，影响正常产量。

图9-12　猕猴桃灰斑病叶部症状（彩图）

3. 发病规律

猕猴桃灰斑病主要以分生孢子、菌丝体及子囊壳在病叶等病残体上越冬。在春季展叶后产生分生孢子及子囊孢子，随风雨传播到嫩叶上进行潜伏侵染，在叶片坏死病斑上产生繁殖体，进行再侵染。5～6月，在高温条件下开始入侵，到8～9月高温干旱天气，病害发生严重，叶片大量枯焦，导致大量枯死和落果。10月下旬进入越冬期，被侵染叶片抗性减弱，常常进行再侵染，致使同一叶片上出现2种病症。

4. 防治方法

① 冬季彻底清园。冬季修剪后，将剪除的病残枝和地面的枯枝落叶清扫干净，带出果园集中销毁或沤肥处理。

② 加强果园管理，提高树体抗病力。选择栽植抗病品种。合理施肥灌水，增强树势。科学修剪，合理负载，调节架面增强通风透光，保持果园适当的温湿度。

③ 药剂防治。冬季全园喷5～6°Bé石硫合剂清园，开花前后各喷1次药进行预防，可显著减少初侵染危害。7～8月发病高峰期，全园喷药防治，可选用70%甲基硫菌灵可湿性粉剂600～800倍液、70%代森锰锌可湿性粉剂600～800倍液、50%多菌灵可湿性粉剂500～600液倍、75%百菌清可湿性粉剂500～600倍液或10%多抗霉素可湿性粉剂1000～1500倍液等进行树冠喷雾，每隔7～10d喷施1次，连喷2～3次。

（五）猕猴桃轮纹病

1. 病原菌

猕猴桃轮纹病病原菌无性阶段为半知菌大茎点霉属大茎点菌（*Macrophoma* spp.），分生孢子器球形，具孔口，埋生于组织内，仅孔口露出表皮。内生分生孢子梗和分生孢子，分生孢子无色，单细胞，卵圆形，较大，大于15μm以上。

2. 危害症状

猕猴桃轮纹病主要危害猕猴桃叶片、枝干和果实，造成枝干溃疡干枯、叶枯和果实腐烂。危害叶片从叶缘开始发病，病斑近圆形或不规则性，灰白色至褐色，边缘深褐色，有同心轮纹，与健康部分界限明显（图9-13），病斑上散生大量小黑点（分生孢子器）。严重时，叶片病斑相互结合，焦枯脱落。枝干发病时多以皮孔为中心，形成多个褐色水渍状病斑，逐渐扩大形成扁圆形或椭圆形凸起，病斑处皮孔多纵向开裂，露出木质部，使树势严重削弱或枝干枯死。果实受害后生长季节处于潜伏状态，不表现症状，采收入库储藏后发病。多在果脐部或一侧发病，病斑淡褐色，表皮下的果肉呈白色体状腐烂，腐烂部四周有水渍状黄绿色斑，外缘一圈深绿色，表皮与果肉易分离。在果实后熟后病斑褐色，略凹陷但不破裂，病斑下果肉淡黄色，较干燥，果肉细胞组织呈海绵状空洞。

图 9-13 猕猴桃轮纹病叶部症状（彩图）

3. 发病规律

猕猴桃轮纹病以菌丝体、分生孢子器和子囊壳在病枝、病叶、病果组织内越冬。翌年 3～7 月释放出分生孢子，经风雨传播到寄主上。7～9 月，气温在 15～35℃时均能发病，以 24～28℃最为适宜。春季温、湿度适宜时，分生孢子和子囊壳通过风雨传播或雨水溅到叶、枝、幼果上，从皮孔或伤口侵入。病菌侵入枝蔓或果实后以潜伏状态存在，在当年的新病斑上很少产生分生孢子器，树势衰弱或果实进入储藏后，病情迅速发展，导致枝蔓枯死、果实腐烂。在管理粗放、树势衰弱、田间积水或高湿的果园发病较重。

4. 防治方法

① 加强栽培管理。合理施肥、适量挂果，促使树体生长健壮，增强抗病力。注意果园排水。采果后，结合冬剪，剪除病枝、清扫田间枯枝落叶，集中销毁或深埋，减少病菌越冬基数。

② 药剂防治。早春萌动期，喷 3～5°Bé 石硫合剂，减少越冬菌源。从 4 月病菌传播开始时，选用 1∶0.7∶200 波尔多液、50％代森锰锌可湿性粉剂 800～1000 液、70％甲基硫菌灵可湿性粉剂

600～800 倍液、50%多菌灵可湿性粉剂 500～600 倍液或 10%苯醚甲环唑水分散剂 1500～2000 液，每隔 10～15d 喷 1 次，连续 2～3 次。采果前喷 1 次，注意药剂交替使用。

（六）猕猴桃白粉病

猕猴桃白粉病是一种常见的真菌性病害，主要危害猕猴桃叶片。这种病害在栽植过密、氮肥过多的条件下容易发生。

1. 病原菌

猕猴桃白粉病病原菌为阔叶猕猴桃球针壳白粉菌（*Phyllactinia imperialis* Miyabe），属子囊菌亚门，白粉菌目，白粉菌科真菌。

阔叶猕猴桃球针壳白粉菌外生菌丝体有稀疏的隔膜，分枝，无色，直径 6～7μm。子囊壳表生，扁球形，黑色，附属丝 15～23 根，无色，针形，基部球形膨大。子囊 20～24 个，长椭圆形或圆柱形，有柄，大小（64.8～84.6）μm×（21.6～28.8）μm。子囊孢子不成熟。分生孢子梗直立，圆柱形，无色，平滑，壁薄，有 1～4 个隔膜，分生孢子单个顶生。

大果球针白粉菌闭囊壳扁球形，深褐色，着生 10～23 根基部膨大呈球形的针状附属丝，内含多个无色、卵圆形、有短柄的子囊，子囊内有 2 个子囊孢子，子囊孢子卵圆形，无色，单胞。无性阶段为半知菌亚门拟卵孢霉，分生孢子梗单枝，端生分生孢子，分生孢子无色、卵形、单胞。

2. 危害症状

猕猴桃白粉病初在叶面上产生针头小点，以后逐步扩大，感病叶片正面可见圆形或不规则形褪绿病斑，背面则着生白色至黄白色粉状霉层（图 9-14），后期散生许多黄褐色至黑褐色闭囊壳小颗粒，叶片卷缩、干枯，易脱落，严重者新梢枯死。

3. 发病规律

猕猴桃白粉病的病原菌以菌丝体在被害组织内或鳞芽间越冬，

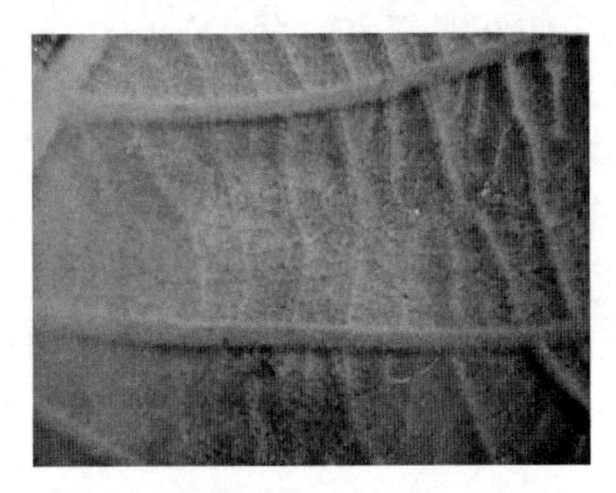

图 9-14 猕猴桃白粉病叶部症状（彩图）

翌年春季适宜条件产生分生孢子，借风传播，从气孔、伤口入侵危害。一般 7 月上、中旬开始发病，7 月下旬至 9 月达发病高峰。在温度 25～28℃，相对湿度大于 75%有利于发病。雨水不利于病菌孢子萌发，梅雨季节不发病，多在秋季危害。栽植过密、氮肥施用偏多、枝叶幼嫩徒长及通风透光不良均有利于病害的发生。

4. 防治方法

① 田间管理。加强栽培管理，控制氮肥的施用，增施磷钾肥与中微量元素肥。合理修剪，保持果园通风透光。阴雨天过后注意排水，避免雨后高温造成园内湿度过大。

② 药剂防治。冬季清园，使用保护性杀菌剂做好预防工作。发病期可喷施药剂进行防治，连喷 2～3 次，每次间隔 10～15d，可与醚菌酯、腈菌唑等药剂轮换使用，避免产生抗性。

③ 选择抗病性较强的猕猴桃品种。

（七）猕猴桃灰霉病

猕猴桃灰霉病是一种严重的真菌性病害，具有病菌存活能力强、感染时间长的特点，该病入侵猕猴桃生产的整个过程，从春季猕猴桃开始生长一直到果实成熟入库均可侵染，花期、幼果期和储藏期均可发病。而且该病侵袭范围广，花蕾、花朵、叶片、枝梢、幼果、果实都可成为感染部位，可导致猕猴桃植株死亡。

猕猴桃灰霉病自20世纪80年代初在美国、意大利和新西兰被发现以来，已在日本、韩国、智利和土耳其等多个国家和地区被陆续报道。该病害在报道的国家和地区都曾带来严重的产量和经济损失，如20世纪90年代，在美国加利福尼亚州和新西兰猕猴桃种植区发生时造成当地20%～30%的经济损失，中国于1990年在陕西周至县发现该病害，导致约450hm^{2}猕猴桃有不同程度的发病，发病率高达8.7%，给当地猕猴桃产业的发展带来较大的损失。

1. 病原菌

猕猴桃灰霉病病原菌为灰葡萄孢（*Botrytis cinerea*）。在25℃条件下培养，菌落蓬松绒毛状，初为白色，后逐渐变为灰白色，边缘不整齐，生长速率为20.17mm/d；培养15d后平板上可见大小（1～4）mm×（1～2）mm的不规则黑色菌核，25d后可见菌核上产生大量的灰色菌丝体；显微镜检分生孢子梗丛生，大小为（200～300）μm×（11～16）μm，淡褐色，顶端分枝，其上附着分生孢子，分生孢子脱落后露出棒头状小柄；分生孢子卵圆形或椭圆形，无色或淡灰褐色，单胞，大小为（8.75～13.75）μm×（6.25～8.75）μm。该病菌在5～30℃的温度范围内均能正常生长，最适生长温度为20℃（生长速率25.11mm/d），大于35℃时菌落停止生长。

2. 危害症状

猕猴桃灰霉病主要发生在猕猴桃花期、幼果期和储藏期，该病侵袭范围广，花蕾、花朵、叶片、枝梢、幼果、果实都可成为感染部位，严重时导致猕猴桃植株死亡。花朵染病后变褐并腐烂脱落。幼果发病时（5月底至6月初），残存的雄蕊和花瓣上密生灰色孢子，初发生时幼果茸毛变褐，果皮受侵染，严重时可造成落果。带菌的雄蕊、花瓣附着于叶片上，接触处形成轮纹状病斑，后期病斑扩大，叶片脱落，如遇雨水，该病发生较重。果实受害后，表面形成灰褐色菌丝和孢子，后形成黑色菌核（图9-15）。储藏期果实易感病。

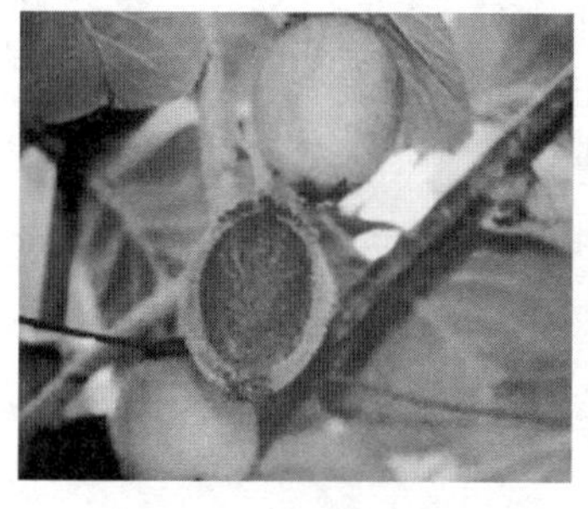

图 9-15　灰霉病侵害幼果（左图）和成熟果实（右图）症状（彩图）

3. 发病规律

病菌以菌核和分生孢子在果、叶、花等病残组织中越冬。陕西眉县一部分老猕猴桃园习惯于用木头椽子搭架，果园周围堆积玉米秆等，这些材料均易成为病原菌越冬、越夏的场所。在第 2 年初花至末花期，遇降雨或高湿条件，病菌侵染花器引起花腐。带菌的花瓣落在叶片上引起叶斑，残留在幼果梗的带菌花瓣从果梗伤口处侵入果内，引起果实腐烂。病菌可随风雨传播。病原菌生长发育温度为 0～30℃，最适温度为 20℃，高温、高湿是发病的主要条件。持续高温、阳光不足、通风不良时易发病。

4. 防治方法

（1）农业防治

① 做好通风透光。夏季修剪是做好果园通风透光的基本措施。对树冠外围结果枝连续摘心控制，面积较大的规模化种植园区，可对结果枝萌发的二次枝人工抠芽或掰除，阻止三次、四次枝梢萌发；对树冠内膛的细弱枝、过多的营养枝及时疏除，避免枝梢缠绕，保证更新枝独立生长。密植园要求树冠下透光率至少达到 25％～30％，行间透光带达到 0.5～0.8m，特别是采果前 1 个月。

② 控制氮肥和水。在猕猴桃果实干物质和可溶性固形物转化形成期（8 月份后，中早熟品种‘红阳’稍提前）停止氮肥供应，

多补充磷、钾肥及中微量元素肥。在不十分干旱的情况下，尽量避免灌水。通过控氮控水，抑制树体虚旺生长，协调营养生长和生殖生长，提高树体抗性。

③ 清除果园杂草。及时刈割或翻锄果园杂草，特别是树盘1m范围内的杂草，降低园区湿度，破坏病菌生存繁殖环境，降低病原基数。

（2）化学防治

① 选好药剂。目前生产上防治灰霉病常用、效果较好的内吸治疗剂主要有嘧霉胺、咪鲜胺、腐霉利、异菌脲、嘧菌酯等，喷防时要交替轮换使用。对发病严重的地区或品种，最好和保护剂混用。常用的保护剂有丙森锌、代森联、代森锰锌、噁酮·锰锌等，以达到保护兼治疗目的。

② 把握时机。以雨前喷药最好。秋季多雨，应注意天气预报，抢抓时机，提前施药。

③ 注意安全。严格遵循药剂安全间隔期规定，做到不重复喷药、不超量喷药，达到有效防控目的即可。采前20d停止施药。

（八）猕猴桃菌核病

菌核病是多雨地区猕猴桃园常见病害之一，低温高湿的气候易使猕猴桃菌核病发病迅速。该病侵染果实，可严重影响果实质量与产量。

1. 病原菌

猕猴桃菌核病病原菌为核盘菌［*Sclerotinia scleroriorum* (Lib.) de Bary］，属子囊菌亚门，柔膜菌目，核盘菌属真菌。菌丝体白色，棉絮状，粗细不一，直径3～4μm，透明，有横隔，内有浓密的颗粒状物。子囊盘杯状，浅肉色至褐色，1～4个从菌核上生出，子囊盘直径0.3～0.8cm，柄褐色细长，微弯曲，长4cm左右，由盘基部向下渐细。子囊棍棒状，无色，（108～135）μm×（9～10）μm，内含8个子囊孢子，子囊孢子单行排列，椭圆形，无色，12μm×4μm；小型分生孢子单胞，无色，3～4μm，密生于分生孢子梗上，形成84μm×77μm的孢子块。侧丝细长，线形，夹生在子囊之间。

该病菌喜温暖高湿的环境。适宜发病的温度范围0～30℃，最适发病环境温度为20～25℃，相对湿度90%以上。发病潜育期5～8d。子囊孢子萌发的适宜温度5～10℃，菌核萌发适温15℃。

2. 危害症状

猕猴桃菌核病主要危害花和果实。雄花受害，最初呈水渍状，后变软，继而成簇衰败凋残，干缩成褐色团块。雌花受害，花蕾变褐、枯萎，不能绽开。在多雨条件下，病部长出白色霉状物。果实受害后，初期呈现水渍状褪绿斑块，病部凹陷，渐转为软腐。病果不耐贮运，易腐烂。大田发病严重的果实，一般情况下均先后脱落；少数果实因果肉腐烂、果皮破裂、腐汁溢出而僵缩；发病后期，病果果皮表面产生不规则黑色菌核粒（图9-16）。一般坐果期（花后1周左右）果面即出现凹陷，轻者果面出现轻微凹痕（表皮不受影响），重者缩果、畸形，果实脱落。

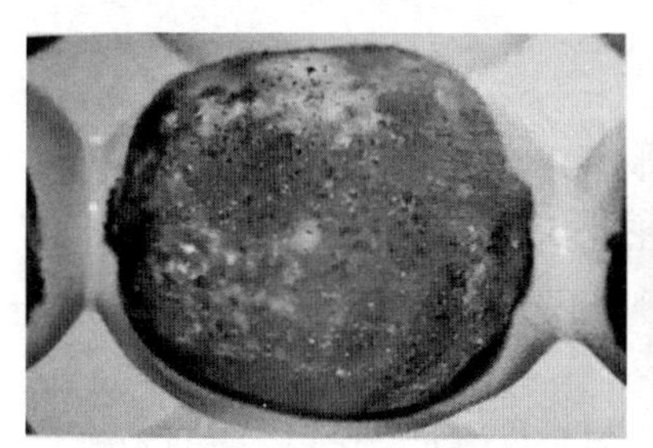

图9-16　猕猴桃果实表面产生黑色菌核粒（彩图）

3. 发病规律

病原菌以菌核在土中越冬，翌年春季猕猴桃始花期菌核萌发，产生子囊盘并弹射出子囊孢子，子囊孢子借助风力传播，侵入猕猴桃花器而引起初次侵染。病原菌侵入花器后，菌丝体在其中大量繁殖，先形成分生孢子梗和分生孢子，分生孢子引起再次侵染。菌丝体在病果中大量繁殖并形成菌核，菌核随病残体落地而在土中越冬。当温度为20～24℃、空气相对湿度为85%～90%时，猕猴桃菌核病发病迅速。若春季温暖多雨、土壤潮湿有利于菌核萌发，产生的子囊孢子多，则病害重；若猕猴桃开花期遇到连续3d以上阴雨或低温侵袭，就有可能大量发病。

4. 防治方法

① 冬季彻底清园。施基肥后，翻埋表土至10～15cm深，深埋地表菌核可使其不能萌发，减少初侵染病源。

② 处理病落果。发病期及时捡拾病落果，带出果园深埋处理。

③ 药剂防治。一般根据发病情况，在花前、落花期和收获前各喷1次药，如花期病害严重，可在蕾期增喷1次。可以选用40%菌核净可湿性粉剂800～1000倍液、50%乙烯菌核利800～1000倍液、50%异菌脲可湿性粉剂1000～1500倍液或50%腐霉利可湿性粉剂600～800倍液。

三、病毒性病害

（一）猕猴桃花叶病毒病

1. 病原菌

猕猴桃花叶病毒病的病原具体种类目前还不确定，可能为黄瓜花叶病毒（CMV）、长叶车前草花叶病毒（RMV）和芜菁花叶病毒（TVCV）等病毒的一种或几种混合引起。

2. 危害症状

主要症状是出现花叶，严重影响叶片的光合作用。叶部有鲜黄色不规则线状或片状斑，病健部交界明显，叶脉和脉间组织均可以发病（图9-17）。

3. 发病规律

猕猴桃花叶病毒病经刺吸性口器昆虫危害，或通过园艺工具和嫁接感染引起该病传播蔓延。树势强健时不发病，20～26℃持续低温阴雨天气发病重。负载大、结果多、肥水管理跟不上、树势衰弱

图 9-17　猕猴桃花叶病毒病（彩图）

时易发病。

4. 防治方法

① 选育抗病品种，培育无病毒苗木，进行无毒化栽培。

② 加强树体管理，增强抗病性。土壤增施有机肥，提高土壤肥力，改善土壤团粒结构，培育土壤有益微生物菌群，养根壮树。合理修剪，合理负载，提高树体抗病力。

③ 清除染病植株。在生长季初感染的病毒病有其局限性，可及时发现、及时清除，并将病株周围的土壤翻开，暴晒 5～7d，所用工具也要暴晒 2h 以上来杀灭病毒。

④ 切断传播途径。修剪完病株后，用 70%的酒精或高锰酸钾 500 倍液消毒修剪工具，以防交叉感染，避免通过工具传染。在未消毒的情况下再去修剪无病毒的植株，容易造成病毒的机械传播。

⑤ 药剂防治。发病初期，及时喷施 1.5%植保灵乳剂 1000 倍液、20%病毒 A 可湿性粉剂 500 倍液、抗毒剂 1 号 300 倍液、NS-83 增抗剂 100 倍液，20%盐酸吗啉胍 800 倍液、2%氨基寡糖素 300 倍液、8%宁南霉素 1500 倍液、2%香菇多糖 500 倍液或 0.06%甾烯醇 1500 倍液。喷药次数视病情和防效决定，一般每隔 7～10d 喷 1 次，连喷 2～4 次。以上药剂可以交替使用。及时喷药防治刺吸式害虫如叶蝉、蚜等，防治病毒的扩散传播。

（二）猕猴桃褪绿叶斑病毒病

1. 病原菌

番茄斑萎病毒属病毒、猕猴桃病毒 A、猕猴桃病毒 B、猕猴桃属柑橘叶斑驳病毒、猕猴桃属褪绿环斑病毒、褪绿叶斑病毒（CLSV）等都可能引起猕猴桃褪绿叶斑病毒病发生。

2. 危害症状

叶脉附近呈现不规则褪绿斑，病部叶肉组织发育不良，局部变薄，颜色浅绿色，与正常组织形成厚薄不一的叶面。

3. 发病规律

参考猕猴桃花叶病毒病。

4. 防治方法

参考猕猴桃花叶病毒病。

四、线虫性病害——猕猴桃根结线虫病

1. 病原菌

南方根结线虫（*Meloidogyne incognita* Chitwood）属于线形动物门，垫刃目，异皮科，根结亚科，根结线虫属。成虫雌雄不同，雌成虫为洋梨形，多埋藏在寄主组织内，大小为（0.44～1.59）mm×（0.26～0.81）mm；雄成虫无色透明，尾端稍圆，大小为（1.0～1.5）mm×（0.03～0.04）mm。幼虫均为细长线形。卵为乳白色，蚕茧状。

2. 危害症状

猕猴桃根结线虫病主要危害根部，包括主根、侧根和须根，从苗期到成株期均可受害。被害植株的根产生大小不等的圆形或纺锤形根结（根瘤）即虫瘿（图 9-18），直径可达 1～10cm。根瘤初呈白色，表面光滑，后呈褐色，数个根瘤常合并成一个大的根瘤，外表粗糙。受害根较正常根短小，分枝少，特别是有吸收功能的毛细根后期整个根瘤和病根变成褐色而腐烂，呈烂渣状散入土中。根瘤

形成后，导致根部活力变小、导管组织变畸形歪扭而影响水分和营养的吸收，致使地上部表现缺肥、缺水的状态，生长发育不良，叶小发黄，没有光泽，树势衰弱，枝少叶黄，结果少，果实小，果质差，严重时整株萎蔫死亡。

图 9-18 根瘤（彩图）

3. 发病规律

猕猴桃根结线虫主要以卵囊或二龄幼虫在土壤中越冬，可存活3年之久。远距离的传播主要借助于灌水、病土、带病的苗木和其他营养材料及农事操作等传播。幼虫多在土层5～30cm处活动。当气温达到10℃以上时卵开始孵化，二龄幼虫从根毛或根部皮层侵入，刺激幼根寄主细胞加速分裂形成瘤状物。经“卵—幼虫—成虫”3个阶段，直到落叶期根系进入休眠期越冬。土壤温度10℃以下和30℃以上对二龄幼虫的侵染和发育不利。土壤pH值为4～8、土温20～30℃、土壤相对湿度40%～70%时有利于线虫的繁殖和生长发育。沙土常较黏土发生重，连作地发病重。地势高、土壤质地疏松、盐分低等利于线虫病发生。猕猴桃根结线虫危害造成的根系伤口有利于猕猴桃根腐病等病菌侵染，加重病害发生。

4. 防治方法

① 严格检疫。严禁疫区苗木进入未感染区是预防的关键。不从病区引入苗木，新猕猴桃园栽种的苗木要严格检查，绝不用带线虫苗木。

② 选用抗线虫砧木，培育无病苗木。应选用抗线虫砧木如软枣猕猴桃作砧木。苗圃地不宜连作。

③ 加强栽培管理。增施有机肥，有机肥中的腐殖质在分解过程中能分泌一些物质对线虫不利，并有侵染线虫的真菌、细菌及肉食线虫。

④ 病苗在栽植前及时处理。发现有线虫危害的苗木坚决销毁，并对同来源的其他未显示害状的苗木及时处理，可用48℃温水浸根15min，杀死根瘤内的线虫，或用10%灭线磷颗粒剂1000倍液浸泡根部30min，或0.1%的苯线磷1000倍液浸泡1h，均可有效杀死线虫。发现已定植苗木带虫时，挖去销毁，并将带虫苗木附近的根系土壤集中深埋至地面50cm以下。

⑤ 药剂防治。果园发现根结线虫时，可用1.8%阿维菌素乳油0.6kg/亩，兑水200kg浇施于病株根系分布区，也可用10%克线丹颗粒剂3～5kg/亩、10%灭线磷颗粒剂3kg/亩、3%氯唑磷颗粒剂4kg/亩或10%噻唑膦颗粒剂1.3～2.0kg/亩，与湿土混拌后在树盘下开环状沟施入或全面沟施，深度为3～5cm，隔3周施1次，连施2次，土壤干燥时可适量灌水。

⑥ 生物防治。贵州省铜仁市科技人员在帽子坡等村对覆草与不覆草的猕猴桃果园根结线虫病发生情况对比调查发现，覆草后的果园每100g腐烂草中有腐生线虫5000条以上，而没有覆草的果园腐生线虫却很少。腐生线虫越多，捕食根结线虫的有益生物就越多，可对根结线虫起到良好的生物防治作用。另外，也可用生防制剂淡紫拟青霉菌粉剂3～5kg/亩拌土撒施在病树周围，浅翻3～5cm即可，或淡紫拟青霉菌粉剂500～800倍灌根，但注意不能与化学农药同时灌根施用。

五、生理性病害

（一）猕猴桃日灼病

猕猴桃日灼病是一种常见的生理性病害，是由夏季高温强日照引起。

1. 危害症状

果实受害后，一般果实肩部皮色变深，皮下果肉呈褐色，停止发育，形成凹陷，常在果实向阳面形成不规则、略凹陷的红褐色斑（日灼斑）（图 9-19）。果实表面粗糙，质地似革质，有时病斑表面开裂，易诱发猕猴桃炭疽病等病害。严重时，病斑中央木栓化，果肉干燥发僵，病部皮层硬化，甚至软腐溃烂、落果。叶片日灼后出现青干症状，叶缘卷曲，变干，后期出现大量落叶。

图 9-19　猕猴桃果实日灼病症状（彩图）

2. 发病原因

大多发生在高温季节，秦岭北麓猕猴桃产区，一般发生在 4～8 月，气候干燥，持续强烈日照天气易发生，尤其是在果实生长后期的 7～9 月，叶幕层薄、叶片稀疏、果实裸露时发生严重。密树、病树、超负荷挂果的树发生严重，挂果幼园比老果园发生严重。修剪过重，叶果比不合理，果实遮阴面少的果园易发生。灌溉设施不完善、土壤水分供应不足、土壤保水能力差的果园发病重。果园地面裸露、没有覆盖和生草的果园发病重。

3. 防治方法

① 加强果园管理。多施有机肥，改善土壤结构，增强土壤保水保肥能力，提高树体抗逆能力。合理修剪，保证良好的叶幕层和叶果比，改善通风条件。果园失水时及时灌水。有喷灌设施等条件

的果园在高温强光季节及时喷水，隔几天喷1次，降低果园温度。幼园树行间种植玉米遮阳。果园地面进行覆盖或生草，降低地面辐射，果园可用麦糠或麦草覆盖果树行间，果园生草可以种植三叶草或毛苕子等。对于树势弱、架面没有布满，特别对于果园朝向西边的架面（夏季光照时间长，果实裸露）可以采取遮阴防晒。一般可以采取挂草遮阳或挂遮阳网等。

② 叶面喷施保护。在6～7月高温季节即将来临之前，结合防治其他病害，可喷施液肥氨基酸400倍液，每10d左右喷1次，连喷2～3次，或可根据树龄大小，每亩喷施抗旱调节剂黄腐酸50～100mL，既可降低果园温度，又可快速供给营养。未施膨大肥的猕猴桃园，可喷施0.1%～0.3%磷酸二氢钾或硫酸钾，连喷2～3次，能达到抗旱、防日灼的效果。

③ 套袋。对于裸露的果实，可以从幼果期开始进行套袋，特别是猕猴桃果园外围西向的果实要套袋，可以防止阳光直射，降低果面温度，防止日灼。关中地区适宜套袋时间为6月下旬至7月上旬，要选择通气孔大，质量好的纸袋。通气孔小时可略剪大，以利通气，降低袋内温度。

（二）猕猴桃裂果病

1. 危害症状

猕猴桃裂果病主要出现在果实膨大期，主要发生在果实组织不大正常的部位，如病斑、日灼处等。果实可从果实侧面纵裂，也有的从萼部或梗洼、萼洼向果实侧面延伸。裂果后易感染病害，造成更大危害（图9-20）。

2. 发病原因

猕猴桃裂果病主要是因为果实内外生长失调，果皮生长速度跟不上果肉的生长速度，常发生于果实迅速膨大期。水分供应不匀或天气干湿变化过大都会造成裂果。前期缺水影响幼果膨大，后期如遇连续降雨或大水漫灌，也会引起裂果。果实发育后期的土壤水分

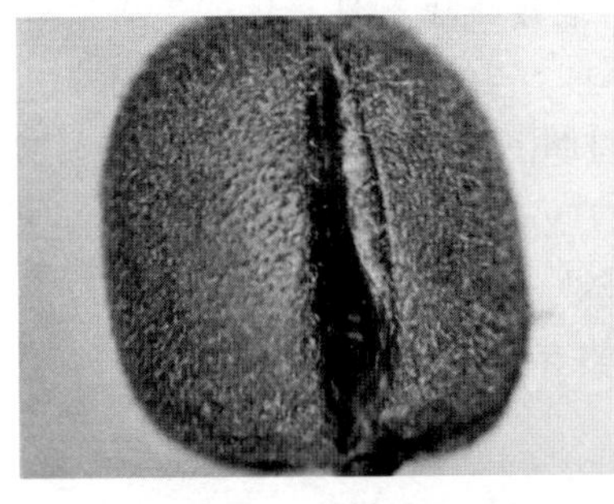

图 9-20 猕猴桃裂果病病果（彩图）

骤变，如成熟期遇到大雨，根系输送到果实的水分猛增，果肉细胞会快速膨大，而此时果皮多已老化，果皮细胞因角质层的限制而膨大慢，造成果肉胀破果皮。同时，土壤长期干旱会严重阻碍钙元素的运输使其缺钙，从而影响细胞壁的韧性，引起裂果。果实裂果的严重程度与温湿度有关，尤其天气干旱，突然下雨后极易发生。树势弱、光照差、通风不良及偏施氮肥的果园裂果严重。土壤排水不良，严重板结，通透性差、土壤酸化以及病虫害重的果园裂果较重。

3. *防治方法*

① 加强果园灌排水设施建设，注意水分管理，做到旱时能及时灌溉，涝时能及时排水，保持土壤水分均衡，避免果实因快速吸水膨大造成裂果。遵循“小水勤浇”的原则，避免“忽涝忽旱”，使土壤墒情保持稳定，切忌持续干旱后大水漫灌，雨后及时排水。果园生草覆盖，疏松土壤，旱能提墒、涝能晾墒，调节土壤含水量。

② 平衡施肥，改善土壤环境。合理施肥，不偏施氮肥，注重中、微量元素肥料的配合，改善土壤理化性质，增加土壤团粒结构，均衡和活化土壤中的养分。

③ 加强果园管理。合理负载，适时适度夏剪，保持通风透光。合理使用植物生长调节剂。做好果实生长后期病虫害的防控工作。

④ 叶面喷施钙肥，增强果实外表皮细胞韧性。钙能使果实外表皮细胞增强韧性、增加细胞壁厚度，生长的关键时期叶面喷施“沃丰素”可以补充钙，增加果皮韧度，使果肉细胞紧密结合。钙肥充足可大大减轻裂果的发生。

⑤ 采取遮盖措施，避免果实吸收过多水分。雨天可以采取避雨栽培，可有效减轻裂果发生，果实套袋也能减轻裂果发生。

第二节　猕猴桃主要虫害及其防治

一、梨小食心虫

梨小食心虫（*Grapholitha molesta* Busck）属鳞翅目，卷蛾科。别名：梨小蛀果蛾、桃折梢虫、东方蛀果蛾、猕猴桃蛀果虫，简称“梨小”（图 9-21）。分布：除新疆、西藏外，各省均有发生。

图 9-21　梨小食心虫（成虫）（彩图）

1. 为害特点

在猕猴桃园中，只为害果实。蛀入部位多在果腰，蛀孔处凹陷，孔口黑褐色。侵入初期有果胶质流挂在孔外，干落后有虫粪排出。蛀道一般不达果心，在近果柱处折转，虫坑由外至内渐黑腐，被害果不到成熟期就提早脱落。在贵州都匀等地的一些果场，猕猴桃被害果率高达 20%～30%，遍地落果，损失较严重。

2. 生活习性

在我国北方1年发生3～4代，南方5～7代，各代寄主及幼虫蛀害部位有较大差别。在江苏1年发生约5代，越冬代成虫4月上、中旬开始羽化，产卵于桃梢尖叶背上；第1代幼虫孵化后，从近梢之叶腋处蛀入，向下潜食，在蛀孔外排出桃胶和粪便；6月成虫羽化后，部分迁入猕猴桃园，将卵散产在果蒂附近，第2代幼虫孵化后，向下爬至果腰处咬食果皮，蛀入果肉层中取食，老熟后爬出孔外，在果柄基部、藤蔓翘皮处及枯卷叶间作茧化蛹；7月中、下旬至8月初，第3代幼虫还可为害猕猴桃果实，但虫量远没有第2代多；第4代为害其他寄主，以第5代老熟幼虫越冬。

3. 防治方法

① 建猕猴桃园时，应避免与桃、梨等果树形成混生园，防止食心虫的交错危害。

② 重点防治第2代幼虫为害。可在其孵化期喷施5%氯虫苯甲酰胺悬浮剂或24%氰氟虫腙悬浮剂1000倍液，共喷2次，间隔10d喷施1次，效果良好。

③ 其他果树梨小食心虫的防效好坏直接影响猕猴桃果实的受害程度，应采取综合防治，通盘考虑。

二、藤豹大蚕蛾

藤豹大蚕蛾（*Loepa anthera* Jordan）属鳞翅目，大蚕蛾科（图9-22）。分布在福建、浙江等猕猴桃栽植区。

1. 为害特点

老熟幼虫为害猕猴桃叶片造成缺刻。

2. 形态特征

成虫体黄色，翅展宽85～90mm，前翅前缘灰褐色，内线紫红色，外线呈黑色波纹，亚端线呈双行波纹状，端线粉黄色不相连接，顶角钝圆，内侧生橘红色和黑色斑，中室端有1个不规则形圆

图 9-22　藤豹大蚕蛾（成虫）（彩图）

形，中央灰黑色，内侧生 1 个白色线纹，后翅与前翅斑纹相似。幼虫体黑褐色，各体节上生毛瘤，每个毛瘤上具数根褐色短刺及红褐色刚毛；腹节侧面生有白斑。

3. 生活习性

1 年发生 1 代，以卵或蛹越冬。4 月下旬～6 月下旬幼虫在猕猴桃、核桃上为害，老熟后做茧化蛹，6 月上旬羽化。成虫常在夜间活动。

4. 防治方法

猕猴桃产区藤豹大蚕蛾为害重的地区，于 5 月初幼虫为害期喷洒 9%高效氯氟氰菊酯乳油 1500 倍液或 20%氰戊·辛硫磷乳油 1200 倍液。

三、葡萄天蛾

葡萄天蛾（*Ampelophaga rubiginosa* Bremer et Grey）属鳞翅目，天蛾科（图 9-23）。别名：车天蛾。

1. 为害特点

幼虫食叶造成缺刻与孔洞，高龄时仅残留叶柄。

2. 防治方法

低龄幼虫期，喷洒 5%氯虫苯甲酰胺悬浮剂 1000 倍液。

图 9-23　葡萄天蛾（成虫）（彩图）

四、肖毛翅夜蛾

肖毛翅夜蛾（*Lagoptera juno* Dalman）属鳞翅目，夜蛾科（图 9-24）。分布在江苏、浙江、江西、广东、云南、湖北、湖南、四川、贵州等地。

图 9-24　肖毛翅夜蛾（成虫）（彩图）

1. 为害特点

成虫吸取寄主的果实汁液，幼虫为害柑橘。

2. 形态特征

成虫体长 30～33mm，翅展宽 81～85mm，头部褐色，腹部红色，背面大部暗灰棕色，前翅褐色，布满黑点；前、后缘红棕色，基线红棕色达亚中褶；内线红棕色，前段略曲，从中室起直线外斜，环形纹为1黑点，肾形纹暗褐边，后部生1黑点，外线红棕色，直线内斜，后端稍内伸，顶角至臀角生1内曲弧线，黑色，亚端区生1不明显暗褐纹，端线为1列黑点。后翅黑色。末龄幼虫长56～70mm，头黄褐色，体深黄色，背、侧面生不规则褐斑；后端细，第5腹节背面圆斑黑色，第8腹节有2个黄色毛突，背线、亚背线、气门线黑色。

3. 生活习性

低龄幼虫栖息在植株上部，生性敏感，一触即吐丝下垂；老熟幼虫多栖息在枝干，把身体紧贴在树枝上，老熟后卷叶化蛹。

4. 防治方法

① 随时收拾落地果，集中处理果中成虫和幼虫。

② 冬季剪除近地面的下垂枝，生长期发现下垂近地果枝，即用竹枝顶高，防成虫趋味爬行产卵或蛀食。

③ 幼虫为害期，喷洒24%氰氟虫腙悬浮剂1000倍液或20%氰戊·辛硫磷乳油1200倍液、30%茚虫威水分散粒剂1600倍液。

五、人纹污灯蛾

人纹污灯蛾（*Spilarctia subcarnea* Walker）属鳞翅目，灯蛾科（图9-25）。别名：红腹白灯蛾。分布在全国大部分省区。

图9-25　猕猴桃园人纹污灯蛾（成虫）（彩图）

1. 为害特点

幼虫取食猕猴桃叶片造成缺刻，为害新梢顶芽。

2. 形态特征

雌成虫体长 20～23mm，翅展 55～58mm，雄蛾略小，触角短，锯齿状；雌蛾触角羽毛状。各足末端皆黑色，前足腿节红色。腹部背面深红色，身体余部黄白色，腹部每节中央有 1 块黑斑，两侧各生黑斑 2 块；前翅白色，基部红色。从后缘中央向顶角斜生 1 列小黑点 2～5 个，静止时左右两翅上黑点拼成“人”形，后翅略带红色，缘毛白色。

卵扁圆形，直径 0.6mm。末龄幼虫体长 50mm，头黑色，体黄褐色，密生棕褐色长毛，背线棕黄色，亚背线暗褐色，胸腹各节生 10～16 个毛瘤，胸足、腹足黑色。

蛹长 18mm，赤褐色，椭圆形，尾端具短刺 12 根。

3. 生活习性

江淮流域 1 年 2～3 代，以幼虫越冬，第 1 代成虫于 2 月羽化，3 月上旬交尾产卵。第 2 代于 5 月中旬羽化。北方则以蛹在土下越冬，翌年 3 月中旬开始羽化，4 月上旬进入越冬代成虫盛发期。第 1 代幼虫 4～5 月开始为害，6～7 月出现第 1 代成虫。第 2 代幼虫于 8～9 月为害，9 月份以后化蛹越冬。成虫白天隐蔽在枝叶中，夜出活动。羽化后成虫 3～4d 产卵在叶背，每卵块 400 粒左右。卵期 5～6d，初孵幼虫群聚叶背食害叶肉，3 龄后分散为害，共 7 龄。

4. 防治方法

① 摘除卵块及 3 龄前群聚在一起的有虫叶，集中烧毁。

② 冬季耕翻土壤杀灭越冬蛹，也可在老熟幼虫下树入土化蛹前，在树干上束草诱集幼虫化蛹，解下后烧毁。

③ 于幼虫 3 龄前喷洒 90%敌百虫可溶性粉剂 800 倍液或 2.5%高效氯氟氰菊酯乳油或 20%氰戊菊酯乳油 2000 倍液。

六、鸟嘴壶夜蛾

鸟嘴壶夜蛾（*Oraesia excavata* Butler）属鳞翅目，夜蛾科（图 9-26）。

图 9-26　鸟嘴壶夜蛾（成虫）（彩图）

1. 形态特征

成虫体长 23～26mm，翅展 48～54mm，头部、前胸赤褐色，中后胸褐色。下唇须前伸，特别尖长如鸟嘴状。雌蛾触角丝状，雄蛾触角带齿状。前翅紫褐色，翅尖鹰嘴形，外缘拱突，后缘凹陷较深。翅面有黑褐色线纹，前缘线瓦片状，肾纹明显，翅尖后面有 1 个小白点，外线双线，从翅尖斜向后缘。后翅浅黄褐色，沿外缘和顶角棕褐色。

2. 生活习性

广东 1 年 5～6 代，浙江 1 年 4 代，以幼虫在木防己等植物基部或附近杂草丛中越冬。福建成虫于 8 月底 9 月初出现，为害柑橘、葡萄、荔枝、龙眼等果实。成虫夜间活动，有一定趋光性。

3. 防治方法

① 清除幼虫寄主木防己，用 41%草甘膦水剂与 70% 2 甲 4 氯乳油按 1∶1 混合稀释 10 倍涂在木防己茎部和老茎以上 10～30cm 处，能有效控制鸟嘴壶夜蛾成虫发生。

② 可在夜间安装波长 500～600nm 的黄色荧光灯 1～2 只，对

鸟嘴壶夜蛾成虫有拒避作用。

七、拟彩虎蛾

拟彩虎蛾（*Mimeusemia persimilis* Butler）属鳞翅目，夜蛾科（图 9-27）。分布在黑龙江、浙江、四川等地。

图 9-27 拟彩虎蛾（成虫）（彩图）

1. 为害特点

以幼虫取食叶片、花蕾及嫩梢，把叶片食成大片缺刻或食光，为害花时常把花蕾啃食成直径 2mm 的孔洞。

2. 形态特征

成虫体长 22mm，翅展 55mm，体黑色。头顶及额各生 1 浅黄斑。前翅黑色，中室基部生 1 浅黄斑，中室前缘中部生 1 浅黄短条，其后生 1 个长方形的浅黄斑，中室外方生 2 个浅黄大斑，顶角、臀角外缘毛白色，后翅杏黄色。

幼虫体粗大，头部红褐色，体黄褐色，有虎状纹花斑。

蛹红褐色，纺锤形。

3. 生活习性

1 年 1 代，以老熟幼虫在土中化蛹越冬，翌年 4 月中旬羽化为成虫，把卵产在叶上，孵化后先为害花蕾。花蕾期过后开始为害叶片和嫩梢，为害期 4 月下旬～6 月上旬。

4. 防治方法

拟彩虎蛾为害重的猕猴桃产区，可从4月下旬开始调查，可在幼虫低龄期喷洒20%丁硫·马乳油1500倍液或20%氰戊·辛硫磷乳油1200倍液。

八、古毒蛾

古毒蛾（*Orgyia antiqua* Linnaeus）属鳞翅目，毒蛾科（图9-28）。别名：落叶松毒蛾、缨尾毛虫、褐纹毒蛾。分布于东北、西北、华北、华东、四川、西藏等地。

图9-28　古毒蛾（成虫）（彩图）

1. 为害特点

幼龄虫主要食害嫩芽、幼叶和叶肉，稍大幼虫食叶造成缺刻和孔洞，严重时把叶片食光。

2. 形态特征

成虫雌体纺锤形，体长10～20mm，头胸部较小，体肥大，翅退化，仅有极小翅痕，体被灰黄色细毛，无鳞片，复眼球形黑色，触角丝状暗黑色，足被黄毛，爪腹面有短齿。雄体长10～12mm，翅展25～30mm。体锈褐色，触角羽状。前翅黄褐色，有3条波浪形褐色微锯齿条纹，近臀角有一半圆形白斑，中室外缘有一模糊褐色圆点。缘毛黄褐，有深褐色斑。后翅黄褐至橙褐色。

幼虫体长25～36mm，头黑褐色，体黑灰色，有红、白花纹，腹面浅黄，胸部有红色和淡黄色毛瘤。前胸盾橘黄色，其两侧及第8腹节背面中央各有一束黑而长的毛。第1～4腹节背面具黄白色刷状毛丛4块，第1、第2节侧面各有1束黑长毛。

3. 生活习性

东北北部1年1代，华北3代，以卵在茧内越冬。雌虫将卵产在茧内，偶有产于茧上或附近的，每雌产卵150～300粒。初孵幼虫2d后开始取食，群集于芽、叶上取食，能吐丝下垂借风力传播。幼虫稍大分散为害，多在夜间取食，常将叶片吃光。老熟后多在树冠下部外围细枝或粗枝分杈处及皮缝中结茧化蛹。幼虫共5～6龄。其寄生性天敌有50余种，主要有小茧蜂、细蜂、姬蜂及寄生蝇等。

4. 防治方法

① 冬春人工摘除卵块。

② 保护利用天敌。

③ 幼虫发生期喷洒20%氰戊·辛硫磷乳油1000～1500倍液或80%敌敌畏乳油1500倍液。

九、斜纹夜蛾

斜纹夜蛾属鳞翅目，夜蛾科，又名莲纹夜蛾，俗称夜盗虫、乌头虫等（图9-29）。以幼虫咬食叶片、花及果实为害。

图9-29 斜纹夜蛾（成虫）（彩图）

1. 形态特征

成虫体长 14～20mm，翅展 35～46mm，体暗褐色，前翅灰褐色，花纹多，翅中间有明显的白色斜带纹。初孵幼虫体长 15～22mm，淡黄绿色或淡灰绿色，老熟幼虫体长 33～50mm，黑褐或暗褐色。胸部有时颜色多变，背面各节有近似三角形的半月黑斑 1 对。

2. 生活习性

每年发生 4～8 代，初孵幼虫具有群集为害的习性，3 龄以后则开始分散，老龄幼虫有昼伏性和假死性。以幼虫咬食叶片、花蕾、花及果实。初龄幼虫啮食叶片下表皮及叶肉，仅留上表皮，呈透明斑，4 龄以后进入暴食期，咬食叶片，仅留主脉。成虫具有趋光性和趋化性。以蛹在土中蛹室内越冬，少数以老熟幼虫在土缝、枯叶、杂草中越冬。

3. 防治方法

① 清除杂草，破坏化蛹场所，减少虫源；摘除卵块和群集为害的初孵幼虫。

② 成虫发生期，用黑光灯、糖醋液诱杀成虫。

③ 幼虫发生期，喷施 25%灭幼脲悬浮剂 1500～2000 倍液，或用 16%甲维·茚虫威悬浮剂 3000 倍液，或用 5%甲氨基阿维菌素苯甲酸盐水分散粒剂 3000 倍液喷施 2～3 次，每隔 7～10d 喷施 1 次，喷施要细致均匀。

十、苹小卷叶蛾

苹小卷叶蛾又名苹卷蛾、黄小卷叶蛾、溜皮虫，属鳞翅目，卷蛾科（图 9-30）。以幼虫为害新芽、嫩叶、花蕾，坐果后在两果靠近处啃食果皮，形成疤痕果、虫果，影响猕猴桃的产量和品质。

1. 形态特征

成虫体长 6～8mm，体黄褐色，前翅前缘向后缘和外缘角有 2 条浓褐色斜纹，其中，1 条自前缘向后缘达到翅中央部分时明显加

图 9-30 苹小卷叶蛾（成虫）（彩图）

宽，前翅后缘肩角处及前缘近顶角处各有 1 小的褐色纹。幼虫身体细长，头较小呈淡黄色。初孵幼虫黄绿色，老熟幼虫翠绿色，体长 13～18mm。

2. 生活习性

每年发生 2～3 代，以幼虫在枝干皮缝、剪锯口等处越冬。春季猕猴桃萌芽时出蛰，为害新芽、嫩叶、花蕾，坐果后在 2 果靠近处啃食果皮。成虫昼伏夜出，有趋光性，对糖醋的趋性很强，可以诱杀。幼虫吐丝缀连叶片，潜居叶中食害，新叶受害严重。

当果实稍大时，常将叶片缀连在果实上，啃食果皮及果肉。幼虫有转果为害习性，一头幼虫可转果为害果实 5～8 个。

3. 防治方法

① 幼虫出蛰前抹杀树上枯叶下幼虫；刮除大枝干老翘皮，集中销毁；果实套袋，阻隔幼虫为害；生长季剪虫梢、捏虫苞消灭幼虫。

② 成虫发生期利用性诱剂、糖醋液、杀虫灯等诱杀成虫。

③ 释放赤眼蜂，每亩 10 万～12 万头。

④ 越冬幼虫出蛰期、成虫高峰期，用 25％乙基多杀菌素水分散粒剂 3000 倍液，或用 20％灭幼脲悬浮剂 1200～1500 倍液，或用 15％茚虫威悬浮剂 3000 倍液喷雾防治。

十一、猕猴桃准透翅蛾

猕猴桃准透翅蛾（*Paranthrene actinidiae* Yang et Wang）属鳞翅目，透翅蛾科（图 9-31）。分布于贵州、福建。

图 9-31 猕猴桃准透翅蛾（成虫）（彩图）

1. 为害特点

以幼虫蛀食寄生当年生嫩梢、侧枝或主干，将髓部蛀食中空，粪屑排挂在隧道孔外。植株受害后，引起枯梢和断枝，造成树势衰退，产量降低，品质变劣。

2. 形态特征

成虫体长 17～22mm，翅展 33～38mm，全体黑褐色。雌虫头部黑色，基部黄色，额中部黄色，四周黑色；胸部背面黑色，前、中胸两侧各具 1 个黄斑，后胸腹面具 1 大黄斑。翅基部后方散生少许黄色鳞粉，前翅黄褐色，不透明，后翅透明，略显浅黄烟色。腹部黑色具光泽，第 1、第 2、第 6 节背后缘具黄色带，第 5、第 7 节两侧生黄色毛簇，第 6 节间生红黄色毛簇，腹端生红棕色杂少量黑色毛丛。雄虫前翅大部分烟黄色，透明；后翅透明，微显烟黄色，腹部黑色具光泽，第 1、第 2、第 7 节后缘隐现黄带，第 6 腹节黄色，第 4、第 6 腹节两侧生黄毛簇，尾毛黑色强壮。

幼虫体长 28～32mm，乳黄色。头部黑褐色，前胸黑褐色，胸背中部生 1 根长刚毛，两侧前缘各具 1 个三角形斑，其下生 1 圆斑。

3. 生活习性

每年发生1代，以老熟和成长幼虫在寄主茎内越冬。由于山区立体小气候不同，发育进度有较大差异。在贵州剑河等县，4月下旬～5月上旬化蛹，5月下旬开始羽化；三都等低热县老熟幼虫3月底、4月初开始化蛹，4月中旬～5月上旬为化蛹盛期。蛹历期22～35d，羽化时间多在上午10:00至下午2:00。成虫羽化后约20min开始展翅，阴天全日活动，晴天以上午和日落后较为活跃。

卵散产，多产在当年生嫩枝梢叶柄基部的茎上，老枝条则见产于阴面裂皮缝中。卵历期10～12d，6月中、下旬为孵化盛期。

幼虫孵出后就地蛀入，向下潜食，将髓部食空，蛀孔外堆挂黑褐色粪屑；有些幼虫先将皮部啃食一圈，然后再钻入髓部，造成受害枝条或小主干枯死；受害轻的枝干愈合后膨大成伤疤。鉴于成长幼虫可以越冬，所以10月底至11月初有时还可查到低龄孵化虫。卵产在嫩梢上孵出的幼虫，长至老熟期前不适应髓部多汁环境，常转移到老枝干上蛀害。

4. 防治方法

① 结合冬季整形修剪或夏剪，去除部分带虫枝，集中烧毁以杀灭幼虫。

② 根据被害孔外堆挂粪屑这一特征，寻找蛀入孔，用兽医注射器将80%敌敌畏原药注射少许于虫道中，再用胶布或车用黄油封闭孔口，熏杀幼虫，效果极佳。

③ 叶蝉类害虫盛害期，正是本虫卵孵期，可一并进行兼治。在喷雾叶片的同时，应将嫩茎也喷湿透，这样才能达到兼治效果。

十二、枯叶夜蛾

枯叶夜蛾别名通草木夜蛾。成虫以锐利的虹吸式口器穿刺果皮，果面留有针尖大的小孔，果肉失水呈海绵状，以手指按压会有松软感觉，被害部变色并凹陷，随后腐烂脱落，常招致胡蜂等为害，将果实食成空壳（图9-32）。

图 9-32 枯叶夜蛾（成虫）（彩图）

1. 形态特征

成虫体长 35～38mm，翅展宽 96～106mm。头胸部棕色，腹部杏黄色，触角丝状。前翅枯叶色，深棕微绿。翅脉上有许多黑褐色小点，翅基部和中央有暗绿色圆纹。后翅杏黄色，中部有 1 个肾形黑斑。

2. 生活习性

每年发生 2～3 代，多以成虫越冬，温暖地区可以卵和中龄幼虫越冬。发生期不整齐，从 5 月末到 10 月均可见成虫，以 7～8 月发生较多。成虫昼伏夜出、有趋光性。喜为害香甜味浓的果实，7 月以前为害杏等早熟果品，后转害猕猴桃、桃、葡萄、梨等。成虫寿命较长，产卵于寄主枝蔓和叶背。幼虫吐丝、缀叶潜入其中为害，6～7 月发生较多，老熟后缀叶结薄茧化蛹。秋末多以成虫越冬。

3. 防治方法

① 农业防治。山区、近山区新建果园，宜栽晚熟品种，避免零星种植和果树混栽；果实套袋；采用黑光灯诱杀成虫，或用糖醋液、烂果汁诱杀成虫。

② 天敌防治。在幼虫寄主上，成虫产卵期可释放赤眼蜂防治。

③ 幼虫孵化期和成虫发生期喷药防治，药剂可使用 25%灭幼脲悬浮剂 1500～2000 倍液，或用 5%甲氨基阿维菌素苯甲酸盐水

分散粒剂3000倍液，或用5%氯虫苯甲酰胺悬浮剂1500～2000倍液等。

十三、泥黄露尾甲

泥黄露尾甲（*Nitidulidae leach*）属鞘翅目，出尾虫科（图9-33）。别名：落果虫、泥蛀虫、黄壳虫。分布于贵州等地。

图9-33　泥黄露尾甲（成虫）（彩图）

1. 为害特点

以成虫和幼虫蛀食落地果和下垂至近地面的鲜果，导致果肉腐烂，引起脱落。

2. 形态特征

成虫体长7.4～7.8mm，宽3.8～4.0mm，体扁平，初羽化时色浅，后转呈泥黄褐色。复眼黑色，向两侧高度隆起，圆形。触角共11节，生于复眼内侧前方，前胸背板四周具饰边，密布大而浅的刻点，疏生向后倒伏的黄色绒毛和长刚毛；背板前缘中区形成深而宽的内凹。侧缘均匀横隆呈弧形，后缘呈较平直的浪状。小盾片大，心脏形。腹面胸板、腹板和足上被短刚毛。胸足跗节3节，各具爪1对。鞘翅侧缘具饰边，向尾部均匀收缩，到翅缝末端呈“W”形；翅背部隆起，在尾端形成坡面；翅面具10条刻点行，刻点沟不内陷，每一刻点中生一根向后倒伏的长刚毛。沟间部上生细绒毛。

老熟幼虫长 11～12mm，宽 3.6～4.0mm，稍扁平。头部褐色，触角 3 节，第 1 节最粗大。前胸背侧沿和后沿区乳黄白色，其余黑褐色，背中线区无色。无腹足，具胸足 3 对，中胸和后胸节亚背线上具 1 块黑斑，斑缘后侧生 1 枚刺突；气门上线处也具 1 块黑褐斑。腹部 1～8 节各气门下线处生 1 黑褐色柱突，气门上线处也具 1 个大黑褐斑，此斑后侧长 1 枚强柱突，柱突上各具 3 根短刺；末端腹节背面生有 2 对高度突起的肉角，呈四方形着生，以后面 1 对最粗大。

3. 生活习性

世代不详，以成虫在土中越冬。果实着色至成熟期，成虫将卵聚产在落地果或下垂近地的鲜果上，产前先咬一伤口，卵产其中。幼虫孵化后，钻入果肉纵横蛀食，老熟后脱果入土化蛹。成虫有假死性，可直接咬孔在果肉中啃食为害。幼虫耐高湿，可以在果浆中完成发育。成虫不飞翔，靠爬行为害鲜果。

4. 防治方法

① 随时抢拾落地果，集中处理果中成虫和幼虫。

② 冬季剪除近地面的下垂枝。生长期发现下垂近地果枝，即用竹枝顶高，防成虫趋味爬行产卵或蛀食。

③ 幼虫为害期，喷洒 24%氰氟虫腙悬浮剂 1000 倍液或 20%氰戊·辛硫磷乳油 1200 倍液、30%茚虫威水分散粒剂 1600 倍液。

十四、甘薯肖叶甲

甘薯肖叶甲属鞘翅目，肖叶甲科，甘薯肖叶甲属（图 9-34）。全国南北都有分布，但长江以北居多，主要为害猕猴桃、甘薯、棉花、小旋花等。以幼虫为害猕猴桃根部和成虫为害叶片为主。

1. 形态特征

成虫体长 5～6mm，宽 3～4mm，体短宽，体色变化大，有青铜色、蓝色、绿色、紫铜色等。不同地区色泽有异，同一地区也有不同颜色。肩胛后方具 1 闪蓝光三角斑。小盾片近方形，鞘翅隆

图 9-34 甘薯肖叶甲（成虫）（彩图）

凸，肩胛高隆，光亮，翅面刻点混乱较粗密。

2. 生活习性

一般 1 年 1 代，以幼虫在土中越冬。在浙江省幼虫在翌年 5 月下旬始蛹，6 月中旬进入盛期，6 月下旬成虫盛发，大量为害。7 月上中旬交尾产卵，成虫羽化后先在土室里生活几天，后出土为害，尤以雨后 2～3d 出土最多，上午 10:00 和下午 4:00 至 6:00 为害最烈，中午隐蔽在土缝或枝叶下。成虫飞翔力差，有假死性。

3. 防治方法

① 中耕、深翻土壤，营造不利于幼虫生活的环境，并消灭部分蛹。

② 在越冬幼虫出蛰盛期和卵孵化盛期喷药防治，选用 26%氯氟·啶虫脒水分散粒剂 3000～4000 倍液，或用 40%辛硫磷乳油 1500 倍液，或用 40%氯虫·噻虫嗪水分散粒剂 4500 倍液等防治。

十五、桑斑褐毒蛾

桑斑褐毒蛾（*Porthesia similis xanthocampa* Dyar）属鳞翅目，毒蛾科（图 9-35）。别名：金毛虫、纹白毒蛾。中国分布较普遍，幼虫喜食嫩叶，将叶咬食成缺刻或孔洞，甚至食光或仅剩叶脉。

图 9-35　桑斑褐毒蛾（成虫）（彩图）

1. 形态特征

成虫全体白色，复眼黑色，前翅后缘近臀角处有一褐色斑纹；雌蛾腹部末端有黄毛；雄蛾腹部后半部均有黄毛。卵球形，灰黄色，数十粒排成带状卵块，表面覆有雌虫腹末脱落的黄毛。老熟幼虫体黄色，头黑褐色，背线红色，体背各节有两对黑色毛瘤，腹部第一、二节中间 2 个毛瘤合并成横带状毛块。蛹褐色，茧灰白色，附有幼虫体毛。

2. 生活习性

一年发生 2～3 代。以低龄幼虫在枝干裂缝和枯叶内作茧越冬。翌春，越冬幼虫出蛰为害嫩芽及嫩叶，5 月下旬至 6 月中旬出现成虫，第 2 代幼虫在 8 月上旬，第 3 代幼虫在 9 月中旬，10 月上旬第 3 代幼虫寻找合适场所结茧越冬。雌蛾将卵数 10 粒聚产在枝干上，外覆一层黄色绒毛。刚孵化的幼虫群集啃食叶肉，长大后即分散为害叶片。第 2 代成虫在 7 月下旬至 8 月下旬，经交尾产卵，孵化的幼虫取食不久，即潜入树皮裂缝或枯叶内结茧越冬。

3. 防治方法

低龄幼虫期，喷洒 24%氰氟虫腙悬浮剂 1000 倍液。

十六、黑额光叶甲

黑额光叶甲（*Physos maragdina nigrifrons* Hope）属鞘翅

目，叶甲科（图 9-36）。分布于辽宁、河北、北京、山西、陕西、山东、河南、江苏、安徽、浙江、湖北、江西、湖南、福建、台湾、广东、广西、四川、贵州。

图 9-36 黑额光叶甲（成虫）（彩图）

1. 为害特点

成虫为害叶片，常把叶片咬成 1 个个孔洞或缺刻。一般是在叶面先啃去部分叶肉，然后再把余部吃掉，虫口数量多时叶上常留下数个大孔洞。

2. 形态特征

成虫体长 6.5～7.0mm，宽 3.0mm，体长方形至长卵形；头漆黑，前胸红褐色或黄褐色，光亮，有的生黑斑，小盾片、鞘翅黄褐色至红褐色，鞘翅上具黑色宽横带 2 条，一条在基部，一条在中部以后，触角细短，除基部 4 节黄褐色外，余黑色至暗褐色。腹面颜色雌雄差异较大，雄虫多为红褐色，雌虫除前胸腹板、中足基节间黄褐色外，大部分黑色至暗褐色。本种背面黑斑、腹部颜色变异大。足基节、转节黄褐色，余为黑色。头部在两复眼间横向下凹，复眼内沿具稀疏短竖毛，唇基稍隆起，有深刻点，上唇端部红褐色，头顶高凸，前缘有斜皱。前胸背板隆凸。小盾片三角形。鞘翅刻点稀疏呈不规则排列。

3. 生活习性

仅以成虫迁入猕猴桃园为害叶片，但不在园中产卵繁殖，成虫有假死性。多在早晚或阴天取食。

4. 防治方法

① 虫量不大时可在防治其他害虫时兼治。

② 虫量大时，在害虫初发期喷洒5%天然除虫菊素乳油1000倍液或24%氰氟虫腙悬浮剂1000倍液、5%啶虫脒乳油2500倍液。

十七、黑绒金龟

黑绒金龟（*Serica orientalis* Motschulsky）属鞘翅目，鳃金龟科（图9-37）。别名：东方金龟子、天鹅绒金龟子、姬天鹅绒金龟子、黑绒金龟子。分布：除西藏、云南未见记录外，其余各省、区均有。

图9-37 黑绒金龟（成虫）（彩图）

1. 为害特点

成虫食嫩叶、芽及花；幼虫为害植物地下组织。

2. 形态特征

成虫：体长6～9mm，宽3.5～5.5mm，椭圆形，褐色或棕褐色至黑褐色，密被灰黑色绒毛，略具光泽。头部有脊皱和点刻；唇基黑色边缘向上卷，前缘中间稍凹，中央有明显的纵隆起；触角9节鳃叶状，棒状部3节，雄虫较雌虫发达，前胸背板宽短，宽是长的2倍，中部凸起向前倾。小盾片三角形，顶端稍钝。鞘翅上具纵刻点沟9条，密布绒毛，呈天鹅绒状。臀板三角形，宽大具刻点。

胸部腹面密被棕褐色长毛。腹部光滑，每一腹板具1排毛。前足胫节外缘2齿，节下有刚毛，后足胫节狭厚，具稀疏点刻，跗节下边无刚毛，而外侧具纵沟。各足跗节端具1对爪，爪上有齿。

幼虫：体长14～16mm，头宽2.5～2.6mm，头部黄褐色，体黄白色，伪单眼1个由色斑构成，位于触角基部上方。肛腹片覆毛区的刺毛列位于覆毛区后缘，呈横弧形排列，由16～22根锥状刺组成，中间明显中断。

3. 生活习性

1年1代，主要以成虫在土中越冬，翌年4月成虫出土，4月下旬～6月中旬进入盛发期，5～7月交尾产卵，卵期10d，幼虫为害至8月中旬～9月下旬，老熟后化蛹，蛹期15d，羽化后不出土即越冬，少数发生迟者以幼虫越冬。早春温度低时，成虫多在白天活动，取食早发芽的杂草、林木、蔬菜等，成虫活动力弱，多在地面上爬行，很少飞行，黄昏时入土潜伏在干湿土交界处。入夏温度高时，多于傍晚活动，下午4:00后开始出土，傍晚群集为害果树、林木、蔬菜及其他作物幼苗。成虫经取食交配产卵，卵多产在10cm深土层内，堆产，每堆着卵2～23粒，多为10粒左右，每雌虫产卵9～78粒，常分数次产下，成虫期长，为害时间达70～80d，初孵幼虫在土中为害果树、蔬菜的地下部组织，幼虫期70～100d。老熟幼虫在20～30cm土层做土室化蛹。

4. 防治方法

① 刚定植的幼树，应进行塑料薄膜套袋，至成虫为害期过后及时拆下套袋。

② 采用白僵菌、苏云金杆菌、青虫菌等生物制剂，晚间喷雾。

③ 必要时喷洒80%敌百虫800倍液。

④ 灯光诱杀。

十八、铜绿丽金龟

铜绿丽金龟（*Anomala corpulenta* Motschulsky）属鞘翅目，

丽金龟科（图 9-38）。别名：铜绿金龟子、青金龟子、淡绿金龟子。分布：除新疆、西藏外，其余各省、区均有。

图 9-38 铜绿丽金龟（成虫）（彩图）

1. 为害特点

成虫食芽、叶成不规则的缺刻或孔洞，严重的仅留叶柄或粗脉；幼虫生活在土中，为害根系。

2. 形态特征

成虫长卵圆形，体长 19～21mm，触角黄褐色，鳃叶状，因体背铜绿色：有金属光泽而得名。前胸背板及鞘翅侧缘黄褐色或褐色，鞘翅黄铜绿色，足黄褐色，胫、跗节深褐色。幼虫共 3 龄，老熟幼虫体长约 32mm，头部暗黄色近圆形，臀腹面具刺毛列，两列刺尖相交或相遇、其后端稍向外岔开，钩状毛分布在刺毛列周围，肛门孔横裂状。

3. 生活习性

在北方 1 年发生 1 代，以老熟幼虫越冬。翌年春季越冬幼虫上升活动，5 月下旬至 6 月中下旬为化蛹期，7 月上中旬至 8 月份为成虫发育期，7 月上中旬为产卵期，7 月中旬至 9 月份为幼虫危害期，10 月中旬后陆续进入越冬。少数以 2 龄幼虫、多数以 3 龄幼虫越冬。幼虫在春、秋两季危害最烈。成虫夜间活动，趋光性强。

4. 防治方法

同黑绒金龟。

十九、东北大黑鳃金龟

东北大黑鳃金龟（*Holotrichia diomphalia* Bates）属鞘翅目，金龟子科（图 9-39）。别名：朝鲜黑金龟子。分布于黑龙江、辽宁、内蒙古、山西、河北、山东、河南、江苏、安徽、浙江、江西、湖北、宁夏等地。

图 9-39　东北大黑鳃金龟（成虫）（彩图）

1. 为害特点

成虫食嫩叶、芽及花；幼虫为害植物地下组织。

2. 形态特征

成虫体长 17～21mm，宽 8.4～11mm，长椭圆形，体黑至黑褐色，具光泽，触角鳃叶状，10 节，棒状部 3 节。前胸背板宽，约为长的 2 倍，两鞘翅表面均有 4 条纵肋，上密布刻点。前足胫足外侧具 3 齿，内侧有 1 棘与第 2 齿相对，各足均具爪 1 对，为双爪式，爪中部下方有垂直分裂的爪齿。

卵椭圆形，长 3mm，初乳白色后变黄白色。

幼虫体长 35～45mm，头部黄褐色至红褐色，具光泽，体乳白色，疏生刚毛。肛门 3 裂，肛腹片后部无尖刺列，只具钩状刚毛群，多为 70～80 根，分布不均。

蛹体长 20～24mm，初乳白后变黄褐色至红褐色。

3. 生活习性

北方地区1～3年发生1代，以成虫或幼虫越冬。翌春10cm土温达13～16℃时，越冬成虫开始出土，5月中旬～6月中旬为盛期，8月为末期。成虫白天潜伏土中，黄昏开始活动，有趋光性和假死性。6～7月为产卵盛期，卵期10～22d，幼虫期340～400d，蛹期10～28d。土壤湿润利于幼虫活动，尤其小雨连绵天气为害加重。

4. 防治方法

同黑绒金龟。

二十、白星花金龟

白星花金龟属鞘翅目，花金龟科。别名白星花潜，俗称瞎撞子（图9-40）。成虫为害嫩叶、嫩芽、嫩梢及成熟的果实。幼虫（称为蛴螬）为害地下根部及幼苗。

图9-40　白星花金龟（成虫）（彩图）

1. 形态特征

成虫体长20～25mm，全体暗紫铜色，前胸背板和鞘翅有不规则的白斑10多个。幼虫体长25～33mm。头部褐色，体乳白色，柔软肥胖而多皱纹，弯曲呈“C”形。腹末节膨大，肛腹片上的刺毛呈倒“U”字形，二纵行排列。

2. 生活习性

1年发生1代。以3龄幼虫在土内越冬，翌年春季幼虫化蛹前为害农作物及杂草的根。5月上旬老熟幼虫化蛹，中旬羽化出成虫。成虫昼伏夜出，日落后开始出土，整夜取食，黎明时飞离树冠潜伏。成虫具有假死性，有强烈的趋光性和群集为害习性。出土后10d左右开始产卵，卵产在5～6cm深的表土中。一般1头雌成虫产卵20～40粒，多散产，卵期约10d。幼虫主要取食植物的根部，10月后钻入深土中越冬。

3. 防治方法

① 在成虫大量出土活动期，利用其假死性，于夜晚捕捉。

② 利用成虫的趋光性，于成虫盛发期，在果园内设诱虫灯，或在园外空地隔一定距离设一火堆诱杀。

③ 适时进行园地耕作，破坏幼虫（蛹）的适生环境以及直接杀死部分虫蛹，降低虫口数量，减轻为害。

④ 在成虫盛发前，选用40%氯虫·噻虫嗪水分散粒剂4000～5000倍液，或用26%氯氟·啶虫脒水分散粒剂3000～4000倍液，或用5%氯虫苯甲酰胺悬浮剂1500～2000倍液等喷雾防治。

二十一、棉花弧丽金龟

棉花弧丽金龟属鞘翅目，丽金龟科，别名无斑弧丽金龟、棉蓝丽金龟等。成虫群集为害花、嫩芽，造成受害花畸形（图9-41）或死亡，叶片成缺刻或孔洞，严重的仅残留叶脉基部。幼虫为害猕猴桃须根、营养根的皮层或逐渐深入髓部，形成不规则的伤口，严重的把根基部咬断或取食一空。

1. 形态特征

成虫体长10～14mm，宽6～8mm，体色深蓝略带紫，有蓝绿色闪光。前胸背板基部略拱起，光滑。鞘翅平坦而短，基部最宽，后缘明显收缩。翅面有6条纵列刻点。中胸腹突长，侧扁，端圆。足粗壮，中、后足胫节呈纺锤形。

图 9-41 棉花弧丽金龟（成虫）（彩图）

2. 生活习性

1 年发生 1 代，以末龄幼虫越冬，由南至北成虫依次于 5～9 月出现，8 月中下旬成虫较多。成虫有雨后出土习性，飞翔能力强；有假死性和趋光性。通常卵成堆产在受害植株根部附近的土壤中。老熟幼虫在地下筑土室化蛹，在土室内越冬。

3. 防治方法

同白星花金龟。

二十二、小绿叶蝉

小绿叶蝉（*Empoasca flavescens* Gillette）属同翅目，叶蝉科（图 9-42）。别名：茶叶蝉、桃小浮尘子、桃小叶蝉、桃小绿叶蝉等。分布：除西藏、新疆、青海未见报道外，广布全国各地。

1. 为害特点

成虫、若虫刺吸芽、叶和枝梢的汁液，被害初期叶面出现黄白色斑点，渐扩成片，严重时全叶苍白早落。

2. 形态特征

成虫体长 3.3～3.7mm，淡黄绿色至绿色，头部向前突出，头冠长度短于二复眼间宽。复眼灰褐色至深褐色，无单眼。前胸背板及小盾片淡鲜绿色，二者以及头部常有白色斑点。前翅近于透明，淡黄白色，周缘具淡绿色细边，前缘区的白色蜡区明显或消失，翅

图 9-42　小绿叶蝉（成虫）（彩图）

端部的第 1、2 分脉在基部明显分离，并向端部伸出。后翅透明、膜质。各足胫节端部以下淡青绿色，色泽鲜明；爪为褐色。腹部背板较腹板的黄色或黄绿色深，末端淡青绿色。若虫共 5 龄，末龄若虫体长 2.5～3.5mm，与成虫相似。

3. 生活习性

1 年发生 4～6 代，以成虫在落叶、杂草或低矮绿色植物中越冬。旬均温 15～25℃适宜其生长发育，28℃以上及连阴雨天气虫口密度下降。成、若虫喜欢白天活动，在雨天和晨露时不活动，时晴时雨、杂草丛生的果园利于虫口发生。成、若虫善跳，可借风扩散，有补充营养的习性，常在叶背刺吸汁液或栖息。

4. 防治方法

① 成虫出蛰前，及时清除生产园中落叶、杂草，刮除翘皮，减少越冬虫源。

② 药剂防治。虫口量大时，喷洒 5%啶虫脒乳油 2000～3000 倍液或 4%阿维·啶虫脒乳油 1200～1500 倍液。

二十三、斑衣蜡蝉

斑衣蜡蝉（*Lycorma delicatula* White）属同翅目，蜡蝉科（图 9-43）。别名：椿皮蜡蝉、斑衣、樗鸡、红娘子等。分布在辽宁、甘肃、陕西、山西、北京、河北、河南、山东、安徽、江苏、上海、浙江、江西、湖北、湖南、福建、台湾、广东、广西、四川、云南。

图 9-43　斑衣蜡蝉（成虫）（彩图）

1. 为害特点

成虫、若虫刺吸枝、叶汁液，排泄物常诱致煤污病发生，削弱生长势，严重时引起茎皮枯裂，甚至死亡。

2. 形态特征

成虫体长 15～20mm，翅展 39～56mm，雄体较雌体小，暗灰色，体翅上常覆白蜡粉。头顶向上翘起呈短角状，触角刚毛状 3 节红色，基部膨大。前翅革质，基部 2/3 淡灰褐色，散生 20 余个黑点，端部 1/3 黑色，脉纹色淡。后翅基部 1/3 红色，上有 6～10 个黑褐斑点，中部白色半透明，端部黑色。

卵长椭圆形，长 3mm 左右，状似麦粒，背面两侧有凹入线，使中部形成一长条隆起，隆起之前半部有长卵形盖。卵粒排列成行，数行成块，每块有 9～10 粒，上覆灰色土状分泌物。

若虫与成虫相似，体扁平，头尖长，足长。1～3 龄体黑色，布许多白色斑点。4 龄体背面红色，布黑色斑纹和白点，体侧具明显的翅芽，末龄体长 6.5～7mm。

3. 生活习性

1 年 1 代，以卵块于枝干上越冬。翌年 4～5 月陆续孵化。若虫喜群集嫩茎和叶背为害，若虫期约 60d，脱皮 4 次羽化为成虫，羽化期为6月下旬～7月。8月开始交尾产卵，多产在枝杈处的阴面。成虫、若虫均有群集性，较活泼，善于跳跃，受惊扰即跳离，成虫则以跳助飞。多白天活动为害。成虫寿命达4个月，为害至10月下旬陆续死亡。

4. 防治方法

① 发生严重地区，结合冬季修剪摘除卵块。

② 结合防治其他害虫兼治此虫，喷洒20%氰戊·辛硫磷乳油1200倍液有较好效果。由于若虫被有蜡粉，所用药液中如能混用含油量0.3%～0.4%的柴油乳油剂或黏土柴油乳剂，可显著提高防效。

二十四、黑尾大叶蝉

黑尾大叶蝉属同翅目，叶蝉科，别名黑尾浮尘子（图9-44）。在国内分布广泛，以成虫、若虫刺吸寄主嫩叶为害，主要寄主有猕猴桃、柑橘、梨、桃、葡萄和枇杷等。

图9-44　黑尾大叶蝉（成虫）（彩图）

1. 形态特征

成虫体长13mm左右，橙黄色。头部、前胸背板及小盾片深黄色。在头冠部中央近后缘处，有一明显的圆形黑斑，顶端另有黑斑1枚。前翅为橙黄色而稍带褐色，在翅基部有一黑斑，翅端部全为黑色，后翅黑色。胸、腹部与腹部背面均黑色，在胸部腹板侧缘及腹部环节边缘具淡黄白色边。

2. 生活习性

每年发生1代。以成虫潜伏于杂草丛、小灌木及小竹林中越冬，翌年4月下旬至5月上旬出现，5月中下旬产卵，6月上中旬孵化，8月上中旬羽化。越冬后的成虫，早春喜寄生于嫩叶及嫩芽上。

3. 防治方法

① 农业防治。做好冬季清园，成虫出蛰前及时刮除翘皮，清除落叶及杂草，以减少越冬虫源。

② 若虫孵化盛期，及时喷洒25%噻嗪酮可湿性粉剂1000～1500倍液或22%噻虫·高氯氟悬浮剂3000倍液或26%氯氟·啶虫脒水分散粒剂3000～4000倍液等。

二十五、斑带丽沫蝉

斑带丽沫蝉属同翅目，沫蝉科。别名：小斑红沫蝉、桃沫蝉、桑赤斑沫蝉（图9-45）。主要寄主有猕猴桃、桑、桃、茶、油茶等，以成虫、若虫为害嫩枝，吸取汁液。

图9-45　斑带丽沫蝉（成虫）（彩图）

1. 形态特征

成虫体长13～15mm，体大型，美丽。头部、前胸背板和前翅橘红色，黑色斑带明显。头颜面极鼓起，两侧有横沟，冠短。复眼黑色，单眼黄色、小。前胸背板长宽相等，前、后侧缘及后缘有缘脊，近前缘有2个小黑斑，近后缘有2个近长方形的大黑斑。前翅橘红色，基部到网黑区之间有6～8个黑斑，形成宽带，故名“斑带丽沫蝉”。

2. 生活习性

每年发生1代。以卵在枝条上或枝条内越冬，翌年4月开始孵化，5月中下旬为孵化盛期，若虫经多次蜕皮于6月中下旬羽化为成虫。成虫羽化需较长时间，吸食嫩梢基部汁液以补充营养。7～8月成虫开始交尾产卵，卵产在枝条新梢内。成虫受惊时，即行弹跳或做短距离飞行。

3. 防治方法

① 秋、冬季剪除有卵的枯枝并销毁，减少越冬虫源。

② 虫群集为害期，用40%氯虫·噻虫嗪水分散粒剂4000～5000倍液，或用22%噻虫·高氯氟悬浮剂3000倍液，或用25%噻嗪酮可湿性粉剂1000～1500倍液喷雾防治。

二十六、八点广翅蜡蝉

八点广翅蜡蝉（*Ricania speculum* Walker）属同翅目，广翅蜡蝉科（图9-46）。除西北、东北少数产区外，全国其他产区均有分布。

1. 为害特点

成、若虫刺吸嫩枝、芽、叶汁液。雌虫产卵时把产卵器刺入内枝茎内，破坏枝条组织，受害枝轻则枯黄，重则枯死。

2. 形态特征

成虫体长6～7mm，翅展18～27mm，头、胸部黑褐色，触角刚毛状，翅革质，密布纵横网状脉纹，前翅宽大，略呈三角形，翅面被稀薄白色蜡粉，翅上生白色透明斑5～6个。

3. 生活习性

1年1代，以卵在当年生枝条里越冬。若虫5月中下旬至6月

图 9-46　八点广翅蜡蝉（成虫）（彩图）

上中旬孵化，低龄若虫常数头排列在同一嫩枝上刺吸汁液为害。4龄后分散在枝梢、叶、果间，爬行很快，善于跳跃。若虫期40～50d，7月上旬成虫羽化，飞行力强，寿命50～70d，为害至10月，成虫产卵期30～40d，卵产于当年生嫩枝木质部里，产卵孔排列成一纵列，孔外带出部分木丝并覆有白色絮状蜡丝，很易发现和识别。

4. 防治方法

① 冬春季剪除被害产卵枝，集中深埋或烧毁。

② 虫量多时，于6月中旬至7月上旬若虫羽化为害期时喷洒10%吡虫啉可湿性粉剂3000倍液或10%氯氰菊酯乳油2000倍液。

二十七、麻皮蝽

麻皮蝽属半翅目，蝽科（图 9-47）。别名：黄斑蝽、麻皮椿象、臭屁虫等。以成虫、若虫刺吸猕猴桃嫩梢、嫩叶和果实汁液为害。叶片和嫩梢被害后出现黄褐色斑点，叶脉变黑，叶肉组织颜色变暗，重者导致叶片提早脱落、嫩梢枯死。果实受害，果面呈现坚硬青疔。

1. 形态特征

成虫体长18～23mm，宽8～11mm，体稍宽大。背部棕黑褐色，前翅背板、小盾片、前翅革质部布有不规则细碎黄色凸起斑

图 9-47　麻皮蝽（成虫）（彩图）

纹，前翅膜质部黑褐色。

2. 生活习性

每年发生 2 代。以成虫于草丛、树皮裂缝、枯枝落叶下及墙缝、屋檐下越冬。翌春猕猴桃发芽后开始活动，5 月上旬至 6 月下旬交尾产卵。第 1 代若虫于 5 月下旬至 7 月上旬孵出，6 月下旬至 8 月中旬羽化为成虫。第 2 代卵期在 7 月上旬至 8 月下旬，7 月下旬至 9 月上旬孵化为若虫，8 月至 10 月下旬羽化为成虫，10 月开始陆续越冬。卵多产于叶背，卵期约 10d。成虫飞行力强，喜在树体上部活动，有假死性，受惊扰时分泌臭液。天敌有瓢虫等。

3. 防治方法

① 秋冬清除杂草，集中销毁或深埋。

② 人工捕杀成虫。成、若虫为害期，清晨震落捕杀成虫，该方法在成虫产卵前进行较好。

③ 在成虫产卵期和若虫期，用 26%氯氰·啶虫脒水分散粒剂 3000～4000 倍液，或用 1.8%阿维菌素乳油 2000～4000 倍液，或用 22%氟啶虫胺腈悬浮剂 5000～6000 倍液等喷雾防治。

二十八、橘灰象

橘灰象（*Sympiezomias velatus*）属鞘翅目，象甲科（图 9-48）。别名：柑橘灰象甲、猕猴桃梢象甲。杂食性害虫，分布于贵

图 9-48 橘灰象（成虫）（彩图）

州、四川、福建、江西、湖南、广东、浙江、安徽、陕西等地。

1. 为害特点

以成虫啃食猕猴桃春梢和夏梢的茎尖与嫩叶，将其咬成残缺不全的凹陷缺刻或孔洞，影响枝蔓的生长发育。

2. 形态特征

成虫体长 10mm 左右，体黑色，密披灰白色鳞毛。前胸背板中央黑褐色，两侧及鞘翅上的斑纹呈褐色。头部粗而宽，表面有 3 条纵沟，中央 1 沟黑色，头部先端呈三角形凹入，边缘生有长刚毛。前胸背板卵形，后缘较前缘宽，中央具 1 细纵沟，整个胸部布满粗糙而凸出的圆点。小盾片半圆形，中央也有 1 条纵沟，鞘翅卵圆形，末端尖锐。鞘翅上各有 1 近环状的褐色斑纹和 10 条刻点列。后翅退化，前足胫节内缘具 1 列齿状突起。雄虫腹部窄长，鞘翅末端不缢缩，钝圆锥形；雌虫腹部膨大，胸部宽短，鞘翅末端缢缩，且较尖锐。

卵长 1mm，长椭圆形，初产时乳白色，两端半透明，近孵化时乳黄色。数十粒卵黏在一起成为 1 个卵块。

老熟幼虫体长 14mm，乳白色。头部米黄色，上颚褐色，先端具有两齿，后方有一钝齿。虫体弯曲呈“C”形，无足。

3. 生活习性

1 年发生 1 代，以成虫在土壤中越冬。翌年 3 月底 4 月中旬出土，出土后首先爬向猕猴桃园内阔叶杂草上取食嫩叶以补充营养，待猕猴桃抽发嫩梢后不断地从杂草上转移，沿树干爬到树冠上取食嫩叶、嫩梢及花、幼果。4 月中旬至 5 月上旬是危害高峰期，5 月为产卵盛期。5 月中、下旬为卵孵化盛期；卵孵化后即从叶上掉落土中，钻入 10～15cm 深处，取食植物根部及腐殖质等。

4. 防治方法

① 冬季将树冠下土层深翻 15cm，破坏其土室，使越冬虫在深层中难以羽化，或羽化的成虫也难出土表。

② 3 月底 4 月初，在地面喷洒辛硫磷 200 倍液，使土表爬行的成虫触杀死亡。

③ 喷洒 24%氰氟虫腙悬浮剂 1000 倍液。

二十九、桑盾蚧

桑盾蚧（*Pseudaulacaspis pentagona* Targioni-Tozzetti）属同翅目，盾介壳虫科（图 9-49）。别名：桑介壳虫、桃介壳虫、桑白盾蚧。分布几遍全国各地。

图 9-49　桑盾蚧（成虫）（彩图）

1. 为害特点

雌成虫和若虫刺吸猕猴桃枝干、叶片及果实的汁液，造成树势衰弱或落叶等，严重的枝干枯死。

2. 生活习性

贵州猕猴桃园1年4代，以受精雌虫在枝干上越冬，第一代于4月上旬开始产卵于枝干上，卵产于雌虫的介壳内，产完卵后雌虫干缩死亡。该虫多发生在衰弱树的枝干上，群集固定取食汁液。4月中旬孵化成若虫，从雌介壳下爬出分散1～2d后在枝干上固定取食不再迁移。雌若虫共2龄期，第2次蜕皮后变成雌成虫。雄若虫期也为2龄，第2龄若虫蜕皮后变为前蛹，再经蜕皮变成蛹，最后羽化成雄成虫。雌若虫2龄后便分泌绵毛状蜡丝，逐渐形成介壳，增强抗药性。第2～4代分别发生于5月下旬～6月上旬、7月中下旬、9月上中旬。

3. 防治方法

① 建立猕猴桃园时，要远离桃、李、桑、梨等果园，避免寄主间传播。

② 冬季或春季发芽前，喷洒5%柴油乳剂或3～5°Bé石硫合剂。

③ 注意保护日本方头甲、红点唇瓢虫等天敌。

④ 于若虫孵化盛期，在虫体背面还未被蜡质所覆盖时，采用药剂防治。一般采用5%啶虫脒乳油2000倍液、2.5%高效氯氟氰菊酯乳油2000倍液、100倍机油乳剂+0.1%噻嗪酮液或10%氯氰菊酯乳油1000～2000倍液喷雾，还可采用40%辛硫磷乳油200倍液刷虫体。为提高防控效果，可在各种药液中，加入0.1%～0.2%洗衣粉。

三十、考氏白盾蚧

考氏白盾蚧（*Pseudaulacaspis cockerelli* Cooley）属同翅目，盾介壳虫科（图9-50）。别名：广菲盾蚣、贝形白眉蚧、考氏齐盾蚧。分布在山东、安徽、江苏、浙江、上海、江西、福建、台湾、广东、广西、湖北、云南、贵州、四川以及哈尔滨、山西、北京、河北等地的温室。

图 9-50 考氏白盾蚧（成虫）（彩图）

1. 为害特点

有 2 型，即食干型、食叶型。叶受害后，出现黄斑，严重时叶片布满白色介壳，致使叶大量脱落。枝干受害后枯萎，严重的布满白色，树势减弱，甚至诱发煤污病，严重影响植株生长、发育。

2. 形态特征

成虫雌介壳长 2.0～4.0mm，宽 2.5～3.0mm，梨形或卵圆形，表面光滑，雪白色，微隆；2 个壳点突出于头端，黄褐色。雄介壳长 1.2～1.5mm，宽 0.6～0.8mm；长形，表面粗糙，首面具一浅中脊；白色；只有 1 个黄褐色壳点。

雌成虫体长 1.1～1.4mm，纺锤形，橄榄黄色或橙黄色，前胸及中胸常膨大，后部多狭；触角间距很近，触角瘤状，上生一根长毛；中胸至腹部第 8 腹节每节各有一腺刺，前气门腺 10～16 个，臀叶 2 对发达，中臀叶大，中部陷入或半突出。雄成虫体长 0.8～1.1mm，腹末具长的交配器。初孵若虫淡黄色，扁椭圆形，长 0.3mm，眼、触角、足均存在，两眼间具腺孔，分泌蜡丝覆盖身体，腹末有 2 根长尾毛，2 龄若虫长 0.5～0.8mm，椭圆形，眼、触角、足及尾毛均退化，橙黄色。

3. 生活习性

广东、福建、台湾等地 1 年发生 6 代；云南露地 1 年可发生 2

代，室内1年可发生3代；上海等长江以南地区及北方温室内1年可发生3代。各代发生整齐，很少重叠。以受精和孕卵雌成虫在寄主枝条、叶上越冬。冬季也可见到卵和若虫，但越冬卵第二年春季不能孵化，越冬若虫死亡率很高。越冬受精雌成虫在翌年3月下旬开始产卵，4月中旬若虫开始孵化，4月下旬、5月上旬为若虫孵化盛期，5月中、下旬雄虫化蛹，6月上旬成虫羽化；第2代6月下旬始见产卵，7月上、中旬为若虫孵化盛期，7月下旬雄虫化蛹，8月上旬出现成虫；第3代8月下旬～9月上旬始见产卵，9月下旬～10月上旬为若虫孵化盛期，10月中旬雄成虫化蛹，10月下旬出现成虫，并进入越冬期。雌成虫寿命长达1.5个月，越冬成虫长达6个月。每雌虫平均产卵50余粒。若虫分群居型和分散型2类，群居型多分布在叶背，一般几十头至上百头群集在一起，经第2龄若虫、前蛹、蛹而发育为雄成虫；分散型主要在叶片中脉和侧脉附近发育为雌成虫。

4. 防治方法

① 加强检疫，由于该虫固着寄生极易随苗木异地传播，所以一定要严把检疫关，禁止带虫苗木引入或带出。

② 加强栽培管理，适时增施有机肥和复合肥以增强树势，提高抗虫力。结合修剪及时疏枝，剪除虫害严重的枝、叶，以减少虫源，促进植株通风透光，以减轻为害。

③ 保护利用天敌，此虫有多种内寄生小蜂及捕食性的草蛉、瓢虫、钝绥螨等天敌，因此施药种类及方法要合理，避免杀伤天敌。

④ 根施5%辛硫磷颗粒剂可最大限度地杀灭虫，保护天敌。

⑤ 在害虫卵孵化盛期，及时喷施20%甲氰菊酯乳油1500～2000倍液、2.5%高效氯氟氰菊酯乳油1500～2000倍液。

三十一、叶螨

叶螨属蜱螨目，叶螨科（Tetranychidae），俗称红蜘蛛、黄蜘蛛。叶螨活动的温度范围和适宜温度常随种类而不同。高温活动型的种类，如苹果爪螨，适生温度为25～28℃；低温活动型的种类，如苔螨，适生温度为21～24℃。多数叶螨喜好干燥的气候。

1. 为害特点

叶螨主要有山楂叶螨和二斑叶螨2种，主要集中在猕猴桃叶片背面为害，不太活泼，零星几个或群集在叶脉周围吸食叶片汁液为害（图9-51）。受害树一般每片叶上有3～10头叶螨，严重的叶片有几十甚至上百头，且大量吐丝结网。受害叶片正面先出现小块不规则失绿，后斑驳发黄，逐渐连成一片，整个叶片发红发黄，受害树或受害园远看出现黄化。严重时形成“火烧树”，最后叶片干枯、卷曲脱落，造成大量落叶。

图9-51　猕猴桃园红叶螨（成虫）（彩图）

2. 生活习性

山楂叶螨和二斑叶螨均在猕猴桃枯枝、落叶、主干老翘皮内、果园杂草上越冬。一般1年发生10～12代，盛夏高温期世代重叠交替。山楂叶螨从4月初发生，二斑叶螨在2月下旬就开始活动，6月麦收前后气温升高开始为害，7～8月是这2种叶螨为害盛期，高温干旱能加剧其繁殖。9月以后气温开始下降，叶螨为害程度逐渐减弱，猕猴桃采果后至11月，叶螨开始越冬。

3. 防治方法

① 6～8月盛夏高温期间，要适时灌水，既能防止干旱影响猕

猴桃迅速膨大，又能降低猕猴桃园气温，抑制叶螨繁殖蔓延。提倡猕猴桃园生草和合理利用杂草，改善园区小气候，以减轻高温干旱影响，但应注意要在盛夏适时刈割覆盖，破坏叶螨寄生环境。结合秋施基肥，进行树盘深翻，杀死越冬卵；冬季彻底清园，人工刮除猕猴桃主干老、翘、粗皮，清除园内杂草、枯枝落叶，带出果园集中销毁，以控制叶螨越冬基数。

② 改善果园生态环境，合理保护利用天敌，如捕食螨、异色瓢虫、草蛉、六点蓟马、小黑花蝽等，充分发挥天敌对叶螨的自然控制（天敌与叶螨比例高于1∶50时可不使用农药防治），同时使用生物农药、植物源或矿物源农药，减少喷药次数，避免对天敌的误杀。

③ 从麦收后开始，猕猴桃叶片背面平均每叶有3～5头叶螨时，应立即防治，防早、防小。药剂可选用1%阿维菌素乳油3000倍液、2.5%三氟氯氰菊酯乳油2500倍液或43%联苯肼酯悬浮剂3000倍液，注意农药轮换或交替使用。

三十二、灰巴蜗牛

灰巴蜗牛属柄眼目，巴蜗牛科，俗称水牛、蜒蚰螺（图9-52），是食性极杂的软体动物，全国普遍发生，但以南方及沿海潮湿地区较重。浙江省常见的优势种为灰巴蜗牛（*Bradybaena ravida* Benson）和同型巴蜗牛（*Bradybaena similaris* Ferussac）2种。雌雄同体。

1. 形态特征

灰巴蜗牛成贝爬行时体长30～36mm，贝壳中等大小，壳质稍厚、坚固，呈圆球形。壳高19mm、宽21mm，有5.5～6个螺层，顶部几个螺层增长缓慢、略膨胀，体螺层急骤增长、膨大。壳面黄褐色或琥珀色，并且有细致而稠密的生长线和螺纹。壳顶尖。缝合线深。壳口呈椭圆形，口缘完整，略外折，锋利，易碎。轴缘在脐孔处外折，略遮盖脐孔。脐孔狭小，呈缝隙状。个体大小、颜色变

图 9-52 灰巴蜗牛（成虫）（彩图）

异较大。卵圆球形，白色。卵壳坚硬，常 10～20 粒以上集于一起，黏成卵堆。

2. 防治方法

蜗牛发生初期至始盛期，可用6%四聚乙醛颗粒剂 0.5kg/亩撒在猕猴桃植株受害处，也可选用 70%杀螺胺粉剂，每亩 28～35g 拌细沙子撒施，持效期 10～15d。蜗牛、蛞蝓为害严重地区或田块第一次用药后隔 12d 再施药 1 次，能有效控制其危害。

第三节 自然灾害及其防治

一、低温冻害

低温冻害是北方猕猴桃产区常发的自然灾害。常见的低温冻害主要有以下 2 种：冬季低温冻害和春季低温晚霜冻害。

(一) 冬季低温冻害

1. 危害症状

自然条件下，猕猴桃正常进入休眠后具有较强的耐低温性，不会造成严重损伤，但初冬尚未进入完全休眠时突然降温就会遭受冻害。因此，冬季低温冻害主要包括休眠前极端低温和早霜冻害，以及冬季休眠期持续极端低温造成的冻害。

（1）休眠前极端低温和早霜冻害　该冻害发生时，来不及正常落叶的嫩梢和叶片受冻干枯，变褐死亡，不脱落；主干受冻后地面上部 10～15cm 处局部或环状树皮剥落，并在冻伤处枯死。以主干基部和嫁接口部位较重，其他部位较轻。

（2）休眠期持续极端低温冻害　该冻害表现为抽梢或抽条，即枝干开裂，枝蔓失水芽受冻，发育不全，或表象活而实质死，不能萌发。再伴随有低湿度和大风同时作用，会导致枝蔓失水干枯，甚者全株死亡。

2. 发生规律

据调查发现，一般 1～2 年新建园的实生苗和幼树冻害最重，3～5 年初结果园幼树冻害较重，6 年以上成龄园大树未见冻害现象。生长健壮的树受冻轻，弱树受冻重。负载量大的树受冻重，合理负载的树受冻轻。河道、平原主产区受冻严重；沙土地受冻重；低洼地、山前阴坡地、迎风面冻害较重；开阔平地、阳坡地、背风地冻害较轻。

3. 预防措施

越冬休眠前的防冻措施一定要在落叶后至土壤封冻前进行，最晚不超过冬至。应根据天气预报，及时采取措施预防冻害的发生。

① 加强果园管理，提高植株抗寒性。秋季加强水肥管理，少施氨肥，使树体提早落叶休眠，增强抗寒力；入冬后及时灌防冻水，大雪后及时摇落树体上的积雪，融雪前清除树干基部周围的积雪。栽植抗寒品种或用抗寒性砧木嫁接栽培品种，苗木和实生苗嫁接时采取高位（80cm 左右）嫁接，提高嫁接口的位置。

② 培土防冻。对于未上架的幼树或定植后不久的幼树，采用下架埋土防寒。在植株主干基部周围培 50cm 高的土堆，呈“馒头”形。

③ 树干涂白。冬前采用涂白剂涂覆猕猴桃主干和枝条，既可

防冻又可防治越冬病虫害。涂白剂配方为生石灰∶石硫合剂原液∶食盐∶水＝2∶1∶0.5∶10。不建议树干涂黑。但是，涂白对于极端严重低温冻害和冻害严重的果园防冻效果有限，建议及时关注天气预报，一旦预报有极端低温天气，或有历年冻害严重的果园，应及时包干防冻。

④ 包干防冻。可用破棉被、废纸、稻草、麦秸等包裹主干，特别要将树的根颈部包严来防冻，其中，以稻草包干防冻效果相对较好，也可与树干涂白并用。特别需要注意的是，包干材料一定要透气，严禁用塑料薄膜包干，防止由于不透气导致树干死亡。

⑤ 喷用防冻剂。全树喷布防冻液，可有效减轻冻害发生。供选用的防冻剂有混合盐制剂和生物制剂等，但必须提前喷施。

⑥ 冬季极端低温的预防。关注天气预报，霜冻来临、急剧降温前及时采取树体喷水、果园烟熏和风车吹风等方法来预防冻害。这些措施都要在冻害来临前应用，否则起不到应有的作用。树体喷水适合于水凝结点0℃以下的急剧降温情况。果园熏烟一般在0:00至1:00进行，可用锯末放烟或在烟煤做的煤球材料中加入废柴油，能迅速点燃，又不起明火。每棵树下放置1块，通过烟雾避免猕猴桃园温度极度降低而对树体造成损伤。

（二）春季低温晚霜冻害

1. 危害症状

由于春季晚霜发生期，猕猴桃均已萌芽展叶，基本到了花蕾期，所以此时出现低温晚霜冻害，猕猴桃的芽、叶片、花蕾和枝条都会冻伤。受冻后已发育的器官变褐、死亡，导致芽不能萌发。萌发的嫩梢、幼叶冻伤，初期呈水渍状，后变黑枯死。发生严重时常常造成减产甚至绝收。

2. 发生规律

春季低温晚霜冻害在北方猕猴桃产区多发生于春季的3月底至

4月上旬，主要危害早春萌发的新芽、嫩叶、新梢、花蕾和花。凡是能避开晚霜发生期的品种受冻轻。一般芽萌发早的‘秦美’和‘哑特’等受冻概率大，而芽萌发迟的‘海沃德’等品种能躲过晚霜危害。地势低洼的果园受冻严重。

3. 预防措施

① 在易遭受晚霜危害的产区，选择栽植芽萌发较晚的品种如‘海沃德’等。

② 加强果园水肥管理。在易发生倒春寒的产区，在猕猴桃萌芽前及时浇水2～3次，以降低温度，推迟萌芽期。

③ 在萌芽至花期晚霜来临前，给全树喷施0.3%～0.5%的磷酸二氢钾水溶液，或10%～15%的盐水，增加树体抗寒力。喷施0.1%～0.3%的青鲜素（抑芽丹），推迟花期和芽的萌发，避开晚霜。

④ 灌水、喷水。全园提前灌溉1次。在低温来临前，打开灌溉设施连续喷水，缓和园区温度骤降，减轻冻害。

⑤ 熏烟。果园夜间熏烟，在晚霜来临前，在果园堆好柴禾和锯末，一般每亩6～7堆。当夜间温度降至1℃时，立即点燃放烟，不能有明火，可预防晚霜危害。

（三）低温冻害后的补救技术

1. 根据受冻程度不同，采取不同补救措施

对于全株完全冻死的树体，及时挖除补栽；地上部分冻死的大树，在伤流前从主干基部去掉地上部分，新发强壮萌蘖在夏季进行高位（1m左右）嫁接，实现当年萌发当年嫁接、当年上架，第二年结果。受冻严重的实生苗和幼树，尽快平茬、重新嫁接或补苗。平茬更新时，萌发新枝后留2～3个枝条，其余的剪除，及时嫁接品种。对冻害较轻的初结果树，进行桥接恢复树势，在萌芽前或7～8月对主干冻害部位进行上下桥接。在易冻区实行多主干上架。

2. 加强果园管理，及时补充营养，尽快恢复树势

受冻不太严重的果园，及时喷施生长调节剂如芸苔素内酯、碧护等和速效营养液如氨基酸混合肥、稀土微肥或磷酸二氢钾等以补充营养、修复冻伤，促进受冻树体恢复，采用低浓度、多次、叶面喷施为宜。同时，加强果园土、肥、水管理，受冻结果树要摘除全部花，不留果，减少树体养分消耗；晚霜危害的植株花期尽可能少留花、少结果以恢复树势。

受冻严重的果园，由于新梢、叶片受损严重，出现枝梢、叶片干枯，失去吸收能力，暂不需喷施生长调节剂和速效营养液。应加强果园土、肥、水管理，促使未萌发的中芽、侧芽、隐芽、不定芽萌发，同时，根据具体情况可适当选留花果。经7～15d恢复后，根据果园恢复程度再采取进一步措施。及时疏除冻死枝叶、无萌发的光杆枝、染病枝等。

受冻果园后期管理以恢复树势为主，可采取以下措施严格管理：①推迟抹芽、摘心和疏蕾，待天气稳定后，根据树的生长情况，进行抹芽摘心、疏蕾，确保当年的枝条数量；②及时追施氨基酸、腐植酸、海藻酸等肥料，提供根系生长发育所需的营养，促使萌发新枝；③对于受冻恢复果园，由于生殖生长受损，营养生长会偏旺，夏季管理要控氮防旺长，促使枝条健壮生长，形成良好结果枝。

3. 防控病虫害

猕猴桃树体受冻后植株抗病虫害能力会下降，容易产生继发性病害，应及时剪除冻死的枝干，用50倍机油乳剂封闭剪口；全园喷施3%中生菌素水剂600～800倍液或2%春雷霉素水剂600～800倍液等杀菌剂防止溃疡病等感染。

4. 关注天气预报，防止低温造成二次冻伤

关注最近天气预报，若再有大幅降温，及时采取果园放烟或全园喷水等措施预防，防止再次降温加重冻害。低温环境条件下，尤其是低洼和通风不畅的果园，及时放烟或全园喷水等可避免大幅

降温。

二、风害

（一）风害危害特点

猕猴桃属藤本果树，新梢肥嫩、叶薄而大，易遭受风灾的危害。风灾对猕猴桃枝、叶和果实均可造成危害。特别是在浙江、福建、广东、上海等南方沿海地区，6～9 月常会有台风登陆，危害很大。

1. 大风直接造成机械损伤

大风可吹坏栽培的立架，常使嫩枝折断，新梢枯萎，叶片破碎，果实脱落，轻者叶片撕裂，重者新梢从基部吹劈，初结果园，如‘海沃德’发芽迟，新梢生长快基部不充实，极易被强风吹劈。

2. 摩擦

夏季风害可造成叶片、果实相互摩擦，直接影响叶片的光合作用和果实的外观品质，从而影响产量和果实的销售。

3. 抽条、干枯

冬季西北风不停吹再加上低温，很容易导致枝蔓严重失水干枯，抽条，使大量枝条死亡。

4. 干热风

夏季气温超过 30℃、空气相对湿度 30%以下以及风速 30m/s 时，往往会产生干热风，导致猕猴桃失水过度，新梢、叶片、果实萎蔫，果实日灼，叶缘干枯反卷，严重时会脱落。北方 6 月份的干热风成为发展猕猴桃的一个重要限制因子。

（二）大风预防措施

1. 科学选址建园

建园时选择避风的地块，避免迎风地块。在山区、丘陵地区栽植，应选择背风向阳的地块。栽培时加固架面，选择抗风的大棚架。

2. 建设防风林和防风障

在大风频繁发生的地区，应建设防风林。树种以速生杉木、水杉为佳，避免猕猴桃受风灾危害。还可在果园迎风面建设防护林的基础上，设立由塑料膜或草秸等构成的风障，减低风速。

3. 及时灌水

根据天气预报，在干热风来临前1～3d进行1次灌水，干热风来临时，对猕猴桃园进行喷水，也可在树上挂鲜草遮阳缓解危害。

4. 果园生草

在常发干热风地区，采取果园间作玉米或果园生草，可以很好地缓解干热风的危害。

（三）防台风措施

1. 台风前防护

① 清理沟系，确保雨后水能及时排出；②加固大棚；③未进入采摘期的品种要提前做好病害预防措施。

2. 台风灾后管理技术要点

① 开沟排水。园内有积水，应开沟排水。排水后数日及时松土散墒，把根颈周围的土壤扒开晾根，增大蒸发量，提高土壤通气性，促使根系尽快恢复吸收机能。

② 清除树冠残留异物，必要时可用清水喷洗树冠。外露的根系要晾根后重新埋根入土，并培土覆盖。土壤浇施或微喷管施1次翠康等促进发根液，促进根系恢复和生长。

③ 适时松土和根外追肥。水淹后，园地板结，造成根系缺氧。在脚踩表土不黏时，进行浅耕松土，促发新根。松土后，依树势、树龄、产量等适时追肥。

④ 适度修剪。重灾树修剪稍重，轻灾树轻剪。对灾后落叶的树及时修剪枯枝，回缩到健康枝段部位。全树剪去枯枝、病虫枝、纤弱枝，使树体通风透光。

⑤ 病虫防治。涝后易感溃疡病等病害，可全园喷布3～5°Bé石

硫合剂清园1次，进行全园杀菌。若出现溃疡病，则间隔10～15d喷一次，连喷2～3次防治药剂，落叶后可加大浓度，采用淋洗式喷雾，连喷2次。若出现褐斑病等叶部病害，间隔7～10d喷一次，连喷3次防治药剂。

三、强光高温

（一）强光高温对猕猴桃的危害

1. 叶片青干，呈火烧状

6～7月温度达35℃以上，叶片受强光照射5h时，叶片边缘会出现水渍状失绿，后变褐发黑。如持续2d以上，则叶片边缘变黑上卷，呈火烧状。严重时可引起早期落叶。

2. 果实日灼

5～9月强光高温天气，果实暴晒在阳光下就会发生日灼，表现为果肩部皮色变深，皮下果肉褐变而停止发育，形成洼陷坑，有时表面开裂，病部易发炭疽等病害。严重时，果实软腐溃烂。

（二）发生规律

一般“T”形架栽培有果实外露的常有日灼发生。大棚架整形的猕猴桃果园由于果实基本上全在棚架下面，发生果实和枝蔓的日灼病较轻。但是，猕猴桃果实怕直射的强烈日光，如果在5～9月份未将果实套袋或遮阴而直接暴晒在阳光下，就会发生日灼。

叶片、果实发生高温日灼为害往往与其结构有关，叶片较嫩，果皮较薄，就容易发生日灼。日灼主要发生于树势较弱的初挂果园，3～5年生的果园受害重，5年生以上的果园受害轻。新梢数多的猕猴桃园发生日灼较新梢数少的轻，生草覆盖的猕猴桃园较未生草的发生轻，幼园、未遮阴的果园发生重。一般修剪过重，枝叶量少的猕猴桃园都易发生日灼。

（三）预防措施

1. 加强果园管理

①果园失水时应及时灌水，有条件的园区可隔几天喷1次水。

②果园生草可以有效防止高温强光天气的危害，也可用麦糠或麦草覆盖果树行间。③夏季修剪要合理，留好合理的枝叶比，使枝叶本身保护果实免受强光直射，适当保留些背上枝遮阴，剪除下垂枝改善通风条件，有利于防止日灼。④在易发生日灼的天气，在树上挂草遮盖裸露的果实，可减低日灼。⑤加强病虫害防治及树体管理，防止叶片早落，有利于防止日灼。⑥对于较大的修剪口和伤口应及时涂抹保护剂，减少水分蒸发。

2. 间作覆盖

可在行间两边种植玉米，给幼树遮阴，避免日光直射。高温季节也可用农作物秸秆、野草和树叶等进行地面覆盖，减轻危害。

3. 果实套袋

从幼果期开始，对果实进行套袋遮阴，可以防止日光直射，降低果面温度，降低日灼的发生率，提高商品果率。关中地区适宜套袋时间为6月下旬至7月上旬，要选择通气孔大、质量好的纸袋。通气孔小时可略剪大，以利通气，降低袋内温度。一般可降低1～2℃。

4. 叶面喷雾保护

在6～7月份高温季节，可喷施氨基酸液肥400倍液，每隔10d左右喷1次，连喷2～3次，或可喷施抗旱调节剂黄腐酸，每亩喷施50～100mL，既可降低果园温度，又可快速供给营养。未施膨大肥的猕猴桃园要增施钾肥，可喷施0.1%～0.3%磷酸二氢钾或硫酸钾，连续2～3次，能达到抗旱防日灼效果。

四、干旱

（一）干旱危害特点

猕猴桃根系分布浅，叶片蒸腾旺盛，最怕高温干旱，喜凉爽湿润气候条件，对土壤缺水极其敏感。7～8月高温季节遭遇持续干旱，常造成猕猴桃叶片萎蔫枯焦，叶片脱落，果实不能膨大，严重时植株死亡。在花芽分化期持续干旱不利于花芽分化，果实膨大期持续干旱常影响果实生长，且易落果。

（二）干旱的预防技术

1. 建造灌溉设施

建园时要保证有充足的水源和灌溉条件。猕猴桃喜湿润气候，最怕干旱，因此在建园选址时，要建设果园灌溉设施，保证在干旱条件下，能满足猕猴桃需水的要求。

2. 及时灌溉

干旱时应及时进行灌溉。冬灌在封冻前的 11 月至 12 月上旬，春灌在 3 月上旬至 4 月上旬萌芽前，生长期在 5～6 月新梢、叶片旺盛生长和开花坐果的关键时期及时灌水，降雨少的 7～8 月也要及时灌溉。适宜采用地面灌水和喷灌相结合的方法。

3. 蓄水保墒

采取果园生草和秸秆覆盖等蓄水保墒措施。果园生草能降低果园的水分蒸发和温度。果园地表覆盖能防止田间水分蒸发，保持土壤湿度，有利于根系生长。一般在早春时开始覆盖，夏季高温来临前结束，可以选用秸秆、锯末、绿肥和杂草等材料进行覆盖，厚度在 20cm 左右。覆盖方式有树盘覆盖、行间覆盖和全园覆盖，可因地制宜选择合适的覆盖方法。

五、涝灾

（一）危害特点

1. 引发病害

连续阴雨会引起根系呼吸不良，发生根腐病。长期渍水会使叶片黄化早落，严重时植株死亡，同时湿度过大，会导致病害加重。

2. 导致裂果

果实易发生裂果现象。

（二）发生危害规律

涝灾主要由于雨季降水偏多，园中积水过多且不能及时排出造成。8～10月间天气突降暴风雨或连续阴雨容易引起涝灾危害。低洼地、排水不通畅和水位高的果园发生严重，一般南方降水较多的地区发生严重。

（三）预防措施

1. 科学选址建园

建园时，一定要避开经常发生暴风雨的地区。选择水位低、排水通畅的地块，避开低洼地。

2. 高垄栽培

在多雨易发生涝害的果园，要进行高垄栽培。

3. 避雨栽培

对于在时常有暴风雨发生地区已经建好的猕猴桃园，生长季要关注天气预报，组织安装防暴雨设施，或设置防雨棚（图9-53、图9-54）。

图9-53 猕猴桃钢架大棚示意图

（单棚或避雨棚，肩高2.2～2.5m，彩图）

4. 修建好猕猴桃园的灌溉排水设施

一旦发生涝灾，需及时开通排水系统排干园中积水，保护植株根系，以免受到损伤。

图 9-54　猕猴桃钢架大棚示意图

（连栋大棚，肩高 3m，彩图）

（四）灾后急救措施

1. 及时排涝

及时快速地排出果园积水，清除淤泥，防止树体浸水时间过长而死亡，特别是地势较低、容易积水的果园可以使用水泵排出积水。

2. 加强果园管理

涝灾过后，需做好地面管理，及时对树盘进行中耕松土，使土壤疏松透气、根系恢复正常的生理活动。做好架面管理，及时夏剪疏除过密的枝条，增强果园通风透光能力，降低湿度，减轻病害发生。

3. 防控病虫害

涝灾导致果园积水，降低土壤通透性，造成土壤缺氧，容易发生根腐病，同时果园湿度增加，树体受灾后抗性降低，高温、高湿条件下也易发生褐斑病等叶部病害。应及时调查，及早发现，并及早采取药剂防治措施防控病害，具体用药参见根腐病和褐斑病的防治。

六、冰雹

猕猴桃生长季节遭受强对流天气危害，同时容易伴随暴雨和冰雹发生，严重损伤猕猴桃树体、枝条、叶片、花蕾和果实，造成严重经济损失。在易发生冰雹的产区，一定要做好冰雹灾害的预防工作。

（一）危害特点

1. 机械损伤

冰雹高空落下造成砸伤。猕猴桃生长季节遭受冰雹天气会严重损伤猕猴桃植株、枝条、叶片、花蕾和果实等，轻的部分枝条、叶片和果实受损，枝条打折、果实砸伤；重的造成大量枝条折断和落叶、落果现象，严重时整个树上伤痕累累，枝条、叶片和果实全部打落在地。

2. 影响果园土壤

冰雹砸到地上造成土壤板结，透气性差，影响植株生长，加上伴随暴雨造成积水，导致根腐病等发生。

（二）冰雹的预防

1. 科学选址建园

根据当地冰雹发生规律，避免在冰雹多发区和冰雹带建园。

2. 建设防雹网等设施防护

在冰雹多发区建园，最好的防雹措施就是建设果园防雹网，将果树遮盖住，避免冰雹砸伤。

3. 关注天气预报，人工防雹

冰雹对猕猴桃造成的损失严重，在冰雹等强对流天气易发地区，要根据天气预报做好人工防雹工作，比如用防雹高炮向云层发射防雹弹，化雹为雨等。

（三）灾后救灾技术

冰雹对猕猴桃造成的危害损失严重，在冰雹等强对流天气易发地区，一方面要根据天气预报做好预防措施，开展人工防雹工作；另一方面，遭受冰雹袭击后要及时开展救灾工作。

1. 及时排涝

冰雹属于强对流天气，一般都伴随着大雨，甚至暴雨，灾后要及时排涝。地势较低、排水不畅的果园，开挖排水沟或使用排水泵，尽快排出果园积水，清除淤泥，以免影响根系呼吸，也可避免树上留存果实裂果。

2. 及时清园

灾后及时清理残枝、落叶、落果。重灾果园，要尽快清理果园内落叶、落果等，疏除砸断和砸折的受伤枝条，尽量保留树体叶片，促进树体恢复。打断的枝梢从断茬处稍向下短截。留存的主枝和枝条，剪除顶端幼嫩部分，促进新梢成熟。剪除被打折断的树枝、新梢等。摘除砸伤的果实。选留基部位置合适的新发枝梢，培养长势中庸的更新结果母枝，修剪伤口要平滑，剪口和修剪工具要消毒。

3. 及时喷药

雹灾过后果实和枝叶受伤破损，形成大量的伤口。树体受伤，抗病能力下降，容易感病，因此灾后需尽快全园喷药，保护伤口，促进伤口愈合，防止病菌入侵感染。保护伤口，预防溃疡病可喷施3%中生菌素水剂600～800倍液或2%春雷霉素水剂600～800倍液，或50%氯溴异氰尿酸1000倍液等。

4. 及时追肥

叶片被冰雹砸伤后，养分合成往往受阻，而创伤愈合需要养分，灾后气候转晴后趁地湿，抓紧时间抢施一次速效氮肥和磷肥，增加树体营养，促进根系康复生长，促发新枝，促进树体恢复，也可以叶面喷0.3%尿素或磷酸二氢钾，同时可喷施生长调节剂如芸苔素内酯、碧护等生长调节剂及氨基酸螯合肥、稀土微肥等，采用低浓度多次叶面喷施。

5. 及时中耕

受冰雹冲击后果园地块容易板结，通透性差，影响根系生长和吸收作用，因而要及时对受灾果园树盘进行中耕松土，破除土壤板结，提高透气性，确保土壤养分供给，增强根系的呼吸和吸收能力，使根系恢复正常生理活动。注意松土时不能伤根，松耕深度10～20cm为宜。坡地的猕猴桃须及时培土固根，防止因雨水冲刷而造成根系裸露，影响根系生长。

第十章 猕猴桃果实采收及采后处理

第一节　果实采收

一、采收时期

猕猴桃的采收时期对其品质和储藏有重要影响。采收过早，果实尚未成熟，而且果实重量轻、糖分低、果味淡而酸涩，不耐储藏；采收过晚，果实已经成熟，硬度明显降低，且易发酵变质，品质下降，耐贮性降低。因此，要根据果实的成熟度和市场需求来确定采收时期。一般鲜食用的猕猴桃在接近七成熟时采收；制作果汁或果酱用的果实，如果短途运输、加工厂能及时处理的可在九成熟时采收；制作糖水切片罐头用的果实，可以在八成熟时采收；储藏用的果实在商业成熟（七成熟）时采收。

具体采收时间依据如下。

（一）依据猕猴桃生长期来决定采收时间

猕猴桃在不同地方种植，其成熟期和采收时期均不一样。由于每年气候有差别，红肉猕猴桃在年平均气温 15℃的区域，果实生长期从谢花开始计算，生长 130～140d 作为储藏成熟度采收的时期，时间约 9 月上、中旬，生长期应以年平均气温作参考。如 8 月份遇到高温干旱或低温多雨年份，采收期可适当提前或推后几天。

根据多年积累的种植和采收经验，基本上能凭借果实生长期来确定采收期。

（二）依据猕猴桃的硬度来决定采收时间

未成熟的果实，由于原果胶含量多，果实坚硬，在果实成熟后，原果胶在果胶酶的作用下分解为可溶性果胶、果胶酯酸等，淀粉则在淀粉酶的作用下转化为单糖，使细胞结构受损，果肉硬度下降，果实变软。因此，也可根据果实硬度确定果实采收期。

（三）依据猕猴桃可溶性固形物含量来决定采收时间

可溶性固形物的主要成分是糖，根据糖酸比值可判断果实的品质和成熟程度。果实成熟度高，则糖分高，酸少，糖酸比值大；果实成熟度差，则糖酸比值小。采收时，果实中可溶性固形物含量与果实软熟后的质量有密切关系，而且年份之间相对稳定。因此，可根据可溶性固形物的含量来确定最佳采收时期。通常在果实成熟期，淀粉含量从最高值开始下降，果实中全糖增加，淀粉和全糖组成的碳水化合物含量达到最大值时为采收适期。猕猴桃的可溶性固形物含量达到6.5％时被视为最低的采收标准，而7％至12％则被认为是最佳采收期。采收过早，果实容易发酸变质，果型较小且风味差；采收过迟，则果实会软化变质，果皮皱缩，外观质量差，商品率低。

宜选择在晴天上午或晨雾、露水消失以后采收果实，如阴雨天和露水未干时采收果实，则其含水量高，表面水分多，湿度大，容易感染病原微生物，也不利于储藏。避免在高温天气中午有强烈阳光时采收果实，因其果实温度高，所带的田间热多，不利于降温储藏。采前10d果园不能灌水，大雨后不宜采果，应在雨后3～5d后进行采收。

二、采收方法

采收方式对果实的采后质量、储藏效果影响很大。一般采用人工采收和机械采收两种。

人工采收时应做到轻拿轻放，轻装轻卸，以避免机械损伤，减少腐烂。但是，人工采收效率低。在生产量大、劳动力紧缺的地方，可采用机械采收。机械采收效率高，不足之处是容易造成果实机械损伤，影响储藏效果。在提倡生产“精品”和“高档果品”前提下，国内外果实采收主要用人工采收。采收时应使用专用的采收工具，避免损伤果实和树枝。

果实成熟时，果梗与果实之间逐渐形成离层，采收时把果实拿在手中，用手指将果梗轻轻一按，果实与果梗便自然分离。采收技术的关键在于避免一切机械损伤，保证果实完整无损。为达到这一目的，在采收前应对采果人员进行基本操作培训，采收人员应剪短指甲并戴上手套，以免指甲划伤果实。对未取袋的连果袋采下，然后去袋装箱或连袋装箱，运回操作间后边散热边脱袋。

在采果前，应准备好采果篮或采果袋、采果筐以及运输用的塑料周转箱、木箱等工具，果箱大小以装果 20kg 左右为宜。使用采果篮、采果筐时，要预先在果篮和果筐底部铺上纸屑、泡沫、棉线等柔软物质作衬垫。

果实装至离容器上沿 5cm 左右即可。若果实装得过满，在搬运过程中很容易滚落在地，产生磕碰，还容易加重底部果实受到挤压或碰撞的风险，造成机械损伤，引起腐烂。使用采果袋比较方便，采摘人员可以将其挎在肩上，一边采摘，一边顺手将果实放进袋中。采果袋一般用帆布制成，对果实有一定的缓冲力，不易因挤压对果实造成伤害。

生长在同一棵树上的果实，由于着生部位不同，开花时间也不同，所以成熟期也略有不同。在人工采收时可分批进行，既能保证果实成熟的一致性，又利于经营销售。采收时，应先下后上，由外到内。

机械采收是通过使用专门的采摘机械或机器人来实现果实的自动化采摘。以下是机械采收的一些具体介绍。

（1）模块化采摘系统　采用模块化理念，将两指式末端执行器、多自由度采摘机械臂、伸缩式滑动平台和传感器系统集成在一起。这种系统能够实现猕猴桃果实和障碍物的图像采集和特征提取，通过智能移动平台、机械臂的壁障与果实定位以及末端执行器的抓取，实现猕猴桃果实的机械化、自动化采摘。

（2）全自动采摘机械手　这种机械手通常包括采摘头、采集机械臂和控制器。采摘头通过特定的机械结构（如圆柱形腔体和卡花两瓣）与果实接触并掰下猕猴桃，然后通过收集软管接头将果实收集到容器中。整个采摘过程可以通过气动推杆等装置进行控制，实现采摘的方便、快捷性。

（3）采摘机器人　采摘机器人通过结合机器视觉、机械臂技术和智能控制算法，能够在复杂环境中自主识别猕猴桃果实并进行采摘。例如，基于红外摄像机的猕猴桃采摘机器人导航系统，可以在光线不良的环境下工作，提高采摘效率。

由于猕猴桃的果皮较薄，容易受到损伤，猕猴桃的机械采收需要避免机械损伤。因此，在机械采收过程中，需要确保采摘机械或机器人的设计合理、操作轻柔，以减少对果实的损伤。此外，猕猴桃的采收时间也需要注意，一般应在晴天上午或晨雾已经消失时进行，避免在雨天、雨后以及露水未干的早晨采收，以减少果实受机械损伤的风险。

三、采后处理

（一）预冷

果实要在采收当天运回操作间，在预冷间或冷藏间迅速降温，24h内将果温降至3～5℃；没有预冷设备，可自然通风或用排风机吹风散热24h，除去田间热并散发水分，第2天按照分级标准包装入库。入库后应在3d内将库温降低并稳定在（0±0.5）℃。采果后，不能堆放在田间或不透风的房间里，因为果实从田间带来的热量和水分难以散发，会使果实提前出现呼吸高峰，加速果实软化，

而且还会增加微生物侵染的机会，尤其是从机械伤或挤压伤处侵染。

（二）分级

分级的主要目的是方便果实的储存、包装和销售。在猕猴桃的分级过程中，要根据实际情况剔除或以其他方式处理破碎、刺伤和擦伤的果实，以减少病害在储藏过程中的传播。在严重情况下，病害传播会导致部分果实腐烂，这将在一定程度上影响整体储存。分级后果实的品质、色泽、大小及成熟度等基本一致，可大大减少猕猴桃储藏保鲜过程中的损失。目前分级是在预分选的基础上进行，再按外观和质量进行分级。现代化的采后商品化处理，要求必须使用机械分级，这样可以保证较高的工作效率。实际操作中，为了使分级标准更加一致，机械分级和人工分级经常结合进行。

1. 外观分级

在生长发育过程中，受多种内外界因素影响，会导致果实良莠不齐、大小混杂，而且也会有少量的机械伤、病虫危害。通过预分选，可挑选出畸形果和病虫果后，再进一步按照外观进行分级。一般将畸形度不高、表面疤痕不明显、果实表面颜色相差不大、具有一定商品价值的果实按照其缺陷程度分出等级，该项工作一般利用人工进行。

2. 重量分级

① 人工进行分级。目前国内普遍采用该方法，这种分级方法有两种：其一，仅凭人的视觉判断，按果实大小将果品分为若干级别，该方法的缺点是容易受到个人的主观因素干扰，偏差较大；其二，用选果板分级，根据果实横径的不同进行分级，该方法同一级果实大小较为一致，偏差相对较小。人工分级效率较低，分级过程中的果实损伤无法控制。

② 机械化分级。该方法是按果品的重量与预先设定的重量进行分级。重量分选装置有机械秤式和电子秤式等不同类型。机械秤

式分选装置主要由固定的传送带上可回转的托盘和设置在不同重量等级分口处的固定秤组成。电子秤重量分选装置改变了机械秤式装置每一重量等级都要设秤、噪声大的缺点，一台电子秤可分选各重量等级的果品，装置大大简化，精度也有所提高。

3. 分级标准

猕猴桃的分级标准主要基于果实的外观和内质，包括果实大小、果形、颜色、品质、可溶性固形物含量等多个方面。以下是一些具体的分级标准：

① 果实大小。鲜食果的单果重不应小于 50g，120g 以上为特级果，100～119g 为一级果，85～99g 为二级果，70～84g 为三级果，50～69g 为四级果。

② 可溶性固形物含量。果实经后熟且可以直接食用的果肉可溶性固形物含量在 17%以上为特等果，14.5%～16.9%为一等果，13.5%～14.4%为二等果，12.0%～13.4%为三等果。

③ 果形与颜色。果形端正，无畸形果；果面完好，无腐烂、清洁，无明细虫伤及异物；无变软，没有明显皱缩；没有异常的外部水分。特级果要求具有本种的全部特征和固有的外观颜色，无明显缺陷。一级果要求具有本品种特征，可有轻微颜色差异和轻微形状缺陷，但无畸形。二级果要求果实无严重缺陷，可有轻微颜色差异和轻微形状缺陷，但无畸形。

（三）涂膜

在采收后，为了防止猕猴桃果实内外的气体交换，降低呼吸强度，可在果实表面用涂料处理让其形成一层薄膜，这样不仅可以减少营养物质的消耗和水分的蒸发损失，还可以保持果实良好的营养品质和新鲜饱满的外观，延长果实的储藏期。涂膜处理的操作相对简便，成本较低。

（四）催熟和储藏

猕猴桃果实采收后需要经过催熟处理才能食用。常用的催熟方法有乙烯利催熟和自然催熟等。储藏时应根据果实的成熟度和储藏条件来选择适宜的储藏方法，如常温储藏、低温储藏和气调储藏等。

（五）包装和销售

① 果品包装。猕猴桃营销领域的包装是采后商品化处理的重要程序，它不仅可保护果品和便于销售，更是宣传产品和吸引消费者的一种媒介和载体。猕猴桃果品包装材料应具有保湿性能，且能兼顾其呼吸，以防果实无氧呼吸，发酵变质；对气体有选择透性，并便于延长后熟期和催熟两方面技术措施的应用；包装不宜太大，或大包装套小包装；包装具有艺术性，美观、大方，图案要突出果品特色；能体现出商品性，注册商标、价位、果实规格（等级）、重量、数量、品种名称、生产基地、经营单位、出库期、保质期、食用方法、营养价值甚至绿色程度（包含绿色水果所规定的各种有害物质的量）、联系电话等，都要明确标出。

② 销售。消费经营市场目前主要有以下 6 种销售形式：一是与外贸部门联系出口，或者以县、地区为单位，自己组织出口。现在各级政府对于出口均给予大力支持，鼓励个人或单位直接对外贸易。二是与国内大、中城市果品公司，企事业单位，酒店，大型综合商场，量贩等联系合同收购，或建立定期、不定期供货关系。三是在大、中城市能提供销售场地的批发市场联系货位，自己组织运输和销售。四是在各种广播、电视台进行广告宣传，并在各大城市和人口密集地方设立推销供货站，有求必应，并负责售后服务（传授催熟技术等）。五是上网销售，在网上设立账户，网上做交易后送货上门。六是作为国内的采摘园，吸引消费者直接采摘，采摘品种以软枣猕猴桃较多。

四、注意事项

① 猕猴桃采摘的时候尽量不要爬上猕猴桃藤枝，否则会给猕猴桃藤带来巨大伤害，影响来年果实的产量和质量。

② 注意采收时期，否则会影响果实品质。

③ 采摘猕猴桃之前，要剪短指甲，戴上手套，否则尖利的指甲会伤害猕猴桃表面，伤口会和空气产生氧化反应而腐烂。

④ 采收时，要轻采、轻放，小心装运，避免碰伤、堆压，最好随采随分级进行包装入库。

⑤ 小心轻放，尽量避免擦伤等硬伤，保持果实完好，篮筐内装果不要太多，以免互相挤压或者掉落。

⑥ 采摘的顺序应当先外后里、先上后下，可以很好地避免碰掉果实。

⑦ 避免多次倒箱。虽然果实在采收时比较硬，但其果实属浆果，果皮很薄，倒箱过程中果实容易受到机械损伤和挤压伤，引起微生物的侵染，导致腐烂变质。伤果也极易软化并释放出大量乙烯，加速完好果实的软化。

⑧ 初采后的果实坚硬，味涩，必须经过7～10d熟软后方可食用。后熟的果实不宜存放，要及时出售。

第二节　猕猴桃果实储藏

一、储藏前的准备

猕猴桃果实在储藏前需要进行一系列的准备工作，以保证其在储藏期间的品质和安全性。

（一）采收和处理

猕猴桃果实应在成熟度适宜时采收，并进行清洗、消毒、催熟等处理，以去除表面的污物和微生物，提高果实的品质和安全性。猕猴桃的适宜采收期一般为花后125～135d。采收过早会导致果实营养积累不足，风味不佳；采收过晚则果实易软化腐烂，影响储藏和商品价值。采收标准一般为果实可溶性固形物含量达到6.5%以上，以确保果实的质量和储藏性。

（二）采前管理

禁止在采前15d内使用农药，以避免农药残留。采前2个月内使用低毒高效的药剂，防止农药残留。采前1周停止灌水，以降低果肉水分，延长果实储藏时间。对于需要长时间低温储藏的猕猴桃，可在采前使用保鲜技术，如叶面喷施氯化钙、壳寡糖、萘乙酸等，以增强果实硬度，延缓果实成熟。

（三）采收时注意事项

选择在无风的晴天进行采收，避免在中午高温时采收，以减少果实吸收田间热量。采收人员应戴软质手套，避免造成机械损伤。使用采果袋和柔软的铺垫材料，如柔软草秸、粗纸等，减少果实相互碰撞和挤压造成的损伤。遵循“先下后上、先外后内”的原则，先采树冠下部的外围果实，再采内膛和树冠上部的果。

（四）储藏设施的准备

猕猴桃果实在储藏前需要对储藏设施进行清洁和消毒，以保证储藏环境的卫生和安全。同时，要根据果实的成熟度和储藏条件来选择适宜的储藏设施，如常温储藏库、低温储藏库和气调储藏库等。

（五）采后的处理和储藏

及时将采收的猕猴桃运输到阴凉处，用篷布等遮盖，避免果实水分蒸发和果皮发皱。对于需要冷藏的果实，迅速分级、预冷后准备入库。

二、储藏期间的管理

（一）温湿度的控制

猕猴桃果实在储藏期间需要控制储藏环境的温度和湿度，以延长其储藏期和提高其品质。常用的温度范围为0～5℃，相对湿度为90%～95%。

1. 温度控制

猕猴桃储藏的理想温度为(0±0.5)℃，这是延长猕猴桃储藏期的最关键因素。不同的品种和气候条件以及储藏阶段，猕猴桃的储藏温度会有所不同。恒定的低温能有效降低猕猴桃的呼吸量，减缓糖化、软化的过程。在储藏库内设置能够连续测量内部温度的显示器，并在库内重要位置放置灵敏的温度计。刚把果子放入库内时，要把温度计插在果箱里面，封在保鲜袋里观测温度，并使用精密的玻璃温度计来校正控温仪的显示温度，防止因误差导致温度过高或过低。如果内部的不同位置温差达到0.5℃以上，应通过调整箱子的码放方式和调节各个风机的制冷量来控制温度。

2. 湿度控制

储藏过程中的相对湿度应保持在90%～95%。湿度不足时，应采用冷库内洒水、机械喷雾、挂湿草帘等方法增加湿度，以保持猕猴桃的新鲜度和品质。

（二）通风和换气

猕猴桃果实在储藏期间需要保持良好的通风和换气条件，以保证储藏环境的空气质量和氧气供应。在储藏初期，大约前2周，应每隔3d左右进行一次通风，且通风时间应在晚上温度最低时进行，以利于湿气的排出和空气的更新。通风时应关闭库门，打开风门，启动风机，然后进行抽风换气。氧气浓度应维持在2%～3%，二氧化碳浓度为5%，乙烯浓度小于30mg/L。冷库应每周换气1次，当袋内氧气浓度小于2%、二氧化碳浓度大于6%时要及时换气，换气一般在夜间或清晨进行，避免在雨天、雾天、中午高温时进行。

（三）检查和筛选

猕猴桃果实在储藏期间需要定期检查果实的品质和安全性，如发现异常情况应及时处理。同时，要对果实进行筛选，将不同成熟度和品质的果实分开储藏。每隔2～3d应详细检查库内温度1次，确保温度湿度与设备的控制仪表显示一致。进入库内时不应打开库内的灯，可用手电筒照明，同时注意观察冷风机的结霜情况以及化霜效果。

三、储藏方法

猕猴桃的储藏方法主要包括冷藏保存、常温保存、催熟处理、气调保存、真空保存以及冷库或气调库保存。

冷藏保存是一种常见且有效的方法，可以将猕猴桃放置在1～4℃的冷藏室中，保持低温环境能够延长猕猴桃的保质期，一般可以保存1个月。如果想要更长期保存，可以先将猕猴桃擦干净，放在密封袋中，尽量排出袋子里的空气并密封，然后放入冰箱中冷藏，这样可以保存3～6个月。

常温保存适用于阴凉干燥的地方，避免阳光直射，也可以将猕猴桃装入保鲜袋中，排出袋子里的空气并密封，然后放置在阴凉干燥的地方，可以保存15d左右。

催熟处理包括水果催熟法和高温催熟法。如果猕猴桃太生涩，不能马上食用，可以使用水果催熟法：准备一个保鲜袋，把猕猴桃和已经成熟的水果放在一起，然后密封袋口，放在室温下静置一段时间即可，成熟的水果会释放乙烯，能够催熟猕猴桃。高温催熟法：将猕猴桃装入保鲜袋中，放在温度较高的地方进行催熟。催熟过程中要注意温度不要超过30℃，以免猕猴桃变质腐烂。

气调保存和真空保存是通过调节储藏室内的气体成分或抽出包装内的气体来延长猕猴桃的保鲜期，这两种方法都需要将猕猴桃放入适当的温度和湿度条件下保存，并定期检查气体的浓度和果实的品质。

冷库或气调库保存适用于需要长期保存的情况，温度控制在0～5℃，相对湿度控制在90%左右，避免干燥或潮湿，并定期检查猕猴桃的保存情况，及时处理腐烂变质的果实。

四、储藏后的处理

(一)出库和销售

猕猴桃果实在出库前应进行清洗和消毒，以保证果实的品质和安全性。销售时应根据市场需求和果实品质进行分级和销售，以提高果品的附加值和市场竞争力。

猕猴桃出库技术主要包括催熟和运输两个方面。

1. 催熟

猕猴桃在出库前需要进行催熟处理，以便在市场上提供成熟的果实。催熟过程通常3～4d完成，使猕猴桃变软，同时为了避免或减少失水，可在果盘或中转箱上覆膜。储藏期在4周及以上或果肉硬度小于3.5kgf/cm^{2}的果实，通过调整温度控制后熟进度。在21～25℃的温度下，每天果肉硬度降低约1.4kgf/cm^2；在0～7.2℃的温度下，每天果肉硬度降低约0.9kgf/cm^2。当猕猴桃果实果肉硬度低于1.4kgf/cm^{2}时，可将果实放入冷藏库或启用低温货架，同时实行果实轮流上架。

2. 运输

猕猴桃的运输方式对其保持新鲜度至关重要。在运输过程中，温度的控制是关键因素。适宜的运输温度可以保持猕猴桃的新鲜度和口感。一般来说，猕猴桃的运输温度应保持在适宜的范围内，以防止果实过快熟化或变质。此外，包装也是影响运输效果的重要因素，适当的包装可以减少猕猴桃在运输过程中的损伤，保持其完整性。

通过上述技术，可以确保猕猴桃在出库后仍能保持良好的品质，满足市场需求。

(二)加工和利用

猕猴桃的加工方式多样，包括但不限于制作果汁、果脯、果干、蜜饯等。这些加工产品不仅丰富了猕猴桃的食用形式，也增加了其市场价值和经济效益。

1. 果汁加工

猕猴桃果汁是常见的加工产品之一。例如，湖南优镒农业开发有限公司在凤凰县惠农产业园建立了一条猕猴桃果汁饮料生产线，通过全自动化的设备进行生产，包括注料、消毒、打印、贴牌等流程，年产能达到30000t。

2. 果脯加工

猕猴桃果脯的制作涉及原料收购与分选、去皮、切缝、烫漂、糖渍等多个步骤。例如，原料猕猴桃在含糖量为7.5%～8%时进行收购，并通过碱液处理后去皮。然后，果实被切缝，并烫漂以杀灭氧化酶，最后进行糖渍处理。

3. 果干加工

猕猴桃干（奇异果干）是将猕猴桃切片后经加工制成的。这种干燥处理保留了猕猴桃中的天然维生素C，使其成为健康的零食选择。

4. 蜜饯加工

猕猴桃蜜饯的制作包括原料选择、清洗、去皮、烫漂、糖渍、煮制和包装等步骤。例如，使用10%～20%的碱液进行去皮处理，然后在沸水中烫漂以软化果肉；糖渍时使用相当于果肉重量70%～80%的白砂糖，最后将果坯及糖液一起分装于经彻底消毒的玻璃罐中。

这些加工方法不仅展示了猕猴桃的多样化利用，也为猕猴桃产业的发展提供了多样化的路径。通过深加工，不仅可以提高猕猴桃的附加值，还能满足市场对不同形式猕猴桃产品的需求。

参考文献

[1] Balestra G M，Renzi M，Mazzaglia A. First report of bacterial canker of *Actinidia deliciosa* caused by *Pseudomonas syringae* pv. *actinidiae* in Portugal [J] . New Disease Reports，2010，22：10.

[2] Cellini A，Fiorentini L，Buriani G，et al. Elicitors of the salicylic acid pathway reduce incidence of bacterial canker of kiwifruit caused by *Pseudomonas syringae* pv. actinidae [J] . Annals of Applied Biology，2014，165 (3)：441-453.

[3] Datson P，Nardozza S，Manako K，et al. Monitoring the actinidia germplasm for resistance to *Pseudomonas syringae* pv. *actinidiae* [J] . Acta Horticulturae，2015 (1095)：181-185.

[4] Dreo T，Pirc M，Ravnikar M，et al. First report of *Pseudomonas syringae* pv. *actinidiae*，the causal agent of bacterial vanker of kiwifruit in Slovenia [J] . Plant Disease，2014，98 (11)：1578.

[5] Ferrante P，Scortichini M. Molecular and phenotypic features of *Pseudomonas syringae* pv. *actinidiae* isolated during recent epidemics of bacterial canker on yellow kiwifruit (*Actinidia chinensis*) in central Italy [J]. Plant Pathology，2010，59 (5)：954-962.

[6] Gallego P P，Martinez A，Zarra I. Analysis of the growth kinetic of fruits of *Actinidia deliciosa* [J] . Biologia Plantarum，1997，39 (4)：615-622.

[7] Garrett C M E. Biological control of crown gall，*Agrobacterium tumefaciens* [J] . Annals of Applied Biology，2010，89 (1)：96-97.

[8] Han X，Lu W，Wei X，et al. Proteomics analysis to understand the ABA stimulation of wound suberization in kiwifruit [J] . Journal of Proteomics，2018，173：42-51.

[9] Haolin W，Tao M，Minghui K，et al. A high-quality *Actinidia chinensis* (kiwifruit) genome [J] . Horticulture research，2019，6 (1)：117.

[10] Hoyte S，Reglinski T，Elmer P，et al. Developing and using bioassays to screen for Psa resistance in New Zealand kiwifruit [J] . Acta Horticulturae，2015 (1095)：171-180.

[11] Junyang Y，Qinyao C，Sijia Z，et al. Origin and evolution of the kiwifruit Y chromosome [J] . Plant biotechnology journal，2023，22 (2)：287-289.

[12] Kawaguchi A，Inoue K，Nasu H. Biological control of grapevine crown gall by nonpathogenic *Agrobacterium vitis* strain VAR03-1 [J] . Journal of General Plant Pathology，2007，73 (2)：133-138.

[13] Kerr A，Panagopoulos C G. Biotypes of Agrobacterium radiobacter and their biological control [J] . Photopatholog，1997，90：172-179.

[14] Kim G H，Kim K H，Son K I，et al. Outbreak and spread of bacterial canker of kiwifruit caused by *Pseudomonas syringae* pv. *actinidiae* biovar 3 in Korea [J] . The Plant Pathology Journal，2016，32 (6)：545-551.

[15] Li X，Li J. Lectotypification of *Actinidia* [J] . Nordic Journal of Botany，2007，25 (5-6)：294-295.

[16] Lu M X，Yu F X，Li Q G，et al. Genome assembly of autotetraploid *Actinidia arguta* highlights adaptive evolution and dissects important economic traits [J] . Plant communications，2024，5 (6)：100856.

[17] Mariz-Ponte N，Regalado L，Gimranov E，et al. A synergic potential of antimicrobial peptides against *Pseudomonas syringae* pv. *actinidiae* [J]. Molecules，2021，26 (5)：1461.

[18] Mazarei M，Mostofipour P. First report of bacterial canker of kiwifruit in Iran [J] . Plant Pathology，1994，43：1055-1056.

[19] Opgenorth D C，Lai M，Sorrell M，et al. Pseudomonas canker of kiwifruit [J] . Plant Disease，1983，67：1283-1284.

[20] Richardson D P，Ansell J，Drummond L N. The nutritional and health attributes of kiwifruit：a review [J] . European Journal of Nutrition，2018，57 (8)：2659-2676.

[21] Scortichini M. Occurrence of *Pseudomonas syringae* pv. *actinidiae* on kiwifruit in Italy [J] . Plant Pathology，1994，43：1035-1038.

[22] Serizawa S, Ichikawa T, Takikawa Y, et al. Occurrence of bacterial canker of kiwifruit in Japan: description of symptoms, isolation of the pathogen and screening of bactericides [J]. Annals of the Phytopathological Society of Japan, 1989, 55 (4): 427-436.

[23] Utkhede R S, Smith E M. Evaluation of biological and chemical treatments for control of crown gall on young apple trees in the Kootenay Valley of British Columbia [J]. Journal of Phytopathology, 2010, 137 (4): 265-271.

[24] Vanneste J L, Cornish D A, Yu J M, et al. First Report of *Pseudomonas syringae* pv. *actinidiae* the causal agent of bacterial canker of kiwifruit on *Actinidia arguta* vines in New Zealand [J]. Plant Disease, 2014, 98 (3): 418.

[25] Vanneste J L, Poliakoff F, Audusseau C, et al. First report of *Pseudomonas syringae* pv. *actinidiae*, the causal agent of bacterial canker of kiwifruit in France [J]. Plant Disease, 2011, 95 (10): 1311.

[26] Wang F M, Li J W, Ye K Y, et al. Preliminary report on the improved resistance towards *Pseudomonas syringae* pv. *actinidiae* of cultivated kiwifruit (*Actinidia chinensis*) when grafted onto wild *Actinidia guilinensis* rootstock in *vitro* [J]. Journal of Plant Pathology, 2021, 103 (1): 51-54.

[27] Wang Q, Zhang C, Wu X, et al. Chitosan augments tetramycin against soft rot in kiwifruit and enhances its improvement for kiwifruit growth, quality and aroma [J]. Biomolecules, 2021, 11 (9): 1257-1265.

[28] 安丽．猕猴桃花果期的管理 [J]．农村农业农民：下半月，2014 (5)：51.

[29] 敖礼林，况小平，赵秋生，等．猕猴桃的科学采收和综合储藏保鲜技术 [J]．农村百事通，2007 (15)：13-14.

[30] 敖礼林．猕猴桃储藏保鲜实用技术 [J]．科学种养，2016 (1)：59-60.

[31] 白亚男，周蓉，虞悦，等．芽孢杆菌拮抗镰孢菌机制的研究进展 [J]. 农业环境科学学报，2022，41：2787-2796.

[32] 班洁静．土壤含水量、pH、Ca^{2+}浓度对芸薹根肿菌侵染及发病影响研

究［D］．武汉：华中农业大学图书馆，2014.

［33］鲍金平．猕猴桃高效栽培技术与病虫害防治图谱［M］．北京：中国农业科学技术出版社，2020.

［34］鲍士旦．土壤农化分析［M］．北京：中国农业出版社，2002.

［35］常青．猕猴桃根结线虫病带病种苗应急防控技术［J］．西北园艺（果树），2022（3）：25-26.

［36］陈炜，赵辉，张亚洁，等．猕猴桃恒温冷库储藏保鲜技术［J］．农村新技术，2021（9）：63-65.

［37］陈鑫．不同修剪方法对华优猕猴桃新蔓发育及结果的影响［D］．咸阳：西北农林科技大学，2014.

［38］陈厚锡．钙对红阳猕猴桃苗木生长及果实品质的影响［D］．贵州：贵州师范大学图书馆，2022.

［39］陈金爱，刘忠平．猕猴桃的气象病害防治及栽培技术要点分析［J］．南方农业，2017，11（35）：12-13.

［40］陈树群．高效水肥一体化灌溉技术在猕猴桃种植上的应用［C］//中国园艺学会．第六届全国猕猴桃大会论文集．2016：15-19.

［41］陈秀德，吴明波，姚伦俊，等．山地猕猴桃园间作夏季绿肥品种的筛选［J］．贵州农业科学，2018，46（9）：34-37.

［42］陈永安，陈鑫，刘艳飞．猕猴桃架型研究［J］．北方园艺，2012（14）：56-57.

［43］成卓敏．新编植物医生手册［M］．北京：化学工业出版社，2008.

［44］承河元，李瑶，万嗣，等．安徽省猕猴桃溃疡病菌鉴定［J］．安徽农业大学学报，1995，22（3）：219-223.

［45］崔致学．中国猕猴桃［M］．济南：山东科学技术出版社，1993.

［46］代相君．猕猴桃6～8月管理重点［J］．四川农业科技，2016（6）：43.

［47］戴磊，赵亚荣．陕西安康猕猴桃优质高效栽培技术［J］．果树实用技术与信息，2024（4）：17-19.

［48］党菲．初夏猕猴桃园如何管理？这些要点要注意［N］．农业科技报，2024-05-16（005）.

［49］段程久．猕猴桃标准化栽培［J］．云南农业，2022（12）：55-57.

［50］范昆，曲健禄，李晓军，等．甜樱桃根癌病的发生与防治技术［J］．

落叶果树，2008（3）：12-13.

[51] 范昆．图说樱桃病虫害诊断与防治［M］．北京：机械工业出版社，2014.

[52] 范崇辉，杨喜良．秦美猕猴桃根系分布试验［J］．陕西农业科学，2003，31（5）：13-14.

[53] 方金豹，钟彩虹．新中国果树科学研究70年——猕猴桃［J］．果树学报，2019，36（10）：1352-1359.

[54] 方金豹．中国果树科学与实践：猕猴桃［M］．西安：陕西科学技术出版社，2021.

[55] 方学智，费学谦，丁明，等．不同浓度CPPU处理对美味猕猴桃果实生长及品质的影响［J］．江西农业大学学报，2006（2）：217-221.

[56] 冯华，李海洲，李长莉，等．猕猴桃根部病害的发生规律及综合防治技术［J］．现代农业科技，2012（10）：174-179.

[57] 冯瑛．樱桃冠瘿病病原分离鉴定及药剂防治［D］．咸阳：西北农林科技大学，2013.

[58] 冯玉增．石榴病虫草害鉴别与无公害防治［M］．北京：科学技术文献出版社，2009.

[59] 黄年来，吴经纶．福建菌类图鉴［M］．福建：福建省三明地区真菌研究所，1978.

[60] 付丽，范昆，曲健禄，等．樱桃根癌病的研究进展［J］．落叶果树，2015，47（2）：19-21.

[61] 高张．基于GIS和MDS的周至县猕猴桃园地土壤质量与地力评价［D］. 西安：陕西师范大学，2018.

[62] 高敏霞，冯新，陈文光，等．福建省猕猴桃果园套种经济作物栽培模式［J］．东南园艺，2018（5）：30-32.

[63] 耿波．水肥一体化技术在猕猴桃栽培上的应用［J］．中国农技推广，2018，34（4）：54-55.

[64] 郭大勇，曾云流，张青林．猕猴桃高拉牵引栽培的建园与整形修剪技术［J］．中国南方果树，2023，52（1）：157-159.

[65] 郭西智，陈锦永，张洋，等．现代猕猴桃花果管理技术［J］．现代农业科技，2016（8）：88，95.

[66] 郭耀辉，刘强，何鹏．我国猕猴桃产业现状、问题及对策建议［J］．

贵州农业科学，2020，48（7）：69-73.

［67］ GB 3095—2012 环境空气质量标准

［68］ GB 19174—2010 猕猴桃苗木

［69］ 韩礼星，黄贞光，庞凤歧，等．优质猕猴桃丰产栽培技术彩色图说［M］．北京：中国农业出版社，2002.

［70］ 韩礼星，黄贞光，赵改荣，等．猕猴桃花果管理技术［J］．果农之友，2001（2）：31.

［71］ 韩礼星，李明，齐秀娟，等．优质猕猴桃无公害丰产栽培［M］．北京：科学技术文献出版社，2005.

［72］ 韩茹梦，李瑞鹏，涂美艳，等．中国和新西兰猕猴桃生产现状的比较分析［J］．热带农业科学，2023，43（9）：122-129.

［73］ 何鹏，涂美艳，高文波，等．四川省猕猴桃生态气候适宜性分析及精细区划研究［J］．中国农学通报，2018，34（36）：124-132.

［74］ 何科佳，王中炎，王仁才．夏季遮阴对猕猴桃园生态因子和光合作用的影响［J］．果树学报，2007，24（5）：616-619.

［75］ 何令星，汪强，汪小鹏．祁门县发展猕猴桃种植的气候条件分析［J］．现代农业科技，2016（16）：212，214.

［76］ 何小娥，丁仁惠，王文龙，等．不同采收期对猕猴桃果实耐贮性的影响［J］．安徽农学通报，2021，27（8）：54-57.

［77］ 何月秋．毛叶枣（台湾青枣）的有害生物及其防治［M］．北京：中国农业出版社，2009.

［78］ 贺浩浩．猕猴桃园水肥一体化应用效果研究［D］．咸阳：西北农林科技大学，2016.

［79］ 贺文丽，李星敏，朱琳，等．基于 GIS 的关中猕猴桃气候生态适宜性区划［J］．中国农学通报，2011，27（22）：202-207.

［80］ 洪晓强，许喜明．陕西果树林下耕作栽培保水增值模式［J］．陕西农业科学，2021，67（1）：74-76.

［81］ 侯柄竹，王树芳，马焕普，等．桃根癌病菌拮抗放线菌抑菌物质的分离纯化与结构鉴定［J］．微生物学通报，2013，40（7）：1186-1192.

［82］ 胡德勇．汉中猕猴桃园综合管理经验总结［J］．西北园艺（果树），2022（4）：64-65.

［83］ 胡培荣．猕猴桃园套种紫云英对土壤肥力及猕猴桃品质的影响［J］．

东南园艺，2019（5）：15-18.

[84] 黄春源．低产猕猴桃园高接换种技术［J］．农业与技术，2006（2）：133，136.

[85] 黄发伟，刘旭峰，樊秀芳，等．海沃德猕猴桃早春摘心防风技术研究［J］．西北农业学报，2010，19（3）：203-206.

[86] 黄宏文，钟彩虹，胡兴焕，等．中国猕猴桃种质资源［M］．北京：中国林业出版社，2013.

[87] 黄金颖，张志超．天津市蓟州区猕猴桃种植气候适应性分析［J］．现代农业科技，2022（7）：73-76.

[88] 黄菁华．西安灞桥区樱桃根癌病病原菌鉴定及药剂防治研究［D］．咸阳：西北农林科技大学，2016.

[89] 黄娟英．和平县猕猴桃种植架式及修剪防控技术探讨［J］．南方农业，2020，14（6）：12-14.

[90] 姜祖福．浅析明溪县山地猕猴桃保水增产措施［J］．中国果业信息，2024，41（4）：68-70，73.

[91] 蒋桂华，猕猴桃栽培技术［M］．杭州：浙江科学技术出版社，1996.

[92] 蒋芝云．柿和枣病虫原色图谱［M］．杭州：浙江科学技术出版社，2007.

[93] 焦红红，吴云锋，屈学农，等．陕西省猕猴桃菌核病的发生与防治［J］．落叶果树，2014，46（4）：2.

[94] 焦晓艳，赵菊琴，张相文．猕猴桃灰霉病的发生与防治［J］．西北园艺（果树），2011（4）：52-53.

[95] 颉超．两种果树病害在新疆的适生性分析与风险评估及葡萄根癌病药剂防治试验［D］．乌鲁木齐：新疆农业大学，2015.

[96] 金明弟，路凤琴，李惠明．蔬菜职业农民技术指南［M］．上海：上海科学技术出版社，2018.

[97] 景姗，赵凯，刘俊，等．陕西关中地区有机猕猴桃基地建园技术［J］．果农之友，2020（12）：30-31.

[98] 雷玉山，王西锐，姚春潮，等．猕猴桃无公害生产技术［M］．咸阳：西北农林科技大学出版社，2010.

[99] 李彬，聂勇波，汪洋，等．猕猴桃建园七要素［J］．现代园艺，2017（9）：51.

[100] 李诚，蒋军喜，赵尚高，等．猕猴桃灰霉病病原菌鉴定及室内药剂筛选［J］．植物保护，2014（3）：48-52.

[101] 李夏，张百忍，李学宏，等．陕西安康地区猕猴桃园建设管理要点［J］．南方农业，2021（28）：84-87.

[102] 李钰，张素梅．中华猕猴桃及其储藏保鲜［J］．中国果品研究，1984（2）：13-15.

[103] 李建军，刘占德，姚春潮，等．猕猴桃病虫害识别图谱与绿色防控技术［M］．陕西：西北农林科技大学出版社，2018.

[104] 李建军．猕猴桃病虫害识别图谱与绿色防控技术［M］．咸阳：西北农林科技大学出版社，2020.

[105] 李俊东．黏重土壤条件下猕猴桃建园技术要点［J］．西北园艺，2023（6）：13-15.

[106] 李小晶，李建明，李莹．提高猕猴桃果品优果率的几项关键技术措施［J］．果农之友，2022（6）：45-47.

[107] 李晓军．樱桃病虫害及防治原色图谱［M］．北京：金盾出版社，2008.

[108] 李正荣，李红运．猕猴桃嫁接技术［J］．云南林业，2016（4）：67-69.

[109] 李志勇，张丽娟，王丽娟．猕猴桃产业高质量发展路径探析［J］．中国果业信息，2020（1）：36-40.

[110] 李志勇，张丽娟，王丽娟．猕猴桃产业现状及发展趋势［J］．中国果业信息，2018（24）：56-60.

[111] 李志勇，张玉玺，张鹏飞，等．中国猕猴桃产业面临的挑战与对策建议［J］．中国果树，2021（5）：1-7.

[112] 梁森苗．杨梅病虫原色图谱［M］．杭州：浙江科学技术出版社，2007.

[113] 林太宏．湖南猕猴桃资源调查初报［J］．湖南农学院学报，1979（1）：92-108.

[114] 林晓民．中国菌物［M］．北京：中国农业出版社，2007.

[115] 刘畅，陈俊宇，黄倩倩，等．猕猴桃产业国内外发展现状及趋势［J］. 中国果业信息，2019（7）：36-40.

[116] 刘娜，石小玉，顾光福，等．不同采收期猕猴桃果实冷藏前后品质特

性评价［J］．食品与发酵工业，2022，48（11）：213-220.
［117］ 刘广浩，王学贵，张真真，等．山东地区猕猴桃绿色高产栽培技术［J］．农业科技通讯，2023（7）：228-230.
［118］ 刘海治．软枣猕猴桃温室嫁接繁苗技术［J］．现代农业，2020（12）：46-47.
［119］ 刘加强，张克义，武峰，等．猕猴桃高效栽培技术及病虫害防治措施［J］．果农之友，2024（2）：35-37.
［120］ 刘科鹏．猕猴桃果实品质与土壤、叶片营养的关系［D］．南昌：江西农业大学，2016.
［121］ 刘兰泉．彩图版猕猴桃栽培及病虫害防治［M］．北京：中国农业出版社，2016.
［122］ 刘旭峰，龙周侠，姚春潮，等．猕猴桃栽培新技术［M］．咸阳：西北农林科技大学出版社，2006.
［123］ 刘亚令，李作洲，姜正旺，等．中华猕猴桃和美味猕猴桃自然居群遗传结构及其种间杂交渐渗［J］．植物生态学报，2008（3）：704-718.
［124］ 刘占德，李建军，姚春潮，等．猕猴桃规范化栽培技术［M］．咸阳：西北农林科技大学出版社，2014.
［125］ 刘占德，姚春潮，李建军，等．猕猴桃职业农民培训丛书：猕猴桃［M］．西安：三秦出版社，2013.
［126］ 卢悠悠，吕腾，俞超，等．两种储藏温度下徐香猕猴桃果实的生理品质变化［J］．食品安全导刊，2016（33）：110-111.
［127］ 路永莉．秦岭北麓小流域猕猴桃园氮素营养与调控［D］．咸阳：西北农林科技大学，2017.
［128］ 罗新宁，田维恩，陆承相．乐业县种植猕猴桃的气象病害防治及栽培技术要点［J］．气象研究与应用，2012，33（增刊 1）：190-191.
［129］ 吕岩，宋云．猕猴桃的科学采收［J］．西北园艺（果树），2019（8）：12-14.
［130］ 吕岩．猕猴桃灰霉病的发生与防治［J］．西北园艺（果树），2015（6）：35.
［131］ 吕佩珂．猕猴桃枸杞樱桃病虫害诊断与防治原色图鉴［M］．2 版．北京：化学工业出版社，2018.
［132］ 马倩，何靖柳，韦婷．发酵型猕猴桃果酒产业发展现状及前景展望

[J]．农业展望，2021，17（11）：51-55.

[133] 马丽丽，马庆州，王俊．郑州市猕猴桃丰产栽培的主要措施［J］．农业科技通讯，2016（12）：275-277.

[134] 马小东．猕猴桃高接换头主要技术要点［J］．中小企业管理与科技（下旬刊），2010（1）：148.

[135] 马兆成，王瑞，刘丽娟，等．中国猕猴桃产业现状及发展趋势分析［J］．农业经济，2022（3）：28-30.

[136] 宁国云．梅、李及杏病虫原色图谱［M］．杭州：浙江科学技术出版社，2007.

[137] 宁允叶，熊庆娥，曾伟光，等．红阳猕猴桃全红芽变系 RAPD 分析［J］．园艺学报，2003（5）：511-513，640.

[138] 宁允叶，熊庆娥，曾伟光．'红阳'猕猴桃全红型芽变（86-3）的果实品质及花粉形态研究［J］．园艺学报，2005（3）：486-488.

[139] 农科．猕猴桃如何减少储藏期病害［J］．农村．农业．农民（B版），2017（4）：60.

[140] 彭伟，曾宏宽，朱历霞．陕南丘陵坡地猕猴桃建园技术［J］．西北园艺（综合），2019（6）：23-25.

[141] 彭伟．陕南猕猴桃标准化建园技术［J］．基层农技推广，2022（5）：55-57.

[142] 彭永宏，章文才．猕猴桃的光合作用［J］．园艺学报，1994（2）：151-157.

[143] 彭永宏．猕猴桃叶面积的回归方程法测定［J］．福建果树，1994（2）：6-7.

[144] 齐秀娟．猕猴桃实用栽培技术［M］．北京：中国科学技术出版社，2017.

[145] 钱东南，吴江，钭凌娟，等，浙江省葡萄苗木繁育技术规范［J］．中外葡萄与葡萄酒，2015（5）：28-31.

[146] 黔果．猕猴桃夏秋季管理技术要点［J］．农村新技术，2023（6）：19.

[147] 乔勇进，刘晨霞，康慧芳．猕猴桃储藏保鲜技术［J］．农村百事通，2019（17）：43-45.

[148] 秦继红．秦美猕猴桃结果枝摘心对产量和品质的影响［J］．山地农业

生物学，1999，18（6）：396-398.

[149] 邱强．中国果树病虫原色图鉴［M］．郑州：河南科学技术出版社，2019.

[150] 邱宁宏，罗林会．猕猴桃园除草剂药效试验［J］．中国南方果树，2012，41（2）：88-90.

[151] 任选锋．猕猴桃高效栽培技术探析［J］．果农之友，2024（2）：32-34.

[152] 申江，王晓东，王素英．猕猴桃冰温储藏实验研究［C］//中国制冷学会，全国商业冷藏科技情报站．第六届全国食品冷藏链大会论文集．天津商业大学天津市制冷技术重点实验室，2008：5.

[153] 申哲，黄丽丽，康振生．陕西关中地区猕猴桃溃疡病调查初报［J］．西北农业学报，2009，18（1）：191-193，197.

[154] 施春晖，骆军，张朝轩，等．不同果袋对‘红阳’猕猴桃果实色泽及品质的影响［J］．上海农业学报，2013，29（3）：32-35.

[155] 宋云，刘中新．我国猕猴桃种植与气象条件研究综述［J］．江苏农业科学，2020，48（8）：41-47.

[156] 宋海岩，涂美艳，刘春阳，等．夏季修剪对‘翠玉’猕猴桃植株生长及果实品质的影响［J］．西南农业学报，2020，33（7）：1561-1565.

[157] 宋礼毓，陈浪波，孙阳．威海地区软枣猕猴桃建园关键技术［J］．烟台果树，2023（2）：37-38.

[158] 苏文文，李苇洁，李良良，等．猕猴桃褐斑病的发生及防治［J］．农技服务，2020，37（5）：84-85.

[159] 孙兆军．猕猴桃套袋配套栽培关键技术［J］．现代种业，2011（3）：46-47.

[160] 唐克轩，黄丹枫，王世平．园艺学进展（第八辑）［M］．上海：上海交通大学出版社，2008.

[161] 陶万强，陈风旺，郭颂新．桃树冠瘿病的发生与预防［N］．绿化与生活，2001（1）：24-25.

[162] 汪洋，郑金成，周晓峰，等．猕猴桃果实套袋技术［J］．落叶果树，2024，56（1）：86-87.

[163] 王博．陕南猕猴桃建园技术［J］．西北园艺（果树专刊），2010（2）：19-20.

[164] 王建，同延安．猕猴桃树对氮素吸收、利用和贮存的定量研究 [J]．植物营养与肥料学报，2008 (6)：1170-1177.

[165] 王建．猕猴桃树体生长发育、养分吸收利用与累积规律 [D]．咸阳：西北农林科技大学，2009.

[166] 王玮，刘波微，李洪浩，等．辣椒菌核病病原菌生物学特性研究 [J]．西南农业学报，2012 (6)：2112-2116.

[167] 王慧敏．植物根癌病的发生特点与防治对策 [J]．世界农业，2000 (7)：28-30.

[168] 王立宏．枇杷病虫原色图谱 [M]．杭州：浙江科学技术出版社，2007.

[169] 王明忠，唐伟，侯仕宣．红肉猕猴桃新品种红华的选育 [J]．中国果树，2006 (1)：10-12，64.

[170] 王茹琳，李庆，刘原，等．川北不同海拔果园猕猴桃溃疡病病株的空间格局分析 [J]．湖北农业科学，2019，58 (4)：79-83.

[171] 王森培，郭耀辉．中国猕猴桃国际贸易竞争力分析 [J]．农学学报，2020，10 (8)：83-88.

[172] 王西锐．猕猴桃春季嫁接技术 [J]．山西果树，2019 (3)：89-90.

[173] 王晓辉，刘丽娟，王瑞，等．中国猕猴桃产业高质量发展路径研究 [J]．中国农业科技导报，2021，33 (10)：121-129.

[174] 王学东，苍晶，吴秀菊．狗枣猕猴桃花芽分化的观察 [J]．东北农业大学学报，2001 (3)：285-289.

[175] 王燕燕．修剪时期对核桃光合及营养代谢的影响 [D]．晋中：山西农业大学，2019.

[176] 魏海娟，刘萍，杨燕，等．多羟基双萘醛提取物对猕猴桃溃疡病菌的抑制作用 [J]．西北农林科技大学学报：自然科学版，2011，39 (1)：126-130，136.

[177] 魏荣光．耐储运的猕猴桃 [J]．农村农业农民，2002 (12)：20.

[178] 吴超，李顺雨，王健．贵州威宁猕猴桃定植管理和整形修剪关键技术 [J]．果树实用技术与信息，2020 (11)：9-11.

[179] 吴涛，任伟，赵英杰，等．猕猴桃水肥一体化施肥技术 [J]．果农之友，2016 (4)：11，19.

[180] 吴水美．猕猴桃灰霉病早期症状与防治 [J]．农业工程技术，2021，

41 (14)：37，39.

[181] 吴素芳，王国立，黄亚欣，等．猕猴桃整形修剪与花果管理技术要点[J]．农技服务，2014，31 (11)：49.

[182] 吴婉婉，冯志峰，李银超．陕南猕猴桃建园技术 [J]．陕西农业科学，2019，65 (3)：101-104.

[183] 吴秀琎，农春雷，黄云武，等．高寒山区猕猴桃节水灌溉施肥技术探索 [J]．农业与技术，2013，33 (7)：2.

[184] 吴增军．猕猴桃病虫原色图谱 [M]．杭州：浙江科学技术出版社，2007.

[185] DB61/T 887—2014 猕猴桃建园技术规程

[186] 夏声广．柑橘病虫害防治原色生态图谱 [M]．北京：中国农业出版社，2006.

[187] 肖定怀．春季猕猴桃嫁接技术 [J]．植物医生，2018 (4)：30.

[188] 谢联辉．普通植物病理学 [M]．2 版．北京：科学出版社，2013.

[189] 徐志宏．板栗病虫害防治彩色图谱 [M]．杭州：浙江科学技术出版社，2001.

[190] 许渭根．石榴和樱桃病虫原色图谱 [M]．杭州：浙江科学技术出版社，2007.

[191] 亚令，李作洲，姜正旺，等．中华猕猴桃和美味猕猴桃自然居群遗传结构及其种间杂交渐渗 [J]．植物生态学报，2008 (3)：704-718.

[192] 闫娟，杨晓，李娜．猕猴桃花果管理技术要点 [J]．河北果树，2017 (3)：36-37.

[193] 杨雯，张志想，李世访．我国河南和甘肃地区梨树根癌病病原菌鉴定[J]．植物保护，2020，46 (6)：55-59.

[194] 杨春霞，曹永强．现代果园土壤透气性差的原因及改良方法 [J]．果农之友，2019 (12)：15-17.

[195] 杨丹丹，李林，高明现．新郑市猕猴桃建园技术 [J]．中国农技推广，2022 (5)：50-51.

[196] 杨国平，任欣正，王金生，等．K84 的生物防治效果与土壤杆菌 Ti 质粒类型的关系 [J]．中国生物防治，1986，2 (1)：25-30.

[197] 杨妙贤，梁红，贺苏丹．猕猴桃性别分化与鉴定研究进展 [J]．仲恺农业工程学院学报，2009，22 (1)：57-60.

[198] 姚春潮，李建军，刘占德．猕猴桃高效栽培与病虫害防治彩色图谱［M］．北京：中国农业出版社，2021.

[199] 姚家龙，崔致学．猕猴桃属植物染色体数目研究［J］．果树科学，1988（1）.

[200] 叶开玉，李洁维，王发明，等．猕猴桃冬季修剪技术［J］．农村新技术，2023（12）：14-16.

[201] 叶雪金．永泰县猕猴桃丰产优质栽培技术［J］．现代农业科技，2024（8）：213-216.

[202] 易春，王中炎，袁飞荣，等．大果灵在翠玉猕猴桃上应用效果的评价［J］．湖南农业科学，2007（3）：100-102.

[203] 尹翠波，周庆阳．GA_3 和 CPPU 对猕猴桃果实发育及品质的影响［J］. 福建果树，2007（4）：5-9.

[204] 袁飞荣，王中炎，卜范文，等．夏季遮阴调控高温强光对猕猴桃生长与结果的影响［J］．中国南方果树，2005，4（6）：54-56.

[205] 袁云香．猕猴桃的储藏与保鲜技术［J］．北方园艺，2011（6）：168-170.

[206] 袁章虎．无公害葡萄病虫害诊治手册［M］．北京：中国农业出版社，2009.

[207] 臧传军，周萍，翟慎红．淄博猕猴桃水肥一体化应用技术［J］．农业科技通讯，2022（4）：296-298.

[208] 张杰，敖子强，吴永明，等．中华猕猴桃（*Actinidia chinensis*）在中国的适生性及其潜在地理分布模拟预测［J］．热带地理，2017，37（2）：218-225.

[209] 张洁．猕猴桃栽培与利用［M］．北京：金盾出版社，2015.

[210] 张洁，杨柏珍．植物资源开发与利用（一）：猕猴桃属植物资源开发利用的研究［J］．植物学通报，1994，011（1）：53-56.

[211] 张晶．中国猕猴桃出口竞争力分析［J］．黑龙江粮食，2023（1）：36-38.

[212] 张艳，李志勇，王丽娟．猕猴桃产业存在的问题及对策建议［J］．中国果业信息，2019（14）：44-48.

[213] 张炳炎．核桃病虫害及防治原色图谱［M］．北京：金盾出版社，2008.

[214] 张计育，莫正海，黄胜男，等．不同储藏温度对猕猴桃果实后熟过程中品质的影响［J］．江苏农业科学，2013，41（11）：295-297.
[215] 张乐华．猕猴桃准透翅蛾的研究［J］．江西农业大学学报，1991（3）：244，268-274.
[216] 张鹏飞，李志勇，张玉玺，等．中国猕猴桃产业现状及发展前景［J］. 果树学报，2022，39（2）：159-165.
[217] 张彦珍，衡涛，王建英，等．猕猴桃嫁接育苗五注意［J］．果农之友，2019，（4）：24-25.
[218] 张有平，李恒，龙周侠，等．猕猴桃优质丰产栽培与加工利用［M］. 西安：陕西人民教育出版社，1998.
[219] 张玉玺，李志勇，张鹏飞，等．中国猕猴桃产业现状及发展趋势［J］. 中国果树，2020（4）：1-7.
[220] 赵金梅，高贵田，谷留杰，等．中华猕猴桃褐斑病病原鉴定及抑菌药剂筛选［J］．中国农业科学，2013，46（23）：4916-4925.
[221] 赵奎华．葡萄病虫害原色图鉴［M］．北京：中国农业出版社，2006.
[222] 赵淑兰，沈育杰，杨义明，等．软枣猕猴桃优良品系 9701、8134 的选育［J］．特产研究，2007（01）：47-48.
[223] 赵晓琴．陕西眉县猕猴桃灰霉病的识别与防治［J］．果树实用技术与信息，2014（9）：38.
[224] 赵晓伟．猕猴桃园水肥一体化的应用现状及发展建议［J］．果树资源学报，2020，1（3）：58-60.
[225] 赵英杰，屈学农，车小娟，等．猕猴桃园土壤管理存在的问题与对策［J］．果农之友，2016（10）：22-23.
[226] 赵英杰，屈学农，吴涛．陕西猕猴桃园科学施肥与土壤改良［J］．果树实用技术与信息，2012（2）：17-19.
[227] 中国农业科学院植物保护研究所，中国植物保护学会．中国农作物病虫害［M］．3 版．北京：中国农业出版社，2015.
[228] GB 5084—2021 农田灌溉水质标准
[229] GB 15618—2018 土壤环境质量 农用地土壤污染风险管控标准（试行）
[230] 钟彩虹，陈美艳．猕猴桃生产精细管理十二个月［M］．北京：中国农业出版社，2020.
[231] 钟彩虹，韩飞，李大卫，等．红心猕猴桃新品种‘东红’的选育

[J]. 果树学报，2016，33（12）：1596-1599.

[232] 钟彩虹，刘小莉，李大卫，等．不同猕猴桃种硬枝扦插快繁研究[J]. 中国果树，2014（4）：23-26，86.

[233] 钟彩虹，王中炎，卜范文．猕猴桃红心新品种楚红的选育［J］．中国果树，2005（2）：6-8，62.

[234] 周吉生，张耀峰．土壤改良是果园管理工作的重心［J］．北方果树，2020（5）：32-33.

[235] 朱北平，李顺望．猕猴桃良种选育及栽培技术的研究——Ⅵ. 美味猕猴桃雌花芽分化与结果母枝营养代谢的关系［J］．湖南农学院学报，1993，19（5）：9.

[236] 朱道圩．猕猴桃优质丰产关键技术［M］．北京：中国农业出版社，1999.

[237] 朱鸿云，猕猴桃［M］．北京：中国林业出版社，2009.

[238] 庄则洪．猕猴桃嫁接育苗技术［J］．现代农业科技，2018（21）：95，97.

图2-1 ‘红阳’猕猴桃

图2-2 ‘金桃’猕猴桃

图2-3 ‘黄金果’猕猴桃

图2-4 ‘金艳’猕猴桃

图2-5 ‘华优’猕猴桃

图2-6 ‘魁蜜’猕猴桃

图2-7 ‘东红’猕猴桃

图2-8 ‘翠玉’猕猴桃

图2-9 ‘金丽’猕猴桃

图2-10 ‘海沃德’猕猴桃幼果

图2-11 ‘翠香’猕猴桃

图2-12 ‘秦美’猕猴桃

图2-13 ‘哑特’猕猴桃

图2-14 ‘米良1号’猕猴桃

图2-15 ‘华美2号’猕猴桃

图2-16‘布鲁诺’猕猴桃

图2-17‘农大猕香’猕猴桃

图2-18 ‘贵长’猕猴桃

图2-19 ‘徐香’猕猴桃

图2-20 ‘魁绿’猕猴桃

图2-21 ‘丰绿’猕猴桃

图2-22 ‘桓优1号’猕猴桃

图2-23 ‘长江1号’猕猴桃

图2-24 ‘华特’猕猴桃

图2-25 ‘玉玲珑’猕猴桃

图2-26 ‘磨山4号’猕猴桃开花状

图2-27 ‘马图阿’猕猴桃开花状

图2-28 ‘陶木里’猕猴桃开花状

图3-1　中华猕猴桃实生苗根系

图3-2　猕猴桃不同物种硬枝扦插

图3-8　猕猴桃叶片

(a)—雌花正面；(b)—雌花背面；(c)—雄花正面；(d)—雄花背面

图 3-9　软枣猕猴桃雌雄花

图 3-10　中华猕猴桃雌花

图 3-11　中华猕猴桃雄花

图 3-12　毛花猕猴桃雌花

图 3-13　毛花猕猴桃雄花

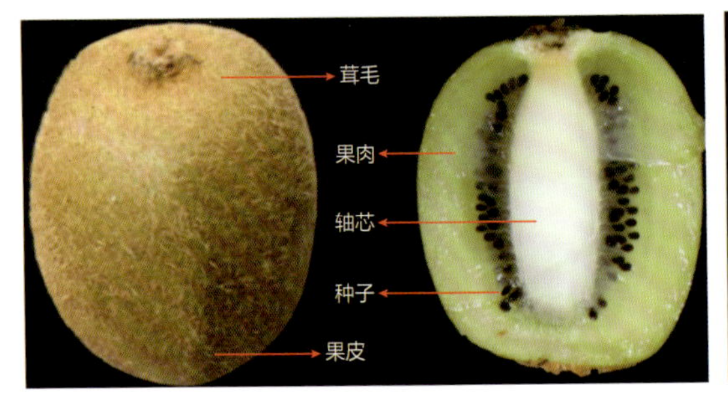

图3-14　猕猴桃果实结构

图3-15　猕猴桃种子

图6-1　水肥一体化方式（意大利）

图6-2　喷灌方式（新西兰）

图6-3　四川地区果园灌、排水沟渠

图6-4　湖南山地果园

图6-5　间作辣椒

图6-6　间作红薯

图6-7　间作绿豆

图6-8　间作花生采收

图6-9　生草定期刈割

图6-10　种养结合

图6-11　猕猴桃沟施基肥

图6-12　条状沟施肥

图6-13　根际撒施

图6-14　有机肥

图6-15　条状沟施肥

图6-16　浇封冻水

图6-17　排灌水沟

图7-1　蜜蜂授粉

图7-2　猕猴桃果实套袋

图8-1　冬季修剪

图8-2　修剪不到位、枝蔓丛生

图 8-3　新梢旺盛生长

图8-4　短截

图8-5　摘心

图 8-6　多次环剥

图 8-7　环剥锯链（Nick Gould提供）

图8-8　枝蔓环剥

图8-9　环剥宽度

图8-10　短截

图8-11　回缩

图8-12　疏枝

图8-17　新西兰改良的带翼“T”形架

图8-19　平棚架（国内）

图8-20　牵引式整枝（新西兰）

图8-21　牵引式整枝（韩国）

图8-22　枝蔓向上牵引生长状态

图8-23　山地果园冬季

图8-24　山地果园生长季

图8-25　坡度大山地果园

图9-2　枝蔓发病症状

图9-3　染病初期的叶面（左：背面；右：正面）

图9-4　染病后的花蕾

图9-5　包干

图9-6　园区放烟

图9-8　花蕾干枯死亡

图9-9　花柄染病症状

图9-10　猕猴桃根部腐烂

图9-11　猕猴桃褐斑病叶片上的病斑

图9-12　猕猴桃灰斑病叶部症状

图9-13　猕猴桃轮纹病叶部症状

图9-14　猕猴桃白粉病叶部症状

图9-15　灰霉病侵害幼果（左图）和成熟果实（右图）症状

图9-16　猕猴桃果实表面产生黑色菌核粒

图9-17　猕猴桃花叶病毒病

图9-18　根瘤

图9-19　猕猴桃果实日灼病症状

图9-20　猕猴桃裂果病病果

图9-21　梨小食心虫（成虫）

图9-22　藤豹大蚕蛾（成虫）

图9-23　葡萄天蛾（成虫）

图9-24　肖毛翅夜蛾（成虫）

图9-25　猕猴桃园人纹污灯蛾（成虫）

图9-26　鸟嘴壶夜蛾（成虫）

图9-27　拟彩虎蛾（成虫）

图9-28　古毒蛾（成虫）

图9-29　斜纹夜蛾（成虫）

图9-30　苹小卷叶蛾（成虫）

图9-31　猕猴桃准透翅蛾（成虫）

图9-32　枯叶夜蛾（成虫）

图9-33　泥黄露尾甲（成虫）

图9-34　甘薯肖叶甲（成虫）

图9-35　桑斑褐毒蛾（成虫）

图9-36　黑额光叶甲（成虫）

图9-37　黑绒金龟（成虫）

图9-38　铜绿丽金龟（成虫）

图9-39　东北大黑鳃金龟（成虫）

图9-40　白星花金龟（成虫）

图9-41　棉花弧丽金龟（成虫）

图9-42　小绿叶蝉（成虫）

图9-43　斑衣蜡蝉（成虫）

图9-44　黑尾大叶蝉（成虫）

图9-45　斑带丽沫蝉（成虫）

图9-46　八点广翅蜡蝉（成虫）

图9-47　麻皮蝽（成虫）

图9-48　橘灰象（成虫）

图9-49　桑白蚧（成虫）

图9-50　考氏白盾蚧（成虫）

图9-51　猕猴桃园红叶螨（成虫）

图9-52　灰巴蜗牛（成虫）

图9-53　猕猴桃钢架大棚
（单棚或避雨棚，肩高2.2～2.5m）

图9-54　猕猴桃钢架大棚
（连栋大棚，肩高3m）